学会思考

用批判性思维做出更好的判断

郭兆凡　蓝方　叶明欣　著

图书在版编目（CIP）数据

学会思考：用批判性思维做出更好的判断 / 郭兆凡，蓝方，叶明欣著. — 北京：中国民主法制出版社，2024.11.—
ISBN 978-7-5162-3807-3

Ⅰ. B804-49

中国国家版本馆CIP数据核字第2024T3H596号

图书出品人：刘海涛
出版统筹：石　松
责任编辑：张佳彬　姜　华

书　　　名 / 学会思考：用批判性思维做出更好的判断
作　　　者 / 郭兆凡　蓝　方　叶明欣　著
出版·发行 / 中国民主法制出版社
地址 / 北京市丰台区右安门外玉林里7号（100069）
电话 / （010）63055259（总编室）　63058068　63057714（营销中心）
传真 / （010）63055259
http：// www.npcpub.com
E-mail：mzfz@npcpub.com
经销 / 新华书店
开本 / 16开　690mm×980mm
印张 / 22　字数 / 290千字
版本 / 2025年2月第1版　2025年2月第1次印刷
印刷 / 北京中科印刷有限公司

书号 / ISBN 978-7-5162-3807-3
定价 / 68.00元
出版声明 / 版权所有，侵权必究。

（如有缺页或倒装，本社负责退换）

推荐语

本书是"C计划"创立八年以来一线教学经验的结晶。它既是面向成年人的，也是面向儿童的。在我看来，它更是面向媒体的从业者和使用者的。"如何获取可靠的信息？""如何提取关键信息？"等章节清晰地显示出这一点。批判性思维能够教人学会独立思考，这是中国现代化进程中的个体必修课。

——胡舒立

财新传媒创办人

近年来，这三位女性在传播推广批判性思维方面风生水起，可谓是剑胆琴心的"三剑客"。本书是她们的新作。与纯理论性的著述不同，它将批判性思维的一般理论与我国的日常生活相连接，强调在现实的生活场景中提出问题、解决问题。该书不仅具有本土化、接地气的特点，而且使用表单、流程图、思维导图等将思维过程显性化，帮助你学会逻辑清晰地表达你的观点，洞悉问题背后的复杂原因，找到导致问题的关键因素。批判性思维是构筑一个理性、多元、良善社会的必要的技能。

——杨东平

21世纪教育研究院名誉理事长

国家教育咨询委员会委员，北京理工大学教育研究院教授

我求学的时候，批判性思维是必学的。我发现，在真正学习和掌握了批判性思维之后，人的思考方式会发生很明显的变化，不论是做判断，还是决

定自己的选择和行动，都更清晰、更有理由，也更能够对自己负责。《学会思考：用批判性思维做出更好的判断》是国内批判性思维教育者的一部代表作品，内容系统、扎实、有用。我愿意把这本书推荐给这个信息爆炸时代里的每一位朋友。

——陈行甲

公益人，著有《在峡江的转弯处》《别离歌》

人作为人最重要的事情之一，应该就是学会思考。这是我们理解世界和创造自我生活的起点。但这件最重要的事，同时又是最难的事之一，特别是在信息泛滥、真假难辨的今天，在事实和观点、虚拟和现实似乎越来越难分辨的当今世界。《学会思考：用批判性思维做出更好的判断》这本书是"C计划"团队过去八年极有价值的工作的精华，用深入浅出的语言、通俗易懂的案例，协助每一位翻开这本书的读者去审视和重构"学会思考"的能力。

——李一诺

一土教育和"奴隶社会"联合创始人

著有《力量从哪里来》《笑得出来的养育》

一个人的思维能力一旦得到提升，不仅能说出自己原先想说却说不出来的想法，而且能看到自己原先看不到的事物。所以，思维能力不仅支撑你的职业前景，还能支撑你的人生段位。但是，思维能力永远需要培养，而学会以质疑为起点、以反思和论证为目标的批判性思维是每个人提高自己思维能力的有效途径。《学会思考：用批判性思维做出更好的判断》将批判性思维步骤化与案例化，对于思维不懒惰而且想提高思维能力的每个普通人而言，都是一部值得亲近的作品。

——黄裕生

清华大学哲学系教授，著有《西方哲学史》

推荐语

在中国的公共话语中，我们苦无批判性思维久矣。非理性的部分常常使理性声音迅速被淹没。民众对公共事务的探讨往往陷入二元对立，立场先于事实。

老问题尚未解决，我们又迎来了新挑战。随着人工智能的迅猛发展，大模型简化了答案或信息的获取，这可能放大懒惰，抵消学习者进行调查并得出自己的结论或解决方案的兴趣。

我们对人类思想领导力、深入研究和批判性思维的需求，变得前所未有的迫切。本书的出版适逢其时。

——胡泳

北京大学新闻与传播学院教授，著有《流行之道》

每天我们都在做无数选择题：购物、出行、联络、制订计划、辨别真假消息等，如何筛选、回应每天收到的信息，也在塑造我们自己的想法。在每一个选择的十字路口，批判性思维是最重要的工具。本书中的例子很实用，有助于拆解生活乱麻。

——周轶君

纪录片导演，写作者

"人生识字忧患始"，苏东坡的话在今天有特别的意义，因为许多受过教育的人只接受现成的答案，丧失了思考能力。这本书提供了有实操性的系统方法，一步步地教会你学会思考，是一本难得的好书。

——马国川

学者，中国教育三十人论坛秘书长

以价值实现为目标的批判性知识创新是人自由意志和能力的体现，即便人工智能时代已经到来，智能机器人尚不具备这样的能力，也无法替代人。

学会思考：用批判性思维做出更好的判断

批判性思维训练仍然是人类智能迭代的重要课题。特别祝贺《学会思考：用批判性思维做出更好的判断》出版问世，其在数字信息时代更显珍贵。

——杨晓雷

北京大学法律人工智能实验室主任

面对"怎么办"，这本书是工具箱，内有思考路径及具体操作方法；更有应用及练习，新鲜出炉、为你定制。

我的开卷之益——亲切：遇"大牛"与"小思"，见思考习惯渐变及自主、自由人格养成，这正是我的路；实用：本书堪称与读者"零磨合"，不设定预备知识，渗透着贴心打磨，体现了平等与尊重。

邀你一起，阅读、练习、明智判断、自主选择！

——朱素梅

中国政法大学人文学院副教授

"批判性思维"一词，如今国人恐怕已不陌生，但究竟如何在实际生活中培养和运用批判性思维，则并不容易找到切合国情且对用户友好的指导手册。"C 计划"团队多年来深耕批判性思维教育，坚持不懈地打磨课程，最终在此基础上推出了这本《学会思考：用批判性思维做出更好的判断》，将批判性思维的操作要点拆解得简单易懂，实在是件莫大的功德。

——林垚

上海纽约大学政治学实践助理教授

批判性思维是现代理性的特征，是社会文明发展的基石，也是个人的明辨、决策和解决问题能力的主轴。通过阅读这样包含合理论证的观念和广泛的社会、职场、人生的例证的书，大众的批判性思维能力将会得到有效的提高。

——董毓

哲学博士，华中科技大学创新教育与批判性思维研究中心首席专家

推荐语

这是一本我一直期待出现的书。

它不是学科本位的,而是始终围绕日常真实的应用场景,将批判性思维的知识点融入其中,又能自成一体。整本书对读者非常友好,有丰富的来自不同领域的案例,有结构化的思考框架和简明实用的工具表,每一章还配有练习和答案讲解,并贴心地放上了一些经验谈和注意事项。

这些内容充分展现了三位作者以及由她们创立的"C 计划"这些年来在批判性思维教育领域所取得的丰硕成果,也一定会吸引更多人走近批判性思维,更主动地学习和应用批判性思维。

在这样一个信息繁杂、观点纷乱的时代,本书能够支持更多人清晰地判断自己该相信什么,并做出明智的选择,可谓善莫大焉。

——顾远

Aha 社会创新学院、群岛教育创变者社区创始人,著有《教育 3.0》

- 和爸妈观念不同,如何沟通?
- 事业发展受阻,怎样突破?
- 和伴侣在育儿中产生分歧,怎么处理?

你有没有感觉到,虽然学了很多知识,搜集了无数信息,但在关键时刻依然不知道如何明智决策?

这是因为虽然你每时每刻都在思考,但是你并没有真正掌握理性有效的思考方法。

如果说知识是 0,思考力就是 1,只有有了思考力,你吸收的知识才有意义,才能为你所用,否则,只是堆积在你脑海中的碎片,无法帮你过上你想要的生活。

当你感觉被现实困住,本质上是你被自己的思维禁锢。

这也是 99% 的人会遭遇的瓶颈。

学会思考：用批判性思维做出更好的判断

因为我们过往接受的传统教育，往往注重知识传递，却缺少思维方法的训练。

但现在你可以用《学会思考：用批判性思维做出更好的判断》这本书，为自己补上这一课。

它会帮你系统性地提升思维能力，用贴近你生活的案例，教你如何把理论用于实践。

它不仅传授科学方法，更提供实用工具，值得你反复阅读。

它所教的思考力，也大概是你一生中所能学到的最值钱的能力。

因为它会在时光中，为你产生复利。

我建议拿到书之后，你可以先通读一遍，之后每次要做重要决策时，就翻开它，重温它教你的思维方式，用它去解决实际问题。

而每一次你用理性独立思考，做出选择，你都为自己升级了一个更自由、明亮、开阔的人生。

翻开《学会思考：用批判性思维做出更好的判断》，你就有机会解锁一个更有办法自渡和渡人的自己。

——雅君

公众号"雅君的好用分享"主理人，"雅君FM""她在创造"主播

"C计划"的三位联合创始人以"构筑理性、多元、良善的社会"为愿景，在这本书中展现出了她们深厚的逻辑功底和教育智慧，为当代读者提供了如何"学会思考"的全新指引和落地方案。

这本书的与众不同之处在于，它不是一本说教式的理论书，而是基于作者们丰富的教育实践经验，搭建起一座通向理性思考的桥梁。从信息的甄别到提问的艺术，从论证的分析到解决方案的权衡，书中设计的思维框架既系统又实用。

推荐语

尤其让我感动的是，作者们始终强调批判性思维不仅是一种能力，更是通向良善社会的基石。在当今社交媒体、短视频和反智信息充斥的环境中，如何帮助每个人养成独立思考的习惯，培养理性且富有同理心的价值观，如何在多元化的观点中寻找共识，这本书给出了极具启发性的方案。

作为一位教育工作者和孩子的父亲，我由衷地认为，这是一本值得每个人仔细阅读的好书！

——犟爸

父母基本功俱乐部发起人，教育科技投资人

这些年里我眼看着"C 计划"茁壮长大，这也从侧面说明了大家对理性思考和高质量信息的需求在迅速提高，这在当下的信息环境中弥足珍贵。我自己在读这本书的时候，也深受"四步法"的启发。这里的方法不只是为精英管理者准备的，也可以让普通人运用到工作和生活的方方面面。让更多的人掌握这样的思考方法，不仅可以提高个体的幸福感，更是构建一个平和、理性社会的基础。感谢"C 计划"的贡献！

——寇爱哲

"故事 FM"创始人

推荐序一

人生说明书与社会指南针

方可成（香港中文大学助理教授，"新闻实验室"发起人）

有一句很流行的话：听过很多道理，却还是过不好这一生。

如果你正面临这样的困扰，那么，我觉得很有可能是因为你听的道理太多了，却没有掌握分析、辨别这些道理的方法。

我们身处的这个时代，是一个道理多到泛滥的时代。从在传统媒体上发表文章的评论员，到手机里的网红大V，从群聊里的信息，到朋友圈的分享，几乎人人都能输出道理——甚至，不是人也可以输出道理了，因为ChatGPT等人工智能（AI）工具已经可以头头是道、24小时不停歇地发表看法了。在这样的情况下，如果你不具备筛选和判断的能力，那么你听到的道理越多，噪声就越大，你也就越焦虑不安。

这本《学会思考：用批判性思维做出更好的判断》，正是一本教你在噪声中寻找音乐、在迷雾中打开地图的"人生说明书"。书中的案例，你很可能在生活中真实遇到过：要不要去追寻自己喜欢的职业，即便身边人不看好？不结婚，就只能孤独终老吗？老板布置的工作，为什么总会被我拖延到最后一刻？孩子要求用手机访问社交媒体，家长要不要同意？……

解答这些生活中常见问题的核心方法，叫作"批判性思维"，它也是这本书的主题。

学会思考：用批判性思维做出更好的判断

其实，"批判性思维"这个叫法可能会引发误解，使人以为它意味着"批判、批评一切"。实际上它的内涵很丰富，不仅包括"批评什么"，还包括"选择相信什么"，以及如何在"批评"和"相信"之间那片漫长的中间地带，去有策略地形成自己对具体信息的判断，最终在生活中做出更好的决策。

既然是说明书，就需要提供实际可操作的指南，以及可以直接拿来用的工具。这本书里面提供的表格框架、分析结构，完全可以单独存下来，在遇到问题时拿出来套用。

在这个信息泛滥且良莠不齐的时代，我最担心的一点是：掌握批判性思维的往往是家庭和教育背景良好的精英群体，而大众则普遍缺乏这方面的训练。于是，精英群体可以凭借这种能力获得更优质的信息，进行更合理的评估与判断，做出对自己更有利的决策，固化自己的阶层优势，而大众则往往迷失于信息的迷雾中，难以做出理想的决策，甚至经常被误导，导致和精英群体之间的差距进一步拉大。

从这个角度说，信息越多，社会的不平等可能就越严重。如果要避免这种情况的发生，我们就需要在社会中全面普及批判性思维的教育和训练，让批判性思维成为一种触手可及、随手可用的工具。放到这个框架下理解，"C计划"出品的课程和内容，包括这本《学会思考：用批判性思维做出更好的判断》，不仅仅对单个读者的人生具有指导意义，更是在进行一种让整个社会变得更平等、公正的努力。

的确，批判性思维不仅是"人生说明书"，也是"社会指南针"。今天我们遇到的许多社会问题，比如意见撕裂、舆论极化等，背后其实都反映出批判性思维的缺乏。如这本书最后一章的标题所述，一个人人都具备批判性思维的社会，一定是更为理性、多元和良善的社会。

所以，读到这本书的你，请不吝分享书中的方法给身边的人，因为它不仅能帮助更多人过好自己的一生，更能让我们共同拥有一个更理想的社会。

推荐序二

在一个撕裂的世界，如何寻求共识？

邓瑾（"博雅小学堂"联合创始人，青少年博雅教育推广人）

世界正在变得越来越撕裂与动荡。铺天盖地的信息洪流中，每天都有话题让人们选边站队，对立的双方常常势不两立，就连一些比较中性的话题，比如 AI 到底会不会威胁人类的未来，科技大佬们不同的答案也是针锋相对。

我们是怎么走进这样一个越来越极化的世界的？

首先，真相越来越不易得。事实和真相是可以被操控和扭曲的，即使是一些大众媒体，比如美国的福克斯新闻（Fox News）和有线电视新闻网（CNN），由于各自立场的不同，对同一条新闻的报道和解读甚至会截然相反。其次，社交媒体的兴起，一方面打破了大众媒体对信息传播的垄断；另一方面，又让谣言与偏见满天飞。再次，算法为每个人构建的信息茧房，正在加剧和固化这种偏见和割裂——更不要说生成式 AI 的加入：当 AI 可以自动生成图片、视频和文字时，普通人要了解真相，门槛变得越来越高。最后，我们常常只看见自己愿意看见的东西，在自己观念的舒适区四周建起了将我们包围其中的回声壁。

于是，一个人最终选择看见和相信什么，常常不自觉地受制于他的时空境遇。比如，在炮火和废墟中长大的加沙孩子和在耶路撒冷哭墙前祈祷的犹太孩子，不同的人生经历，注定让他们形成不一样的看法。

学会思考：用批判性思维做出更好的判断

如果只能是这样，裂痕该如何弥合？

我有一个同学叫卡里姆，他是一名法国的摄影记者，常年在中东和非洲做新闻报道，获奖无数。他拍过一组作品，每对照片都由一名巴勒斯坦男性和一名以色列男性构成，如果一边是巴勒斯坦中年大叔，另一边就是以色列中年大叔；如果一边是巴勒斯坦老人，另一边就是以色列老人。卡里姆说，当一个人举枪瞄准另一个人的时候，如果他能看见对方的脸，一张有血有肉、和自己一样上有老下有小、有人等他回家的男人的脸，说不定他就会放下枪。那组照片拍摄于2013年，令人痛心的是，11年过去了，那片土地依然燃烧着战火，而他希望在观点和立场之外寻求人性大同的理想还没有实现。

去年夏天，我女儿申请牛津大学的一个夏校项目。面试前，夏校校长罗宾给每一个收到面试通知的孩子写了一封邮件。他说，自己的曾祖父死在了纳粹的集中营里，是祖父带着全家从奥地利逃到了英国。但是，美国一名说唱歌手却在公开场合说他很喜欢、很欣赏历史上的一名实施过大屠杀的暴君，觉得他为这个世界做了很多贡献。罗宾说，听闻这一说法，他最想做的不是生气或回怼，而是想好好和这位歌手聊一聊，带着巨大的好奇心，甚至是感恩之心，去了解他为什么会这么想，以及他是怎么得出这个结论的。为什么他会感恩？因为这个人可能会拓展他的认知边界，或者让他看到自己思维的盲区。

所以，罗宾希望在夏校"有意地"创建一个可以理性、友好地争论一切有巨大争议的话题的空间，训练这些刚进入高中的孩子如何"友善地表达异议"，如何"对观点严格，但对人温和"。在一个撕裂的社会，罗宾希望从青少年开始，培养一批又一批愿意倾听、愿意对话、有能力理性讨论的未来公民。

耶鲁前校长彼得·沙洛维（Peter Salovey）曾在2022年耶鲁大学的毕业典礼上说："好的博雅教育给人带来的蜕变，不在于让你无所不知，而在于让你愿意质疑一切观点和预设，包括自己坚信的观点；不在于能不能回答问题，而在于敢不敢提问和质疑。"

在罗宾提到的要开放地理解和审视不一样的观点的基础上，沙洛维校长更强调要有勇气质疑自己的观点，质疑权威的观点，质疑大众的观点。如果你没有这种质疑，或者在质疑中改变、放弃自己原有的某些观点，则不足以谈成长。

其实，不论是罗宾校长还是沙洛维校长，他们所致力的都是培养人的批判性思维，而这本来一直都应该是教育的核心。特别是ChatGPT出现之后，知识唾手可得，批判性思维的重要性就更加突出了。我思故我在，从哲学意义上说，批判性思维明确了"我是谁"这个关于"自我"的存在主义问题。从更大的社会的角度来说，批判性思维所蕴含的开放、包容、理性、对话、臣服真理和自我蜕变这些能力和价值观，正是破解社会极化、谋求共识与妥协的钥匙。

批判性思维到底该如何去培养和训练呢？在我目之所及之处，没有谁比"C计划"做得更好。

"C计划"的三位创始人郭兆凡、蓝方和叶明欣是我的老朋友。她们都毕业于国内外顶尖名校，很早就投身于法律援助、新闻媒体这样的公共服务事业，致力于建设一个公平、正义的社会。后来她们一起创办"C计划"（C代表了批判性思维的英文，即Critical Thinking），在青少年和成人群体中推广批判性思维。从一开始，她们就抓住了成为更好的自己、建设一个更好的社会的关键。

世界正处于巨变之中，我们的人生也如同时代巨浪中的一叶扁舟。如何理性地审视我是谁、我要往哪里去，以及在这个巨变又撕裂的世界中，如何尽自己的一份力让世界变得更好一点，是时代留给我们和未来的孩子的课题。回答这道题并非易事，还好现在有了您手中这本独一无二的书。

推荐序三

批判性思维与人生选择

秦华（资深职业教练、《写给孩子的财商启蒙课》作者）

说到批判性思维，可能很多人马上联想到的是对观点的争辩，其应用场景是对外部世界的认知，而很少有人会认识到批判性思维对于人生选择的重要性。

网络上有一句流行的话："听过很多道理，却还是过不好这一生。"这似乎是在说，懂得道理是相对容易的。但是，真的容易吗？

我们经常听到各种人生道理，有些道理是千百年流传下来的大众智慧，有些道理是先贤的深刻领悟，有些道理是文化的规训，有些道理是他人的人生经验。这些道理中不乏相互冲突的反例，哪些道理更有理？哪些道理可以用来指导、启发自己的人生？怎样才算过好了这一生？

回答这些问题需要强大的批判性思维能力。

我是一名职业教练，我的工作是引导客户探索适合自己的职业道路。在过去十年的教练工作中，我看到了许多人遭遇的选择困境。造成这些困境的内外部因素有很多，从内因来看，有两种情况十分常见：

（1）在成长的过程中，个体对自身和外部世界形成了一些错误、片面的信念，而在这些信念背后往往存在一些认知谬误，比如线性单一、绝对个体化的归因("我现在职业发展不好都是因为当初选错了专业"),灾难化的滑坡论证("考不上公务员以后就没有出路了"),不当类比("别人都可以做到,我为什么不可以?"),贴标签("我理科不好,理科不好的都不太聪明"),盲信权威("老板说的肯定是对的,问题一定出在我身上"),等等。

(2)当面对他人的声音和自己想法之间的冲突以及自己内心不同渴望之间的冲突时,个体无法梳理清楚其中的逻辑关系,无法判断他人观点的论证质量,不知道从哪里去获得更可靠的信息,不清楚自己的价值观,从而难以建立起自己的独立观点,于是反复拉扯,左右为难。

这些认知的问题不仅局限了个体的选择空间,还可能令个体陷入程度不一的心理困境,比如线性单一、绝对个体化的归因会令个体认为生活中所有的负面遭遇都是自己一手造成的,于是不断反刍过去的决定。这种难以自拔的后悔和强烈的自我攻击很容易诱发抑郁情绪。

为什么具备强大批判性思维能力的人在现实中很少见?我个人对此的观察和思考是:第一,这是基础教育中所缺乏的,甚至接受过高等教育的人也不一定具备,所以很多人没有机会习得;第二,批判性思维是令人"不爽"的,是既缓慢又深入的对思考的再思考,是需要大量的耐心练习才能熟练运用的能力,而当成年人的头脑中已经形成了固定的认知谬误和思维习惯时,要修改过来就要花费更大的努力;第三,当人群中的认知谬误更常见时,会导致认知谬误很难被识别且更容易再次传播开来,这更加压缩了批判性思维存在和发展的空间。

尽管不易,批判性思维对于每个希望自主做出明智人生选择的人来说都是一门必修课,而"C计划"三位主创合著的《学会思考:用批判性思维做出更好的判断》就是这样一本给大众进行批判性思维启蒙教育的书。

书中循序渐进地阐述了批判性思维的流程，从定义问题出发，到获取关键可靠的信息、建立高质量的论证，再到权衡利弊、发现多元解决方案，还包括如何向他人逻辑清晰地表达观点、如何与观念不同的人进行理性而善意的沟通。

我个人特别获益的是书中所列举的非常好用的分析框架，比如，剖析问题的"四步法"、判断论证质量的 ARG 三标准、进行全面归因的"知能愿＋内外因"模型等。书中所举的事例和练习包含了生活中常见的选择困境，尤其有很多与职业相关的场景。读者完全可以拿着自己的职业选择难题去套用书中给出的思考流程和分析框架来一步步厘清思路、探索答案。

当然，现实中的"实然"纷繁复杂，思辨无法解决所有的问题，但思辨是改变的开始和根基。我坚定地相信，只有学会了独立思考的人才能具备独立的人格，才能成为自己人生的主人；而当越来越多的人具备理性思辨和表达能力时，社会也将变得更加包容、良善和富有创造力——这是一个值得去共同努力的"应然"。

前 言

我们为什么应该学习批判性思维?

苏格拉底曾说:"未经审视的人生不值得过。"

但是,在我们的生活中有许多关键决策,往往未经审视,只是根据感性直觉、大众潮流或传统做法,就轻易拍板:上大学填哪个专业、毕业后考研还是找工作、多个工作机会到底选哪个、该不该和某人结婚(或离婚)、孩子要到哪所学校上学、如何缓解夫妻或亲子矛盾……回望过去,我们常常懊恼已做出的一些决定,思忖着如果当时想得更清楚一点就好了。

世上没有后悔药,过去的事情无法改变,但我们可以通过学习批判性思维,做出更加明智的决策,让未来的生活更加幸福。

批判性思维(Critical Thinking,也有学者将其翻译成审辨式思维),即做到慎思明辨。美国伊利诺伊大学教授罗伯特·恩尼斯(Robert Ennis)将其定义为"一种合乎理性的、反思型的思维方式,决定我们信什么和做什么"。我们不能只靠本能生活,而是要质疑自己获取的信息是否真实、观念是否合理,思考自己的想法和决定是否有充分的依据,以及如何获得更充分的依据,进而去决策和行动。

批判性思维能帮助我们更好地应对新时代的挑战。

在泥沙俱下的网络信息时代,充斥着假新闻和各式谣言,让人被煽动、被迷惑。这就需要我们具备独立思考的能力，提升信息素养，学会获得更高质量的信息，明辨真伪。

随着人工智能的发展，AI 记忆和整理现存信息的能力已经成为人类就业和教育模式的巨大挑战。当各种资讯的获取变得更加唾手可得，我们该如何整合信息、应用信息，形成自己的知识框架和价值体系？当生成式 AI 能源源不断为我们提供答案、提供观点时，到底要不要采信它的说法？什么才是更值得相信的？当 AI 帮助我们分析利弊、预判后果后，如何基于复杂问题和多元价值权衡轻重、理性决策？传统的死记硬背、复制粘贴的学习和工作方法，已经无法满足时代需求，我们需要学会生发疑问、提出问题、科学论证，从而不断地去开拓新知识的疆域。

这种品质过去我们往往只在少数人的身上看到。如今，我们需要更多人能够不再只是背诵标准答案，被束缚于原有知识体系内，而是能更开放地好奇、提问、思考、创造。正如埃隆·马斯克（Elon Musk）所说，ChatGPT 后，教育最核心的应该是培养批判性思维。

批判性思维也确实已经成为国际国内教育领域极为重视的能力。联合国教科文组织曾提出，21 世纪教育的主旋律是批判性思维与创造力，批判性思维培养将不再是未来教育发展中的"自由选项"，而是"不可或缺的环节"。国际经合组织（OECD）提出的"核心素养"框架中指出要培养立足于批判性立场展开思考与行动的能力。"美国 21 世纪学习技能联盟"将批判性思维作为和合作、沟通、创新并列的四大关键能力之一。不仅欧美国家教育部门将批判性思维作为核心技能，日本也将批判性思维纳入"21 世纪学习力基础模型"。

中国的教育界也已经意识到批判性思维的重要性。例如，"独立思考""能批判性地审视内容""能发现信息中的问题并提出质疑""学会判断和处理信息"等要素，都已经明文写入《普通高中课程标准》。清华大学等高校开设了批判性思维的专门课程，北大附中、北京育民小学、深圳实验学校等中小学也将批判性思维教学引入了课堂。"C 计划"则是这些名校的课程研发与教学的重要合作伙伴。

正是相信批判性思维对人、对社会的底层作用，我们于 2016 年成立了"C 计划"（C，即 Critical Thinking，批判性思维），推广这一思维技能，帮助更多的人培养独立思考的能力。

我们三名主创毕业于国内外名校，接受了人文社科领域扎实的学术训练，在金融、新闻、法律、教育创新等行业有着多年的工作经验。我们将自己对社会的观察、对教育制度的反思，以及多年的学术积累，注入一线的教学研发之中。到 2024 年，已经有 6 万多名成人、上万名儿童受益于我们的批判性思维课程、经典书籍思辨阅读课程。这些课程广受好评，也得到了来自清华大学、北京大学等名校，以及腾讯等知名网络的教授、人力资源专家的认可。

本书是我们对成人批判性思维课程的一个总结，它结合了批判性思维的经典理论和更贴近中国人日常生活的案例，旨在为本土的伙伴们提供实用的参考。

关于批判性思维和思考方法，市场上不乏经典书籍。而本书和它们最大的区别在于：

- 零基础、低门槛。许多关于论证方法论的书籍，面向学术研究群体，书中有许多理论"大词"，对普通读者并非那么友好。而这本书，则尽力将各种抽象的理论落地，用最通俗易懂的方式呈现各种理论和概念。

• 接地气、本土化。不少批判性思维的书籍从国外翻译而来，书中使用的也多是西方文化下的案例，如经常出现的控枪、陪审团、选举等议题，其实和中国读者有相当大的距离。而这本书，全部基于中国读者日常生活中的问题和场景提供分析，让方法论更容易迁移落地。

• 思维方式可视化、思考过程步骤化。本书中有大量原创的"工作纸"（worksheet），使用表单、流程图、核对清单、思维导图等将思考过程显性化，初学者可以利用这些"工作纸"，根据指引步步分析，逐渐将思考方法内化。

本书共有15个章节，按照大脑处理信息的步骤依次讲解每个环节所涉及的方法论：

第1章为总论，介绍批判性思维的基本概念。

第2章先"定位问题"；在明确界定自己面对的问题是什么之后，开始获取信息（第3章）；得到信息后，理解提炼信息（第4章）；这条信息到底是否可信？则需要依照一定的标准，判断其论证质量如何、是否存在逻辑谬误（第5章、第6章），我们应该只相信经得起论证的观点；基于筛选后的信息，又如何应用这些信息、构建起自己的观点呢？不同的问题类型，有不同的思考步骤和分析框架，从第7章到第13章，便针对不同的问题类型，提供了论证时的方法指引；最后，第14章会指引你如何将自己的观点逻辑清晰地表达出来；第15章则会对全书进行总结。

每一章，我们都会先用生活中的一个问题场景引入（问题引入）；随即，我们会在"本质洞察"部分，为你点出该场景背后的本质问题究竟是什么；围绕该场景，每一章我们会详细讲解一个方法论（解决方案）；在"应用场景"环节,我们会为你提供更多的场景和案例,讲解该方法论其他可能的应用方向;并给出一些"小贴士",提醒在应用方法论的过程中可能遇到的问题(注意事项)。每一章我们都提供了练习题,并在每章的最后给出了参考分析思路。

此外,这本书中出现的所有"工作纸",我们也结集成一本小册子附在最后。每张"工作纸",我们都注明了它的适用场景。希望你在遇到一些具体问题时,能抽时间坐下来,翻开这些"工作纸",按照上面的指引,分析你所面临的问题。不断刻意练习后,你会更加熟悉"工作纸"背后的分析框架,进而逐渐将其内化成自己的思维习惯。

尤其需要指出的是,批判性思维的理性思考不是冷冰冰的,它的底层仍是一种开放、包容、接纳和关爱他人的价值观。这是一个常因观念分歧而显得有些撕裂的时代,但如果我们能带着包容和爱,去接纳对方的情绪,客观看待对方视角的合理部分,去思考对方观点背后的原因——他经历了何种教育、何种痛楚才成长为现在的样子,才形成了如此的价值观和思考特征,也许对话才有可能。人与人之间如此,国与国之间亦是如此。我们的孩子将来是生活在更撕裂,甚至冲突不断的世界里,还是能自由、快乐地去拥抱未来,就取决于我们这代人是否能用爱和智慧去改变自己。本书的第8章会有更多涉及多元价值观、彼此接纳的内容。

除了更理性地思考,我们也要考虑如何把理性的思考用更加清晰、温和的方式传递出去。所以在第2章、第14章,我们会分享一些结构化思考和表达的工具,以提升我们的说服力。希望你也能享受这个表达的过程。

因为本书更加偏向于实用生活场景,所以传统批判性思维理论体系里的

"形式逻辑"，我们没有为此专门撰写章节，感兴趣的伙伴可以利用专业资源拓展。但是，如果掌握了这本书的精髓，相信你也可以识别出一些常见的形式逻辑谬误。比如"P能推出Q，所以Q能推出P"，这一明显的逻辑谬误我们高中数学就学过，但生活中却常有这样的问题，例如"孩子懒就会不做作业，所以孩子不做作业就是因为他懒"。除了使用"形式逻辑"发现这一推理中的错误，我们也可以使用论证三标准中的"充分性"，意识到这样的归因忽视了其他很多的可能性，并非一个充分的推论；而使用"结构化归因"的工具，我们可以更全面地洞悉某一行为背后的复杂动因。

非常期待你能享受阅读本书的过程，让它为你的美好生活助力。也欢迎读者伙伴们提出批评和指正，帮助我们不断进步，共同推进批判性思维教育事业的前行。

批判性思维是重要的，但对它的学习不意味着排斥感性和情感，也不意味着我们拒绝理性思考的其他方法。愿我们都能秉持开放的心态，共筑多元、美好、创新的时代。

目 录

第1章 什么是批判性思维？ / 001

- 什么是批判性思维？
- 我们为什么需要批判性思维？
- 如何提高自己的批判性思维能力？这本书可以帮你做什么？
- 你做好学习批判性思维的准备了吗？学习批判性思维，需要破除哪些认知偏差？

第2章 如何定位问题？ / 017

- 当我们面对一个有诸多信息、线索的复杂局面时，怎样找到关键点，分析并解决问题？
- 当你在考试中需要回答论述题、简答题、写作题时，当你需要完成调研报告、进行工作汇报时，如何准确切入问题，搭建逻辑分析框架？

第3章 如何获取可靠的信息？ / 037

- 网络时代充斥的巨量信息让人真假难辨，如何避免掉入假消息的陷阱？
- 在研究一个问题时，从哪里可以检索、收集到可靠的资料？

第 4 章　如何提取关键信息？　　/ 055

· 如何准确抓住一段话的观点？
· 如何洞察观点背后的推理逻辑？

第 5 章　如何评价论证质量？　　/ 073

· 当不同的人观点出现分歧时，应该相信谁？
· 如何判断谁的观点更有道理？

第 6 章　如何发现论证的漏洞？　　/ 097

· 如何用 ARG 三标准识别低质量的论证？
· 如何应对生活中喜欢讲歪理的"杠精"？

第 7 章　如何洞察事物背后的规律？　　/ 127

· 如何发现、提炼事物背后的规律？
· "贴标签""开地图炮"等行为有没有问题？
· 基于大数据的统计研究，对普通人的日常生活有什么意义？

第 8 章　如何愉快地与三观不同的人交流？　　/ 151

· 在评价同一件事的时候，不同的人为何会有截然不同的论断？
· 如何弥合对话者之间的分歧和差异，促进沟通？

第 9 章　如何权衡利弊？　　/ 169

· 在面对"该不该做某件事"的难题时，我们可以如何思考？
· 为什么人们总会做出一些不明智的选择？一些习以为常的决策方式有什么问题？

目 录

第 10 章 如何洞悉问题背后的复杂原因？　/ 191

- 如何找到问题中的复杂因素，对症下药？
- 如何避免错误归因，陷入错误的思维方式？

第 11 章 如何找到导致问题的关键因素？　/ 215

- 自己提出的原因是不是问题背后真正的原因？
- 通过结构化归因找到诸多可能的原因后，如何判断哪一个或哪几个比较关键？

第 12 章 如何找到更多解决问题的方案？　/ 235

- 面对问题，如何思考、寻找解决方案？
- 如何评估不同的解决方案，从中找出最优的行动路径？

第 13 章 如何在决策中兼顾复杂因素？　/ 259

- 当决策需要考虑的因素有很多时，如何更理性地做决定？
- 当多人参与决策时，如何更加公允地进行决策？

第 14 章 如何逻辑清晰地表达观点？　/ 277

- 当我们的脑海里已经有了一定的观点或想法，如何清晰、有逻辑地将其表达出来？

第 15 章 构筑理性、多元、良善的社会　/ 301

- 本书介绍了诸多思考方法，我们应该如何整合应用？
- 如何持续地培养自己的批判性思维能力？

后记　/315

3

| 第 1 章 |

什么是批判性思维？

- 什么是批判性思维?
- 我们为什么需要批判性思维?
- 如何提高自己的批判性思维能力？这本书可以帮你做什么？
- 你做好学习批判性思维的准备了吗？学习批判性思维，需要破除哪些认知偏差？

当遇到以下情况时，你的表现会更像大牛还是更像小思？不妨在你更倾向的表述前打钩。

	大牛	小思
在微信群里看到一组骇人听闻的聊天记录……	□悲愤交加，转发多个群及朋友圈，并严厉谴责当事人。	□关注聊天记录中发言人的身份、有无提供明确的信息源、记录中是否提供相应的证据，等到有专业媒体报道或更多证据相互印证后，再发表观点。
读到观点截然相反的两篇文章…… 如：《第一批被鸡的娃长大了："感恩小时候吃过的苦！"》《第一批被鸡的娃长大了："内心的空洞是再好的成绩都填不上的。"》	□先给第一篇文章点赞，再给第二篇文章点赞，感觉说得好像都有道理。	□分析不同观点背后的理由，评估这些理由本身是否站得住脚，能否强关联地、充分地支持结论，认识到不同观点的可取之处及局限性，在此基础上形成自己的观点。
在考场上遇到简答题，要求阐述"你如何评价文中人物的行为""对于该事件你怎么看"……	□用考前背过的答题模板，加上几个万金油句式，希望可以糊弄过去。	□快速列出提纲，从不同角度分析多条理由，有条不紊地陈述在考卷上。

续表

	大牛	小思
公司开例会时，领导指出业务中的某一问题，要求大家依次说说自己的想法并提出解决方案……	□恨不得自己就是小透明，躲在会议室墙角或找借口上厕所。不得不说时，只好用"我还没有太多想法，先听听大家怎么说吧"来应对。	□快速理清思路，提出导致问题的多个可能的原因，分析验证，对症下药提出解决方案。
生活中或者网上遇到杠精……	□被对方怼得无话可说，或者被逼只能破口大骂。吵完往往后悔自己没有发挥好。	□指出对方观点逻辑破绽所在，一击即中，就事论事，有理有据。
需要做出人生决策（比如选什么专业或工作）……	□反复纠结、犹豫不决。到处找人咨询意见，也不知道该听谁的。最后可能还是冲动行事，跟着一时的感觉做决定。	□广泛搜集信息，听取不同的观点，根据自己的现实情况权衡利弊，坚定地做出当时最好的选择。

　　如果你的表现更像大牛，那在屡次悲愤发朋友圈后，有没有遇到过事件出现反转，让你不得不悄悄删掉朋友圈的情况？在读了那么多"经典好文"，点赞了那么多教育观点后，你会不会依然不知道这个周末到底该带孩子去玩，还是去上补习班？各种考试前，你是否经常辛辛苦苦硬背模板，却发现最后的分数并没有达到心中的预期？或者因为你在会议室里的"隐形"和沉默，而一次次失去晋升机会？又或者面对不理想的现状、面对可能的改变，你总是无法做出满意的抉择？

　　在这些时刻，你会不会羡慕身边的那个小思呢？小思似乎总是理性、睿智、充满说服力和影响力，能够坚定地把握生活方向，也总能把握更多的机会。

大牛和小思的差别，其实只有一个词，那就是这本书的关键词：**批判性思维**。

什么是批判性思维？

美国伊利诺伊大学教授罗伯特·恩尼斯（Robert Ennis）给出了定义：**批判性思维是一种合乎理性的、反思型的思维方式，决定我们信什么和做什么。**

"信什么"是指在信息输入环节——例如你在听别人讲话、听课、阅读、看电影、看视频时，作为信息接收方，需要**独立判断：接收到的这个信息，我要不要相信它。**

"做什么"是指在信息输出环节——例如你在发表观点、与人交流、写论文、写报告、做决策、分析解决复杂问题时，作为信息输出方，需要**独立决定自己该说什么和做什么。**

批判性思维的最终指向：**帮助个人形成独立观点，拥有独立思想和人格。**

我们为什么需要批判性思维？

在这个信息纷繁复杂的时代，具有批判性思维能力，人们才能从海量、超载的信息中甄别出最有价值的内容，从而塑造自己的知识、价值体系，确保不会被外界轻易欺骗，更不会被别人随意煽动。

在面临无数选择的时刻，拥有独立的思想和人格的人，才能够真正掌控自己的人生方向，持续达到自己的目标。

在职场上，能够独立思考、终身学习、进行科学决策的人，才能拥有真正的职场竞争力、领导力，也才能帮助企业在竞争中创造性地解决问题、创造价值。

在公共生活中，能够独立判断、不被轻易煽动的人，才有可能通过对话和行动，成就一个更加理性、多元、良善的社会。

正因如此，很多国家的教育部门、知名大学，都将批判性思维视作21世纪人才应该具备的核心能力。

进入21世纪之后，在中国，教育部颁布的高中和义务教育阶段的课程标准，也将重心从考查学生的知识掌握情况，转变成综合考查学生的知识、能力和价值观。课程标准提出要培养学生的核心素养，其中之一便是思维能力，也就是进行逻辑推理、独立思考的判断力。据我们观察，在日常考试中，选择题的比例正在减少，阅读、简答题和写作越来越重要，这都需要学生进行独立的论证说理，寻找充分的理由和证据，形成自己的观点。

当这个时代的要求开始改变时，你，做好改变的准备了吗？

如何提升批判性思维能力？

批判性思维的核心是论证和评价论证质量。

论证，就是用理由去支持结论的过程。

当接收到一个观点时，我们要去看它背后的理由是什么，判断论证的质量如何，只接受和相信经得起论证的结论。

当要做出一个决定时，我们要审视自己的结论背后有没有可靠的理由和证据，是否经得起论证，只有在审慎论证后，才能采取行动。

审视和反思，就是批判性思维的定义里所强调的"反思型的思维方式"。

因此，我们可以将批判性思维理解成一台 X 光机。运用批判性思维，就像是启动这台 X 光机，扫描审视进入我们脑子里的信息是否经得起论证。

训练批判性思维，就是训练论证和判断论证质量的能力。

如何评估论证质量的好坏，有一系列的判断标准可循。从定位问题、获取信息、评估信息到应用信息、表达信息，再到搭建一个高质量的论证，都有一系列的分析框架。这些分析框架能帮助我们进行更深、更广、更有逻辑条理的思考。

本书将通过表格、流程图、核对清单等，帮助你掌握不同的分析框架和方法。在不同的应用场景下，你可以选择相应的思维工具，切实提升自己的论证质量。

当然，想要将这些框架、方法内化，我们需要持续地刻意练习。

你做好学习批判性思维的准备了吗？

批判性思维不仅是一系列的分析框架或思维方法，更是一种思考的品质和态度。如果不具备这样的品质和态度，我们或许很难真正地改变自己的思维方式。现在，你做好改变的准备了吗？

来自我评估一下吧。以下这几组观点，你更同意大牛的说法，还是小思的说法？请在你更认同的观点前面打钩。

大牛	小思
□我已有的生活经验和知识，能够支持我做出明智的判断和选择。	□我认为自身的经验和偏好存在局限性；我也能意识到自己在思考某些议题时，存在不客观、不公允的情况。

学会思考：用批判性思维做出更好的判断

续表

大牛	小思
□作为学生，应该无条件服从老师；作为孩子，应该不加质疑地顺从家长；作为下属，应该绝对遵从领导的指令。	□即便是老师、家长、领导提出的建议和要求，我认为也不应该不假思索地全盘接受。
□我认为应该遵循主流或传统的生活方式，因为大家都这么做，"随大流"总没错。	□真理有时也掌握在少数人手里，我不认为凡事"随大流"就绝对正确。
□道不同，不相为谋。我认为没有必要和那些与自己观点不同的人交流，很多人简直不可理喻。	□我总是能够认真倾听和思考与自己不同的观点。即便不认同对方的观点，我也会尝试换位思考，努力去理解对方的理由和逻辑的合理性。
□我相信我的第一感觉，而且事实能够证明我的第一感觉总没错。	□我更相信数据和逻辑，如果某个观点有充分的证据支撑、符合逻辑和事实，即便与我的喜好、情感、立场冲突，我也很可能会接纳这个观点。

在小思的观点背后，蕴含着批判性思维的三组关键词：

▶ 质疑

"我认为自身的经验和偏好存在局限性；我也能意识到自己在思考某些议题时，存在不客观、不公允的情况。"

"即便是老师、家长、领导提出的建议和要求，我认为也不应该不假思索地全盘接受。"

"真理有时也掌握在少数人手里，我不认为凡事'随大流'就绝对正确。"

质疑是批判性思维的核心精神之一，是启动批判性思维的第一步。只有保持批判者般的警惕，才会有意识地去审视观点背后的论据。

这种质疑，既包括对他人的质疑——无论观点是来自权威，还是人们习以为常的传统；还包括对自己的质疑——自己是否存在盲目、轻信、冲动、先入之见等问题，认识和承认自己的局限性。

让质疑成为一种本能的思维习惯，意味着你能够习惯性地提出高质量问题；意味着你能够时刻保持自省状态。但这并不意味着一个人就会成为"杠精"——我们依然要学习用合理的方式表达质疑；这也不意味着一个人就会陷入怀疑主义，变得对什么都不相信。因为质疑不是终点，不是为了否定。**质疑是思考的起点，是为了更好地思考，为了寻找更值得相信的观念。**

▶ 多元

"我总是能够认真倾听和思考与自己不同的观点。即便不认同对方的观点，我也会尝试换位思考，努力去理解对方的理由和逻辑的合理性。"

一个具有批判性思维的人，会追求高质量、充分的论证，能够用全面的方式去看待复杂问题。不同的观点，尤其是相反的观点，也会因此显得具有价值。批判性思维要求我们以开放的心态，平等对待不同角度的观点，需要我们去耐心倾听、彼此尊重。

▶ 理性

"我更相信数据和逻辑，如果某个观点有充分的证据支撑、符合逻辑和事实，即便与我的喜好、情感、立场冲突，我也很可能会接纳这个观点。"

在倾听了多方观点后,怎么判断哪个观点更为可信?观点的对错都是相对的,但观点背后的论证质量却有高低之分。理性,意味着相信推理和证据,坚持实证精神,以实事求是、就事论事的方式,形成质量更高的论证。这就要求我们能摒弃对权威、公众、传统的盲从,不被情绪、喜好操控。

如果你更加认可小思的观点并能知行合一,那就意味着你已经在一定程度上具备了批判性思维所需要的品质和态度。这些品质和态度是学习批判性思维的基础,当你的批判性思维能力不断提升时,你的思维方式又会强化这些品质和态度,让你成为一个求真、求知、开放、公正的人。

如果你更加认可大牛的观点,或许就需要对这些想法做进一步的思考。

我们需要破除哪些认知偏差?

在大牛的观点背后,多多少少存在着以下几个认知偏差。它们将成为我们学习批判性思维的障碍。

▶盲目自信

"我已有的生活经验和知识,能够支持我做出明智的判断和选择。"

苏格拉底说:"我唯一知道的就是自己的无知。"但现实中的许多人,常常会对自己的认知、判断和能力过度自信。

1981年,心理学家欧拉·斯文森(Ola Svenson)做过一个著名实验,让被测者评估自己的开车技术,还让他们估计一下自己在所有参与实验的人当中的排名。你觉得有多少人会认为自己排在前 50% 呢?如果每个人都根据实际情况回答,只有一半的人会认为自己排在前 50%,但实验中有 93% 的美国被试者和 69% 的瑞典被试者认为自己排在前 50%。这说明,很多人对自己的开车技术过度自信了。

生活中这样的例子比比皆是。股民们在进入股市的时候都觉得自己会赚到钱，但调研显示，超过 50% 的投资者自开户以来就一直是亏损的。亏损的原因之一，可能是高估了自己对于市场信息的把握程度。另一个盲目自信的例子和吸烟有关，"吸烟有害健康"已经成为一种共识。吸烟是引起肺癌的第一大风险因素，美国疾病控制与预防中心（CDC）的信息显示，吸烟者患上肺癌的风险是不吸烟者的 15—30 倍。但调研显示，大多数烟民都认为自己比别人更不容易患上肺癌。

当然，人们过度自信的程度可能是不同的。例如，心理学家大卫·邓宁（David Dunning）和贾斯廷·克鲁格（Justin Kruger）就发现，比起真正有能力的人，能力欠缺的人尤其会高估自己，并且还有拒绝承认的倾向。这种情况后来被称为达克效应（D-K Effect）。除此之外，还有研究发现，当人们评估自己的智商时，男性倾向于高估自己，女性倾向于低估自己。

盲目自信，会让人缺乏谦卑的自省之心，让人拒绝反思、学习和改变。当自己的观点被挑战时，很多人会以为对方否定自己的观点就是在否定自己的人格，让自己没面子、丧失尊严，从而更加故步自封，更难倾听或接受不同的观点。

▶ 盲从他人

"作为学生，应该无条件服从老师；作为孩子，应该不加质疑地顺从家长；作为下属，应该绝对遵从领导的指令。"

想象这样一个场景：你的上级命令你去操控按钮电击答题错误的学生，你会照做吗？

你可能认为自己不会这么做，因为电击的方式过于残忍。只是答题错误，何至于遭到这样的对待？但耶鲁大学教授斯坦利·米尔格拉姆（Stanley Milgram）设计的实验证明，当人们处在这样的真实场景中，很多人都会盲目地服从相对权威的他人。

这个实验要求被测试者在研究员的指令下，向另一个房间里答错题的"学生"施加电击作为惩罚，但他们不知道对方其实是演员，也不知道电击装置是假的。实验结果发现，当那个可怜的"学生"苦苦哀求、厉声惨叫时，一些参与测试的人显然也因此感到焦虑或痛苦，但超过 50% 的被测试者依然会按照研究员的指令实施电击。尽管这个实验后来也遭到了一些伦理和实验方法上的质疑，但当这一实验在不同国家和文化环境下反复进行时，结果却相差无几。

这一实验，成为对"平庸的恶"的一种诠释。那些在战争中实施屠杀行为的普通军官或士兵，会在法庭审判中反复强调"我只是服从命令"——这种无条件的盲目服从，造成了反人性、反人道的罪恶。

即使情况没有这么极端，我们的工作和生活中也不乏盲信他人的例子。例如，你会认为在公司的经营层面，老板的判断一定是对的吗？你会觉得家长、老师的话就应该完全被听取吗？已经功成名就的师兄、师姐给你的建议，应该全盘接受吗？你会本能地觉得有名校光环的毕业生一定比普通学校的学生能力强吗？看到专家或专业机构写的文章，你会不假思索地转发吗？想一想，吃了医生开的药后产生了新的不良症状，你会坚持服完药，还是会询问医生？

在信息超载、社会分工不断细化的当下，权威的存在有着重要意义。服从权威，对于维持社会有序运转起着重要作用；尊重专业领域中的权威，则能帮助我们降低认知成本、提高信息筛选的效率，更快捷地做出决策。但不加以批判性思考，就一味地相信权威或他人则可能会产生问题。现实生活中，这方面的事例和教训已有不少，应当引起我们的警惕！

▶盲目从众

"我认为应该遵循主流或传统的生活方式,因为大家都这么做,'随大流'总没错。"

作为群体动物,人类倾向于"抱团",渴望被某个群体认可,害怕被群体孤立。因此我们总是倾向于做很多人都做的事,或相信很多人相信的事。

当办公室的同事都在讨论某一款手机价格昂贵但销量火爆时,你也会跟风入手吗?如果运用批判性思维,你会考虑自己实际的需求、理财计划、消费倾向,甚至对环保的理念,再决定要不要购买。

当你看到周围的人大多在 30 岁之前结婚了,你会因此觉得自己也该如此吗?又或者看到周围大多数人都给孩子报补习班,你也会给孩子报补习班吗?还是会根据自己和孩子的实际情况,结合在亲密关系、教育领域的专家研究,全面分析"在 30 岁之前结婚"和"给孩子报补习班"等事情的好处和坏处,并且了解和反思自己的价值观,寻找最适合你自己、最适合你的孩子的理性选择?

通常,大众的做法在某些情况下确实有其道理。但关键在于,我们不能仅仅因为这是大多数人的做法,就"随大流",忽略了这些言行背后的理由和证据。俗话说,家家都有难念的经,每个人、每个家庭都有自己的实际情况甚至特殊原因。因此,别人别家怎么做,我们只能将其作为参考,不宜一概盲从。

▶盲信喜好与确认偏差

"道不同,不相为谋。我认为没有必要和那些与自己观点不同的人交流,很多人简直不可理喻。"

"我相信我的第一感觉,而且事实能够证明我的第一感觉总没错。"

你认识了一个长得很帅的新朋友,通过了解发现你们竟然是大学校友,还是老乡,顿时你对他好感倍增。当了解到他是个基金经理后,你愿意买一些他管理的基金吗?

对一个人的第一印象,会在多大程度上影响人们对他的判断?这是很多学者研究的问题。在一项研究中,研究者给学生们展示一些陌生政治家的人脸照片,让学生根据照片判断他们能力的高低。结果发现,那些在实际竞选中胜出的政治家,其中70%在照片评选中也获得了高分评价。在针对不同国家选举的研究中,也发现类似的结果,外表更有魅力的候选人得到的选票往往更多。

基金经理的例子,所体现的也正是这样一种"光环效应"。如果我们仅仅因为这位基金经理长得帅、因为他和自己有校友或者老乡这种令人喜爱的亲近关系,就决定把钱交给他去打理,这就受到了光环效应的影响,是一种盲信喜好。如果运用批判性思维,我们需要了解他的投资表现、具体投资领域、基金的风险性、自己的风险偏好等一系列信息,才能审慎地做出决策。

类似地,在工作中我们也不应该只相信自己喜欢的同事或下属的意见,而是应该就事论事地分析具体情况。

当我们已经有了一定的喜好、立场或先入之见,就更容易陷入确认偏差中。确认偏差,是指人们倾向于捍卫自己现有的信念,抵制不同的看法。人们在寻找证据的时候,会只选对自己有利的,忽略和自己不一致的意见,甚至会扭曲记忆来支持自己的看法。也就是说,人们倾向于只看见自己想看的。

1989年,巴西航空254号航班飞往错误方向,导致燃料耗尽后迫降,造成13人死亡。调查结果发现,空难是因为机长误读了航向数据。当时已经有种种迹象显示飞机的航向有误,但由于机长心里已经有了自己认定的方向,认为自己不可能出错，就不断地强化自己的决策，忽略显示方向错误的证据。

在生活中你是否也会这样：阅读文章的时候，看到那些说到自己心坎里的话便会特别认同？而面对一些你不认同的观点，可能只看题目就不想点开？对星座和算命的预言，会下意识地搜寻那些符合预言的现象去印证？在人际关系中，一旦对某个人形成糟糕的第一印象，就总是看到他的缺点，而对他的优点视而不见，或者觉得他做好事也是动机不纯？

我们只有拒绝被喜好、立场、先入之见以及与之相关的情绪所操控，实事求是、就事论事，才能做出公允的、好的判断。

当你读到这里，或许会感叹：天啊，要成为一个具有批判性思维的人，好累啊！跟着感觉走、活得随性一点，为什么不可以呢？

心理学家丹尼尔·卡尼曼（Daniel Kahneman）在《思考，快与慢》一书中，介绍了心理学的两个概念：系统一和系统二。

> 系统一：它的运行是无意识且快速的，不怎么费脑力，缺乏自主控制的感觉。——类似于我们所说的"直觉""本能""第一反应"。它在很多时候是对的，但容易情绪化，容易受环境的影响。
>
> 系统二：它的运行耗费脑力，通常与行为、选择和专注等主观体验相关联。——它擅长逻辑、分析、推理，能解决系统一无法解决的问题。

而批判性思维，就是一种典型的"系统二"，它最大的特点在于——它很懒惰，需要有意识地训练和使用。

两个系统，各有优劣，也各有适用场景。越是重大的问题、越是重要的决策，就越需要我们有意识地启动系统二，使用批判性思维，即使这种思考需要消耗大量精力。但随着更多问题被解决、更多疑惑被解开，我们会处在更轻松、安心、快乐的状态。当我们使用批判性思维成为习惯，启动系统二将会越来越快、"耗能"越来越低，也将越来越感到轻松自然。

不过，面对生活中大量需要快速反应的小决定，一些无关紧要的小事、无伤大雅的玩笑时，我们还是可以随心一些，不必时时刻刻都要论证一番、较真一番。人并不是随时都要运用理性，关键是要具备理性思考的能力，并且知道在什么情况下运用理性是重要的和必要的。

总结

批判性思维是一种合乎理性的、反思型的思维方式，决定我们信什么和做什么。它最终指向的，是形成独立的观点，成就独立的思想和人格。

批判性思维的核心是论证和评价论证质量。训练批判性思维，训练的是一个人论证和评价论证质量的能力。面对不同的问题，如何分析某一观点的论证质量、如何建立高质量的论证体系，均有方法可循。

培养批判性思维，并非掌握了方法即可。它要求我们具有敢于质疑、拥抱多元、坚持理性的品质，不盲从大众、盲信权威、盲信喜好，保持谦逊，保持自省。

如果你渴望成为一个具有独立思考能力的人，那么请继续阅读吧，从不断学习和练习论证的基本方法开始，建立你的批判性思维。

| 第 2 章 |

如何定位问题？

- 当我们面对一个有诸多信息、线索的复杂局面时，怎样找到关键点，分析并解决问题？
- 当你在考试中需要回答论述题、简答题、写作题时，当你需要完成调研报告、进行工作汇报时，如何准确切入问题，搭建逻辑分析框架？

想象一下,这是你在公司参加的一场日常会议。

老板:今天开会,想跟大家讨论个事。我们的老客户兴旺公司没有跟我们续约,他们签了我们的对手公司。

员工A:太好了!终于摆脱这群人了!再也不会被他们刁难了。

员工B:你脑子有问题吧?这是一个大单子啊,丢了对我们损失太大了!老板,现在还有挽回的余地吗?

老板:他们应该已经和那边签合同了。

员工C:老板,你确定他们签了吗?什么时候的事啊?怎么昨天兴旺公司的法务还在跟我讨论续约合同的细节啊?

员工B:难不成这事还没定下来?老板,你赶紧再去活动活动啊!

员工A:有什么可活动的呀,这个客户太难搞了。你们只看到这个单子大,怎么没看到我们自己额外付出了多大的心力啊?换个好沟通、好交流的客户,同样的付出,我们能创造更多的价值。

员工B:你怎么能保证其他客户就是好沟通的?

员工A:你们自己说说,干这行这么久,还遇到过更奇葩难搞的甲方吗?上次,一个文案,折腾了我三天三夜,最后还不是用的最初那一版。还有一次……

老板:好啦,别扯远了。丢客户无论如何都是件坏事。我们自己要总结下经验教训,避免再发生这样的事。

员工A:我觉得丢了兴旺公司可不是件坏事。

员工C：好啦，是不是坏事是你有资格评价定性的吗？你不就是个小设计师吗，领导在这儿轮不到你说话吧？

员工A：你这人怎么说话呢？什么叫我没资格？我看你一个管后台的，才最没有发言权吧？

员工B：客户丢了，肯定就是对我们的服务不满意嘛。还能有什么原因？

员工A：也可能就是人情合同啊。我听说他们老总的女儿今年毕业，刚拿了咱对手公司的录用通知书，单子自然而然就跟着去那边了。

员工B：是不是上次跟小王改文案的事闹得不开心啊？要不老板你还是带着小王上门沟通沟通，搞不好有挽回的余地呢。

员工C：我觉得还是我们内部跟用户对接的机制有些问题，沟通也不够畅通。把这个沟通机制理顺是最重要的。

上面的对话你觉得耳熟吗？听上去讨论得很热闹，但实际上效率低下、一团混乱。话题一会儿被岔开，一会儿又回到原点，无法凝聚共识，更没有有效产出结论。

听着几位同事你一言我一语地讨论问题，你准备如何加入其中？什么样的发言，才能更准确地发现问题、解决问题呢？

本质洞察

上面例子中的讨论之所以如此混乱，是因为不同层面的问题混在一起，缺乏逻辑主线，无法引导人们在不同层面的问题间进行有序讨论，也无法层层推进地解决问题。

在这样的讨论中，如果有一个人思路清晰，推动讨论不断深入，并且最终带领大家找到解决方案，那么，这个人很可能就是团队中领导力、影响力最强的人。

如果你想成为这样的人，那么在这个场合中，你要做的第一件事就是识别问题的讨论层次，定位真问题。

解决方案

如何识别问题的讨论层次？

不妨试试"四步法"：

> 基于一个人的价值观，对某个事物做出好坏、对错、应否的判断。

是什么	针对要讨论的现象，提供最基本的事实信息。
怎么样	评估这件事的影响、后果、意义，对这件事做出价值判断。
为什么	如果对一件事做出了负面评价——这个问题究竟是怎么造成的？ 如果对一件事做出了正面评价——它成功或令人欢喜、满意的原因是什么？
怎么办	针对"为什么"层面找到的原因，给出具体的解决措施。确定接下来应该做什么去解决问题，或者如何进一步推广成功的经验。

那么，"四步法"该如何应用于上面例子中的场景？我们不妨看看，这场对话在这四个层面分别提供了哪些信息，进而聚焦尚待解决的核心问题。

问题层次	已有信息	尚待解决的问题
是什么	领导提供的信息：老客户兴旺公司没有续约，签约了对手公司。但员工C对该信息的准确性提出质疑：到底有没有签约对手公司？是不是已经尘埃落定？	确认兴旺公司签约与否。
怎么样	员工A觉得这是好事，终于摆脱了烦人的兴旺公司。员工B对此非常忧心，认为失去了一个大单子。	若兴旺公司真的没有续约，将对公司的利益带来多大的影响？
为什么	有可能与我们的服务无关：员工A揣测客户因为人情被带到其他公司。有可能与我们的服务有关：员工B指出小王改文案一事曾与客户产生矛盾。员工C认为内部与用户的对接沟通机制不够畅通。	还有哪些可能的原因导致兴旺公司不续约？如何验证真实的原因是什么？
怎么办	带小王上门道歉；理顺沟通机制……	如何尽可能地挽回兴旺公司？内部可以建立哪些机制防止大客户流失？

当我们进行了这样的分析后，就会发现，在上面的对话里，大家东一句西一句，归纳起来就是这四个层面的问题。当用"四步法"把杂乱的信息归类，是不是让讨论更加清晰明了了？我们现在要做的，就是分层次地让所有人聚焦于问题讨论，最终达成共识。

可以说，我们分析问题的起点，是精准地定位问题。"四步法"，可以**帮助我们清晰简洁地梳理问题的层次**。

应用场景

在什么场合，我们可以使用"四步法"？

回想一下，在你还是学生的时候，考试时最害怕遇到什么题型？我猜，很多人都会说是论述题。尤其是文科生，语文、政治、历史中的大题有很多都是论述题。在大学阶段，在思想政治一类的通识课考试中，也一定会遇到论述题。在公务员考试中，申论也总让很多考生感到头疼。每次遇到论述题，你会不会也是潇洒自如地写下一个"答："，然后头脑一片空白，完全不知道该从何下笔呢？

走出校门后，你会发现工作、生活中处处都有这样的论述题。"说说产品研发情况怎么样""对销售情况有什么想法""汇报一下用户拉新情况""调查调查市场状况"等，许多职业、岗位都需要给领导写报告、做PPT。如果你的岗位承担着研究、分析的职责，那撰写各种行业动态、产业动态、政策趋势的分析报告都是必修课。当你不知道从何说起、从何写起的时候，就来试试"四步法"吧。

1. 职场汇报

如果在工作中，领导让你汇报某个产品的销售情况，大多数人可能只汇报基本的销售情况：某个产品销量多少、市场占有率如何、趋势如何、利润回报如何……

到这个程度，其实只是把"是什么"层次讲清楚了。

利用"四步法"，还可以汇报什么呢？

问题层次	需要呈现的信息或需要回应的问题
是什么	某个产品销量多少、市场占有率如何、趋势如何、利润回报如何……
怎么样	目前这个产品的销售情况,是态势良好,还是令人担忧,或者极其糟糕? 我们可以将该产品与市场同类产品及公司同类型产品的销售数据进行横向比较,也可以与该产品的历史销售数据进行纵向比较。
为什么	如果认为销售状况不佳,则进一步分析,究竟是什么原因导致了这样的情况;如果销售良好,则分析公司做对了什么,产品和营销方法的优势是什么。
怎么办	针对分析得出的原因,提出具体的解决或改进方案。

当我们使用"四步法"进行分析后,是不是就搭建出了一个完整的汇报提纲?这样汇报,是不是比只讲清楚"是什么"的汇报更有深度?用这种方式进行汇报,相信领导和同事都会对你刮目相看。

在职场上,无论是做演讲、做展示、写报告,还是开会沟通,你都可以用"四步法"来理清思路,有逻辑地呈现自己的展示内容,提出明确的见解。

2. 撰写研究报告

如果你的工作经常需要研究、分析一些复杂议题,"四步法"框架也非常实用。无论是查资料、做调研、做采访,还是写论文、写报告,都可以先用"四步法"将框架梳理出来。

例如,你接到了关于"贫困地区儿童辍学"的研究任务,这是一个宏大的议题。如何用"四步法"切入议题，并制订你的研究计划呢？

问题层次	需要搜集的资料信息或需要回应的问题
是什么	贫困地区儿童辍学的现象发生在哪些国家和地区？发生在什么年龄段？不同国家、不同地区的辍学率分别是多少？……
怎么样	高辍学率的标准是什么？ 高辍学率会对孩子本人、学校、家庭以及社会带来什么影响？ （例如，这些孩子将失去通过教育实现阶层晋升的可能性。对于国家或地区而言，大量没有完成基本义务教育的劳动力，也无法支撑经济发展转型，有损社会公平和教育公平。）
为什么	为什么这些孩子会辍学？背后的原因是什么？
怎么办	针对"为什么"分析得出的原因，有针对性地提出解决方案。

通过"四步法"的梳理，你能快速知道自己应该往哪个方向去搜集寻找信息，再基于搜集到的信息，对需要思考的问题一一进行回应，并按照"四步法"框架将思考呈现出来。这样，一篇清晰、完整的报告就完成了。在经过层层推进的分析后，你对"贫困地区儿童辍学"这个议题的思路、观点也会更为清晰明确，从而得出更为有效的解决方案。

3. 分析日常生活中的矛盾

如果事情没那么复杂，是不是就没必要应用"四步法"了呢？当然不是。"四步法"能帮助你分析解决很多日常生活中的小纠纷、小问题。

例如，这个日常生活中的场景：

小王的儿子刚满3岁，不久前刚进幼儿园。一天，小王在沙发上看书，儿子在一旁翻阅绘本，翻着翻着就把手指头放进嘴里，吮得津津有味。小王看见后，赶紧把孩子的手给拿下来。但是不一会儿，孩子又开始吸吮手指头。小王轻轻地拍打孩子的小手，示意孩子把手拿出来。这样重复了两次，孩子就呜呜呜地哭起来。小王的妻子小李听到孩子哭，了解是因为小王禁止孩子吸吮手指，就指责小王说："他要吮就让他吮呗，多大点事。"小王不同意，说："哪儿有孩子这么大了还吮手指的？"就这样，小两口为这件小事吵成一团……

关于这件小事，如果小王和小李都使用"四步法"，那么，他们可以如何分析、讨论问题呢？

问题层次	已知的信息和需要聚焦的问题
是什么	孩子刚满3岁，有吸吮手指的习惯。
怎么样	这是否是一个正常的现象？ （婴儿吸吮手指非常正常，但随着日常生活逐渐丰富，孩子的认知能力、活动能力都在增强，吸吮手指的习惯会逐渐消失。如果孩子过了3岁还热衷于吸吮自己的手指，就需要引起家长重视了。长期吸吮手指不利于牙齿生长、影响发音说话，严重的还可能使手指变形。）
为什么	为什么孩子会吸吮自己的手指？ （一种分析是，当孩子感受到压力或者感觉无助时，吸吮就会成为一个缓解自己内心不安的方式。小王和小李回忆，儿子上了幼儿园之后吸吮手指的频率更高了，他很可能只是想通过吸吮手指缓解自己因为和父母分开而产生的分离焦虑，却逐渐形成了习惯。）

续表

问题层次	已知的信息和需要聚焦的问题
怎么办	如何减轻孩子的分离焦虑？如何在他感到焦虑想吸吮手指时，提供缓解焦虑的替代方案？ （显然，直接拿出、拍打孩子的小手，强制禁止他吸吮手指，并不能解决问题，反而可能让他更焦虑。此时要解决的问题，并不是如何禁止孩子吸吮手指，而是从根本上缓解孩子的分离焦虑。在短期内，可以寻找一些缓解焦虑的替代方案，例如，告诉他在想念爸爸妈妈时，可以拍拍手、抱抱自己最喜欢的毛绒玩具。当关注到他有焦虑情绪、想要吸吮手指时，父母要及时陪伴、安抚，让孩子参与到游戏中。）

如果小王和小李能像这样用"四步法"，一步步分析吸吮手指这件事，就会采用完全不同的解决方案，更可能促进良性的沟通和交流，更能建设性地解决问题。

注意事项

1. 不要混淆"是什么"和"怎么样"

在了解"四步法"之前，你可能已经听说过"是什么""为什么""怎么办"（what、why、how）的分析框架。

例如，领导问："你觉得当前销售工作中最大的问题是什么？为什么会有这个问题？怎么解决这个问题？"

这是按照"是什么""为什么""怎么办"的套路提出的三个问题。但其实在第一个问题"你觉得当前销售工作中最大的问题是什么"中，就包含了"怎么样"的价值判断。

尽管你的回答可能只有一句话，但在大脑里，其实你还是进行了两步分析：第一步是你看到的现象，也就是"是什么"；第二步是迅速判断出哪些现象有问题、问题最大，也就是"怎么样"，然后做出回答。

所谓"是什么""为什么""怎么办"的框架，其实并没有忽略、遗漏"怎么样"这个部分。但"四步法"更强调对"是什么"和"怎么样"的区分，专门把"怎么样"作为独立的部分。

为什么要强调对"是什么"和"怎么样"的区分呢？答案是，做这样的区分，**就是在区分事实陈述和观点陈述**。

> **事实与观点**
>
> 事实与观点，更准确的说法，是事实陈述与观点陈述。
>
> 事实陈述，是针对客观事实作出的陈述。事实是客观存在、不以人的意志为转移的。事实陈述，可以用一定的客观标准去验证，所以有真伪、有对错。例如，梵高是一个画家。
>
> 观点陈述，表达的是人们的主观感受、评价、推断、建议。基于同样的事实，每个人的主观观点可能都是不同的。观点陈述无所谓真伪，没有唯一答案。例如，梵高是最伟大的画家。

"是什么"往往更偏向事实陈述，"怎么样"的核心结论则是观点陈述。对二者不做区分，动辄观点先行，在沟通中很容易引起冲突。例如，在上面关于小王的儿子吮手指的例子里，"是什么"很简单，就是孩子吮手指。但如果不刻意思考一下"怎么样"，就会想当然地如临大敌，并把自己这种焦虑感强加给孩子、伴侣，导致矛盾激化。

我们在分析问题的时候，要先把观察到的客观事实讲清楚，和听众达成共识，再说出主观的感受、判断，以及做出判断的依据，这会让你的观点更容易被人接受。

2. 不要混淆"怎么样"和"为什么"

"怎么样"和"为什么",尽管是两个层面的问题,但人们在应用"四步法"时却很容易混淆。

例如,在关于职场上汇报产品销售情况的例子中,在"怎么样"层面,你认为这个产品卖得不好。

老板问你:"为什么说产品卖得不好?"——这个问题在什么层面?

有的人可能会将这个问题理解成就是在问"为什么"。

需要注意的是,**并不是说一个问题用"为什么"开头,就是"为什么"层面的分析**。产品卖得不好,这是在"怎么样"层面给出的观点。"为什么说产品卖得不好",是要求你为这个观点提供进一步的依据、理由,依然是在"怎么样"的层面分析问题。比如,你可以说:"之所以说产品卖得不好,是因为这个产品的销量低于过往、低于同行。"

如果问的是"这个产品**为什么**卖得不好,卖得不好的原因是什么",那就是在"为什么"层面上进行提问,你就要去分析这个现象背后可能的原因,解释有哪些因素导致产品卖得不好。例如,卖得不好,是因为推广渠道有问题、广告文案有问题,还是产品没有满足用户需求,等等。

在这里,我们要注意上面两个问题的区别于在回答"为什么说产品卖得不好"是在提供理由,支撑你的观点,这是在"怎么样"层面进行分析。回答"产品为什么卖得不好"是在提供原因,解释产品卖得不好这个客观存在的现象,这是在"为什么"层面进行分析。

3. 注意不要跳步

在不同的场合,对问题的分析可能只专注于"四步法"中的某一个层面。

例如，你经常可以看到这样一些文章标题：

《一线城市房租价格上涨现象综述》——通常是"是什么"层面；

《对一线城市房租价格上涨影响的分析》——是"怎么样"层面；

《一线城市房租价格上涨原因之我见》——是典型的"为什么"层面；

《如何抑制一线城市房租过快上涨》——大多数是在"怎么办"层面进行分析。

针对这些大问题，一篇文章能把一个层面讲清楚就很不容易了。但也有些文章或者报告，会从"是什么"到"怎么办"的四个层面给出一个完整的分析。

在完整分析某个复杂问题的时候，从"是什么""怎么样""为什么"到"怎么办"，需要按顺序来，不跳步。因为"四步法"的每一步之间，都有非常明确的逻辑关系和先后顺序。

我们做出的一切评价和判断，都建立在"是什么"所提供的信息的基础上。而"怎么样"的判断，决定了这个问题是不是一个真问题，是否值得投入精力去研究原因、采取对策。而如何采取对策，则要根据我们对原因的分析，对症下药，找到解决方案。

换句话说，"是什么"是分析的基础；"怎么样"决定了"怎么办"层面是否需要采取行动，也决定了是否值得投入精力进入"为什么"的分析；"为什么"决定了"怎么办"，即具体需要采取什么样的行动。

在工作和生活中，我们经常会遇到四个层面的问题混在一起或跳步的情况，导致整个讨论陷入混乱，无法真正解决问题。例如，在小王儿子吮手指的例子中，小王的做法就是从"是什么"（看到孩子在吸吮手指）直接跳到"怎么办"（拿掉他的手、禁止他吸吮手指），跳过了"怎么样""为什么"两步，没有从根本上解决问题。

总结

本章核心工具：四步法

是什么： 针对要讨论的现象，提供最基本的事实信息。

怎么样： 评估这件事的影响、后果、意义，对这件事做出价值判断。

为什么： 如果对一件事做出了负面评价——这个问题究竟是怎么造成的？如果对一件事做出了正面评价——它成功或令人欢喜、满意的原因是什么？

怎么办： 针对"为什么"层面找到的原因，给出具体的解决措施。确定接下来应该做什么去解决问题，或者如何进一步推广成功的经验。

这几乎是分析所有问题可以通用的一个框架。无论是处理生活中的小矛盾，还是分析复杂问题，做研究、写报告、发表演讲，都可以用"四步法"来分步骤组织信息，以实现层次分明、逻辑清晰地表达。

定位问题、厘清问题层次，知道需要思考、讨论、研究的究竟是什么问题后，我们才能更好地进入获取、收集信息的环节。这会让问题的方向更明确、思考更高效。

在获取信息的环节，如何确保我们获得的信息是准确、可靠的？如何保证我们不被假消息蒙蔽、欺骗？

在接下来的第 3 章，我们将学习相关的内容。

学会思考：用批判性思维做出更好的判断

练一练

1.请看下面一段对话，尝试用"四步法"梳理出参与者的分歧点，提出需要重点讨论的关键问题。

妈妈：你看你，怎么又在打游戏呢？看来得把你的手机收掉了！

儿子：我没有啊，用手机查东西呢。

爸爸：打一会儿游戏也挺好的，让大脑放松一下嘛。

妈妈：好什么好？！游戏就是精神鸦片，玩了哪还有心思学习！

儿子：我没打游戏！

爸爸：没事没事，游戏里面也有好的，可以学历史、学英语。

妈妈：我就没听说过有好的游戏！

爸爸：那你说怎么办吧，真把手机收掉啊？

儿子：别啊！

爸爸：哎，老婆，你也要理解一下孩子为什么有的时候想玩手机，学习压力太大了嘛。

妈妈：反正打游戏就是不好！

问题层次	已有信息	尚待解决的问题
是什么		
怎么样		
为什么		
怎么办		

◎ 学会思考：用批判性思维做出更好的判断

2.最近，小区业委会收到许多居民投诉，说小区草地里狗粪越来越多，希望业委会采取措施管一管。假设你是业委会的成员，请你就这个问题写一篇报告。试着运用"四步法"列出你的写作思路。

问题层次	需要搜集的资料信息或需要回应的问题
是什么	
怎么样	
为什么	
怎么办	

▶ 练习讲解

1.这一家人的讨论涉及"四步法"的哪几个层面？仔细梳理，就会发现四个层面都有。

问题层次	已有信息	尚待解决的问题
是什么	儿子说自己在用手机查东西，妈妈认为他在打游戏。	儿子到底在用手机做什么？是在查东西还是在打游戏？ 如果是在打游戏，儿子一般是什么时候、以什么频率、在什么场合，打什么游戏？每次玩多久？
怎么样	打游戏这事怎么样呢？ 爸爸认为挺好，能让大脑放松；妈妈认为游戏是精神鸦片。爸爸说游戏里也有好的，妈妈说没听过有好的游戏。	如果真的是在打游戏，这件事究竟给儿子的生活、学习带来了什么影响？ 例如，儿子玩的这个游戏对他的学习有帮助吗？儿子玩游戏的时间、场合、频率影响到他的学习了吗？他有因为玩游戏感到放松、愉悦吗？视力有受到影响吗？有因为打游戏而不锻炼吗？
为什么	儿子为什么要打游戏呢？ 爸爸提出一个解释，因为学习压力太大。	如果打游戏确实已经成为一个问题——影响了儿子的学习成绩、影响了他的身心健康，那他为什么要打游戏？ 例如，儿子不知道、没有意识到打游戏对他的成绩、健康带来的影响吗？ 儿子意识到了，但就是控制不住自己，就想打游戏。 或者他意识到打游戏不好，也有一定自控能力，但就是不愿意放下游戏。——游戏中的什么对他如此有吸引力？或者现实生活中有什么压力、困扰让他如此不愿意面对，想要逃避？
怎么办	怎么解决问题？ 妈妈提出要把手机收掉。	例如，经过"为什么"的分析，发现儿子打游戏是在逃避压力——在学校被同学排挤，所以要通过游戏寻找认同感。那就需要考虑如何帮他更好地处理同学关系，而不是简单地没收手机。

2. 如何用"四步法"分析小区草地里的狗粪问题？

问题层次	需要搜集的资料信息或需要回应的问题
是什么	什么时间段、什么区域出现的狗粪较多？
怎么样	狗粪的出现，究竟会给居民的生活带来什么样的不良影响？ 例如，对于居民、访客而言： 一些人可能会在草坪上直接接触到狗粪，弄脏衣物，不卫生，也影响健康； 另一些人会看到狗粪、闻到异味，狗粪的存在有碍小区美观、污染小区环境，传播细菌病毒，不利于公共卫生； 这种现象甚至还可能降低小区声誉、拉低小区房价。 对于物业管理者而言： 如果及时清理，则会增加保洁负担，提高物业管理成本；如果不及时清理，则会降低业主满意度，激化与业主的矛盾。
为什么	为什么小区会有这么多狗粪？是来源于小区居民或访客的宠物狗，还是来源于流浪狗？ 如果是前者，为什么狗的主人没有及时处理？ 例如，是因为狗的主人没有意识到这是个问题，不知道狗粪不应该留在草坪上。 或者狗的主人知道不该把狗粪留在草坪上，却没有能力及时捡拾。——这有可能是外部环境的限制，也许没有合适的工具、没有便利的粪便弃置箱；也有可能是自身能力的限制，例如视力不好的老人，看不见粪便在哪里，不方便弯腰，无法捡拾。 又或者是狗的主人知道应该及时捡拾，也有能力及时捡拾，却不愿意这么做。——这是人们经常说的"素质低下"。
怎么办	针对原因，明确具体的解决方案。 例如，经过调研发现，小区缺乏基本的粪便弃置箱——可以在小区设置宠物粪便弃置箱，提供免费的手套、塑料袋、小铲子； 如果发现很多宠物狗的主人都是年迈的老人——则可以组织志愿者帮助年迈的狗主人及时捡拾粪便。

| 第3章 |

如何获取可靠的信息?

- 网络时代充斥的巨量信息让人真假难辨，如何避免掉入假消息的陷阱？
- 在研究一个问题时，从哪里可以检索、收集到可靠的资料？

这天，大牛正在吃饭，刷手机时看到家庭群里出现了这样一条信息：

速转！十万火急!! 各群免踢！不管多忙，请转发到你的所有群。

各位朋友：××电视台已经播了，务必把这条信息发给你知道的群。

×××方便面含有禁用农药××灵，××灵可致脑麻痹、肝脏肿瘤等癌症。该企业正在销售的其他果汁、矿泉水、冰红茶、绿茶、碳酸饮料、啤酒等一系列产品，都含有××灵。官方正在了解此事件。

专家指出，××灵跟其他农药一样，对脑部影响很大，可引致局部麻痹，并会导致癌症。——请火速转给你在乎的朋友，不要给孩子吃×××方便面，不要给孩子喝该品牌的所有饮料。速转！十万火急!!

不管多忙，请转发到你的所有群。

大牛看得义愤填膺。放下碗，赶紧把消息转发到了同事群里，希望大家不要继续受到毒害。

几分钟以后，有同事在群里问："真的假的啊？"

大牛觉得情况可能不妙。此时已经有人在群里转了辟谣信息。

大牛尴尬地想撤回信息，却发现已经超时……

又有一天，大牛在刷网页时，读到一位自称"××顾问"的人发出的信息：

HPV宫颈癌疫苗"临床试验"的死亡率竟然达到宫颈癌死亡率的

37倍！"临床试验"期间受孕儿童出生缺陷是对照组的5倍，流产率增加了1倍，接种HPV疫苗女孩的生殖问题是没有接种的10倍！

在这条信息下，"××顾问"贴出了长达9页的翻译文章，并注明来自美国一家叫作"捍卫儿童健康"的机构。

大牛不由分说，立马将这篇文章转给了准备去接种HPV疫苗的女朋友。

过了一会儿，女朋友发来某一线城市权威医院发布的文章，题目叫《【辟谣】HPV疫苗不良反应多还致死？别信！》。

大牛继续嘴硬回应："它说是假的就是假的？谨慎点没错啊！"

女朋友回复道："权威医院都发文辟谣了，总要仔细看看辟谣文章里的解释和证据吧？"

此时的大牛暗下决心，下次一定不轻易转发消息了……但他真的能做到吗？

本质洞察

一个严谨、可靠、富有洞见的人，通常会搜集翔实的数据和信息，用事实说话，让自己的观点言之有据。

缺乏独立思考能力的人，经常用"听说"的话——别人说的、网上说的、"专家"说的来作为自己的论据，而对这些论据本身的真伪缺乏筛选与考量。如果我们经常传播假信息，那我们自己的信誉度就会下降；即使我们没有主动转发信息，但如果相信了这些假消息，也会形成错误的判断，还可能在与人交流时，无意识地输出不可靠的信息，给人留下"不靠谱"的印象。

在这个信息爆炸的网络时代，每个人每天都会接触海量的信息。这些信息鱼龙混杂，甚至有不少机构和个人专门通过制造假消息来获得流量。我们该如何有效地避开假信息、获取真信息呢？

人的大脑本质上是比较懒惰的，因为被动地接受信息，可以消耗较少的能量，尤其当某个信息能够调动我们的某些"负面"情绪——无论是唤醒内心的恐惧，还是点燃我们对某个人、某个族群的仇恨，就更容易将理性俘虏，让我们深信不疑地去传播一些并不可靠的消息。

想要应对这样的信息时代，我们需要培养自己质疑的精神和习惯，在看到信息的时候多问一问："这是真的吗？"

而在质疑之后，我们又该如何判断真假对错呢？

解决方案

在网络时代想要不被欺骗或蒙蔽，需要牢记一个关键词——**信息源**。

信息源，就是信息的来源。

围绕信息源，有两条路径可以帮助我们更好地判断、使用信息。

▶ 路径一：追溯信息源

当我们得到一条信息时，首先应该看这条信息是谁说的。对于出处不明的信息，不应该轻易转发。

如果该信息有明确出处，则应尽量追溯原始出处，使用原始信息源提供的一手信息。

然而，即使有明确出处，也不一定都是真实的、高质量的信息。如果我们缺乏更多的证据或能力来辨别信息的真伪，那么，评估信息源的信誉度、专业性和中立性，将有助于我们判断信息的可信度。

1. 谁说的？

一条信息如果没有信息源，不知道是谁说的，就不能轻信。

例如，大牛转发的某方便面有毒的消息，我们并不清楚是谁发布的。虽然我们能找到具体转发的人，比如亲戚、朋友，但他们不是信息的真正源头，而亲友关系本身也不足以证明信息的可靠性。关于这一消息，我们可以做如下分析：

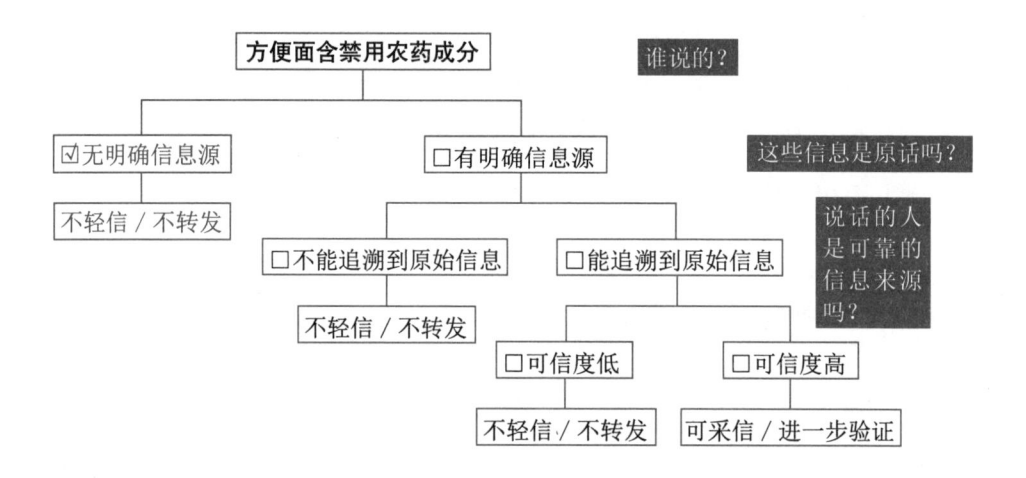

```
                    方便面含禁用农药成分                    谁说的？
                   ┌──────┴──────┐
              ☑无明确信息源    □有明确信息源                这些信息是原话吗？
                 │          ┌──────┴──────┐
            不轻信/不转发  □不能追溯到     □能追溯到          说话的人
                           原始信息        原始信息          是可靠的
                              │        ┌─────┴─────┐       信息来源
                        不轻信/不转发 □可信度低  □可信度高     吗？
                                        │          │
                                  不轻信/不转发  可采信/进一步验证
```

还有一些转发的消息，常以"我的朋友患了白血病，需要救助……""我的邻居有小狗送出……"开头，当人们直接转发时，接收者往往会认为"我"就是转发者本人，容易对信息产生误判。究其根源也是没有追问真正的信息源是谁。

此外，在遇到突发事件时，总有"知情人士"在网络上披露所谓的"内部消息"。这些信息充满细节，看起来像是外人无法获取的独家信息。他们可能声称自己是当事人、目击者，或者"我姑姑认识他""他是我老师之前的学生"。但除了自我声称，没有任何其他证据能证实爆料人的身份。换句话说，这些真假难辨的小道消息根本没有明确来源。

面对这些信息源不明的信息，我们并不能断言它们100%是假的，但在我们有效地核验之前，不应该轻易地相信、转发。

在实际生活中，我们每天都会接触到很多信息，不太可能事事去核验真假。但我们能做到的是，哪怕一些消息引起了我们的恐慌或负面情绪，也不要被它控制，盲目地转发和扩散信息。这样，我们不仅可以避免因为传播假消息让个人信誉受到损害，还能共同创造一个更理性的公共讨论环境，对处于舆论中心的当事人也更公平。毕竟，如果我们传播的假消息伤害了当事人，即使随后辟谣，他们在经济、精神或声誉上的损失也很难完全挽回。

你或许会说，万一这些小道消息是真的呢？那也建议你等一等，等到更为权威的信息源——警方或政府的通报、具有公信力的媒体的采访报道，再做出自己的判断：信或不信，转或不转。

2. 这些信息是原话吗？

没有确切信息源的消息可信度很低，造谣者也深知这一点。于是，当下的造谣者通常会虚构一个看上去权威的信息源，或基于一个真实存在的人、媒体、机构——通常是名人或者具有公信力、美誉度的媒体和机构，以此虚构、捏造信息，以提高信息的传播度。

例如，虽然大牛转发的某方便面有毒的消息没有确切信息源，但信息的制造者却故意写上"××电视台已经播了""专家指出"，以增强其可信度。如果我们到该电视台官网上去搜索，就会发现根本没有这样一期节目。

又如，在中国科学家屠呦呦获得诺贝尔医学奖后，网络上曾流传过她的"获奖演讲"："不要去追一匹马，用追马的时间去种草，待到春暖花开时，就会有一批骏马来任你挑选；不要刻意巴结一个人，用暂时没有朋友的时间去提升自己的能力，待到时机成熟时，就会有一批朋友与你同行。用人情做出来的朋友是暂时的，用人格吸引来的朋友才是长久的。所以，丰富自己比取悦他人更有力量！"

看到这样的句子，从常识出发，你可能会怀疑一个80多岁的科学家怎么可能在这种场合讲出这种鸡汤。但你也会想，万一屠呦呦真的是一位喜欢励志鸡汤的老奶奶呢？对我们来说，最可靠的做法，是在转发或使用这段话前，到诺贝尔奖官网上看一下屠呦呦的演讲实录，听听她的原话到底是怎样说的。

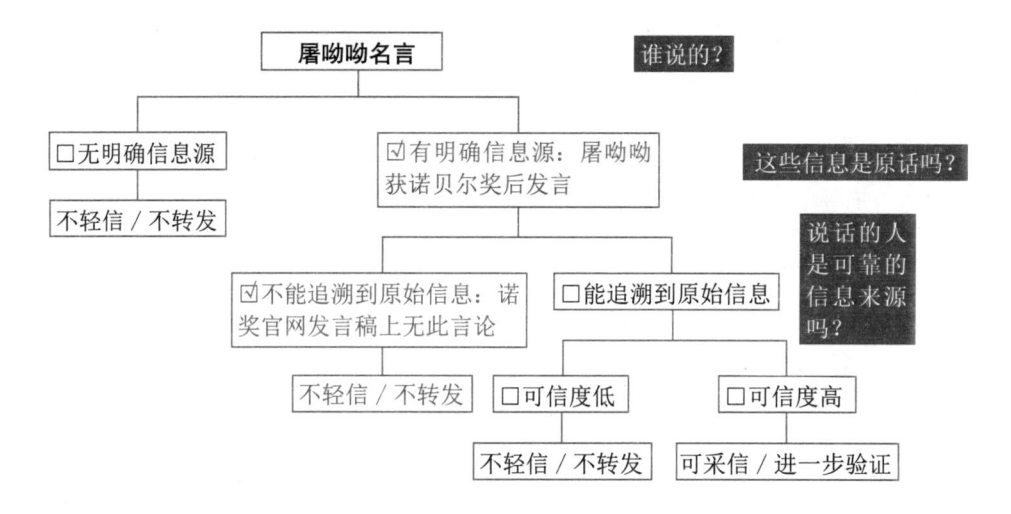

```
                          屠呦呦名言                    谁说的？
            ┌─────────────────┴─────────────────┐
      □无明确信息源              □有明确信息源：屠呦呦
                                 获诺贝尔奖后发言         这些信息是原话吗？
      不轻信/不转发      ┌──────────────┴──────────────┐
                   □不能追溯到原始信息：诺        □能追溯到原始信息      说话的人
                   奖官网发言稿上无此言论                                是可靠的
                                              ┌──────────┴──────────┐  信息来源
                                                                       吗？
                   不轻信/不转发            □可信度低            □可信度高

                                          不轻信/不转发       可采信/进一步验证
```

追溯信息源、使用原始信息非常重要，背后的道理不难理解。信息转手越多，失真的可能性就越高。在转手的过程中，消息每被转手一次，传播的人都有可能根据自己的理解，断章取义、添油加醋，对原始信息进行编辑加工、评价、诠释。如果涉及语言的转换——从外文平台转译到中文平台，那翻译过程中的原意流失，在很多时候更是难以避免。

因此，要使用的信息越重要，就越要尽可能地使用原始材料和一手信息。例如：

需要援引某个专家的观点、某一项研究的数据，就要尽可能地找到这个专家刊发这一观点、数据的原文；

想了解政府的报告，听听解读，要有意识地去找政府文件的原文，先看官方的解释、解读；

发生某一新闻事件，需要看看当事人有没有发布什么声明、公告，了解当事人自己到底怎么说。

3. 说话的人是可靠的信息来源吗？

在有意识地使用一手信息时，通常还需要再问一个问题：说话的人是可靠的信息来源吗？

尤其是当我们缺乏更多的证据或能力来辨别信息真伪时，说话人的背景会在一定程度上帮助我们判断信息的可靠程度。

例如，一个频繁说谎的人和一个有口皆碑的意见领袖，我们更倾向于相信后者提供的信息。当我们讨论一个专业问题时，相关领域的科学家通常会比从未接受过专业学术训练的门外汉更有发言权。比起在某一事件中有利益冲突的人，我们更倾向于相信中立者的陈述和判断。

让我们回到大牛转发给女朋友的有关HPV疫苗的信息，看到这条信息，我们的第一反应依然是——谁说的？转发信息的人声明，他转发的文章翻译自一家叫作"捍卫儿童健康"（The Children's Health Defense）的美国民间组织。

第二个问题——这些信息是原话吗？当我们来到这个组织的网站，确实能找到这篇文章。

紧接着是第三个问题——说话的人是可靠的信息来源吗？我们会发现，在这个网站上充斥着各类反对疫苗接种的信息，其反疫苗倾向非常明显。（需要注意的是，并不是说一家网站具有明显的倾向性，它所提供的信息就都不可信。更为关键的问题是，这种倾向性是它在审视了充分的证据、研究后得出的结论，还是预设的偏见和立场。）浏览"捍卫儿童健康"的网站，我们就会发现它所有的信息都是经过挑选的。这个网站仅仅筛选、呈现了反疫苗的数据，而对那些不利于其立场的数据、研究没有做出系统的评估和审视。显然，如果盲目相信这家网站提供的信息，读者将被严重误导。而在中文平台传播这一信息的网络用户，其身份背景也与医学健康、疫苗无任何关系。

相比一个非专业人士或一个极端反疫苗的民间组织所提供的信息，专业人士和监管机构提供的信息通常更值得我们信任。

当然，我们还可以继续审视这篇来自极端反疫苗组织的文章，它的研究数据究竟从何而来（进一步审视信息源及信息源的可靠程度），甚至可以查阅该研究论文原文（如果有的话），评估其研究方法、阅读同行评议等。这就对信息接收者的专业能力提出了更高的要求。我们可以做如下分析：

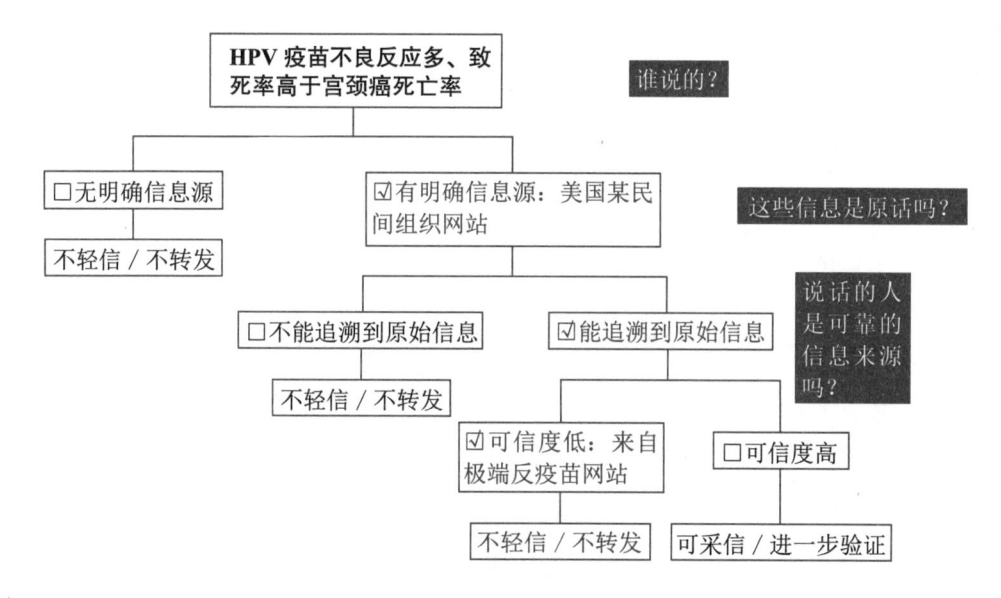

```
                HPV 疫苗不良反应多、
                致死率高于宫颈癌死亡率              谁说的？
           ┌────────────────┴────────────────┐
    □无明确信息源              ☑有明确信息源：美国某民
                                 间组织网站
    不轻信/不转发                                    这些信息是原话吗？
                    ┌────────────────┴────────────┐
            □不能追溯到原始信息        ☑能追溯到原始信息     说话的人
                                                        是可靠的
            不轻信/不转发                                 信息来源
                            ┌──────────────┴──────┐    吗？
                    ☑可信度低：来自           □可信度高
                    极端反疫苗网站
                    不轻信/不转发            可采信/进一步验证
```

有时，我们会面对一些更棘手的情况，一方面对信息源的可信度持怀疑态度，但另一方面又没有更多的信息可以证实或证伪，但我们依然希望推动事件获得更多的关注。比如，曾有新闻曝出河南省某优秀考生的高考答题卡被调包，导致这位考生名落孙山。该消息的信息源主要是考生的父亲——这是一个明显的"利益相关方"，我们不应该只相信一方的说法，至少应等待另一方的声音或调查结果。但是又会担心万一新闻内容是真的，不转发就无法帮到受冤屈的当事人。这个时候，我们就需要在转发的过程中，写上对这个事件的真实性的疑虑，呼吁有关部门加以调查，还公众真相。这样，既可以避免以讹传讹，又可以推动公共事件的进展。

在现实生活中，追溯原始信息源并审查发言人的背景，通常是一件费时费力的事。因此，我们不得不依赖一些专业媒体——由专业的记者去调查信息源的背景，从中筛选出可靠的信息源来获取信息，再由专业的编辑处理、把关信息质量。这时，我们需要关注那些为我们筛选、处理信息的媒体的背景，将那些具有信誉度、中立性和专业性的媒体作为我们的信息源，而不是随便相信那些不明来历的自媒体所提供的信息。

> **机构媒体与自媒体**
>
> 在网络时代，任何一个人、一家机构，都可以在不同的网络平台上注册账户，以发布、传播信息。社交网站或短视频应用上的账号、实时通信软件上的公众号、个人网站或博客等，都可以被称作自媒体。而机构媒体，即我们常说的传统媒体、专业媒体，它们既可能是提供公共信息的新闻媒体，也可能是专注于某个领域、提供专业内或行业内资讯的垂直类媒体。简单来说，机构媒体有专门从事信息采集、编辑工作的记者，编辑部内部有严格的信息审核流程，具有一定的知名度和公信力。
>
> 机构媒体与自媒体，并非绝对严谨的学术概念。机构媒体也会在社交网络上注册账号，开设自己的"自媒体"。一些自媒体随着自身影响力和规模的扩大，也可能机构化、专业化。
>
> 自媒体的出现，其意义不言而喻。它们打破了信息的垄断，激活了公众创作与表达的空间，每每遇到公共事件，我们甚至可以直接从当事人的账号里获得最快速、最直接的信息。
>
> 然而，当任何一个人都可以在公共舆论场上相对自由地发布信息时，我们如何确定他们发布的信息是不是真实、准确

的？当海量信息汹涌而来时，如何判断哪些才是最重要的，并确保自己不遗漏？

这正是机构媒体中经过专业训练的记者、编辑要做的事。他们会搜集信息、核实信息、筛选信息、整合信息、解释信息，帮助读者更全面、更准确地了解这个世界究竟在发生些什么。机构媒体内部的编辑流程则会进一步对信息质量进行把关。但是，**机构媒体核查后提供的信息更可靠——这也是一个概率**。一方面，我们同样需要关注那些为我们筛选、处理信息的媒体的背景，将那些具有信誉度、中立性和专业性的媒体作为我们的信息源；另一方面，我们依然需要关注这些信息本身的质量。例如，在冲突事件中，记者有没有采访多方信息源平衡报道，被采访者的背景、立场是否存在瑕疵，记者在呈现某个事实时是否采集了相应的证据等。

通常来说，官方媒体在发布官方信息、传递官方态度时，提供的报道更可信；具有较高市场信誉度的媒体，在提供一些专业的调查报道时，也具有更高的可信度。

我们可以更多地关注较有质量的大机构媒体，包括使用邮箱订阅新闻机构的通讯（newsletter）、在社交网络上关注它们的官方账号、下载官方新闻应用并打开重要信息推送，这些方法会让我们直接获取更可靠的信息，降低接触假新闻、低质量信息的概率，也减少了核验的工作量。我们也可以帮助家人改善信息食谱，比如建议老人多关注由知名医院、科研机构、专业媒体开的科普号，取消关注一些不科学的养生大号、营销大号等。

需要强调的是，我们更相信那些守信、专业、中立的人和媒体，但并不是说，这样的人和媒体提供的信息就绝对可靠。这种基于背景的信任，一旦被滥用，便会让我们陷入"诉诸人身"的思维谬误中。关于这一点，我们在第 6 章还会详细分享。

▶ 路径二：交叉验证

要判断某条信息的真伪，除了追溯信息源外，还有一条路径，就是寻找其他权威可靠的信息渠道，以获得更多的信息，进行交叉验证。

核心问题在于：谁是知道可靠消息的人？

以"毒方便面"事件为例。

如果某个大品牌的方便面真的有问题，什么部门会发布相关信息？答案是当地或国家的市场监督管理局。因此，我们可以到当地或者国家的市场监督管理局的网站上查阅，看有没有相关的通知或者处罚决定。

除了官方消息，也可以查看媒体报道。如果这件事是真的，涉及这么大品牌的食品和饮料，应该会是个大新闻，媒体有很大概率会进行报道。所以，我们可以专门到搜索引擎的新闻分类下面去查找。

此外，随着假消息的"专业化"，辟谣团队也越来越专业。一些机构媒体开始专注于核真与辟谣。我们平时也可以关注一些这样的媒体。

> 💡 **专业机构是如何进行真实性核查的？**
>
> 随着现代社会传播媒介的发展，验证信息的难度也越来越大。
>
> 以图片和视频为例。随着图像处理软件的普及、"换脸"技术的日臻成熟、生成式 AI 的迅猛发展，仅凭肉眼越来越难以发现虚假图片或视频中的瑕疵漏洞。为此，核验者会利用专业的图像核查工具来工作。

学会思考：用批判性思维做出更好的判断

> 例如，有的工具能发现图片中经过修饰的图层。一般来说，原始图片各个部分的压缩率是相似的。但人工后期合成的图片，粘贴部分的图层压缩率会不同。此类工具可帮助人们分析图片不同部分的压缩率，进而判断这张图是否被修改过。
>
> 为了比对图片与其声称的拍摄时间、地点是否吻合，核验常常还要用到专业的影像对比工具。例如，在该工具中输入具体的经纬度、日期、时刻，可看到当时太阳的运动轨迹，由此可以推算出阴影的角度和长度，与图片中的阴影相比照以发现疑点。
>
> 使用这样的工具去验证信息，对于普通的信息使用者而言实属苛刻。很多时候我们不得不依赖专业的鉴定机构进行鉴别。而了解它们鉴别的方式、工具，也能帮助我们更好地判断这些专业机构最终提供的结论是否真的值得我们信任。

在关于疫苗安全问题的案例中，哪里发布的信息、提供的资料更为可靠？

无论是中国、美国，还是欧盟的药品监督部门，都为HPV疫苗的安全性提供了详尽的监控数据。如世界卫生组织在最新版HPV疫苗的档案中，基于对各国报告的各种宫颈癌疫苗不良事件的分析，非常明确地确认了HPV疫苗的安全性。

当然，这并不是说官方或疫苗领域的专家发表的意见都是正确的。我们同样需要审视他们是如何得出了最终的结论、提供了什么样的证据。尤其是当专业人士提供的意见相左时，更深入、具体地分析他们得出结论的过程就变得非常必要。

应用场景

1. 信息输入

在日常浏览文章、学习知识时，我们都可能会遇到假信息。此时，我们可以使用上述方法对信息进行审视把关。

2. 信息输出

在撰写论文、工作报告时，我们需要以更高的标准排除假信息、提高信息质量。

培养审视信息源的意识能帮助我们少走弯路，更直接地从更加专业、可靠的渠道获得信息。比如，通过了解某个学科最经典的教科书、专著把握梗概，针对具体问题，结合专业学术网站、专业数据库、行业专业研究机构、政府和市场数据等，获取较为可靠的信息。我们也可以利用 AI 检索、整合信息的能力，围绕某一议题请它列举一系列专著、论文，展现领域内有哪些专业学者、研究机构、数据库等，协助我们更快捷地去寻找信息。

注意事项

在寻找权威信息时，我们要注意：不要盲信搜索排名、不要盲信门户网站和自媒体大号。

1. 不要盲信搜索排名

不是搜索排名越靠前、使用人数越多的信息就越权威。

一些搜索平台有竞价排名，靠前的信息不少是广告。例如，一些非正规医院就通过付费达到搜索结果排名靠前的效果，误导了许多患者。

我们使用搜索引擎时，千万不能只看检索的排名，既要留意每一条信息的信息源，也要注意打开的信息是不是广告。在一般的搜索引擎上，如果是广告，都会在信息展示页面上标注"广告"二字。

2. 不要盲信门户网站和自媒体大号

随着媒体环境的变化，传统的信息门户网站不仅仅只转载机构媒体的报道，也会大量转发自媒体发布的信息。这些信息鱼龙混杂，需要仔细甄别。

有些营销号可能有上百万粉丝，每篇文章的点击量都在十万以上，但是不能仅因此就认为它们是权威的。还有一些营销号，会翻译并发布可信度不高的外国小报的文章。

遇到涉及国外的新闻，我们同样可以通过上述两条路径去判断真伪。根据路径一，可以不断追溯信息源，关注这些新闻信息具体来自哪里，其原始发布者是否可靠；根据路径二，可以寻找更可靠的信息发布者。一些经过翻译的国外重大新闻，如果在其本国的主流媒体上没有报道，那么，它的可信度非常低。

总结

辨别真伪、提升信息质量的关键在于信息源。

- 当我们接收到一条信息后，首先应该寻找信息出处；
- 对于无确切信息源的信息，不轻信不转发，等权威机构报道后再做判断；
- 对于有信息源的信息，养成追溯信息源、使用一手信息的习惯；
- 选择具有公信力、专业性和中立性的人或媒体作为自己的信息源。

当我们从可靠的信息源处获取信息后,又该如何分析、应用信息呢?从下一章开始,我们将进入"分析信息"环节。

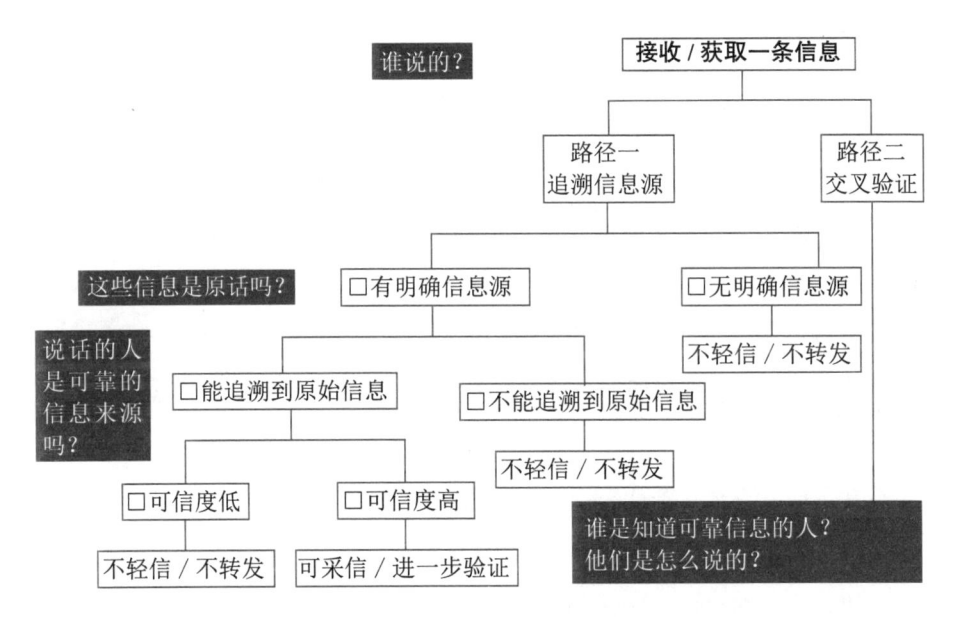

```
                        接收/获取一条信息
                              │
          谁说的?      ┌───────┴───────┐
                   路径一            路径二
                 追溯信息源          交叉验证
                     │                │
              ┌──────┴──────┐         │
     这些信息是原话吗?  □有明确信息源  □无明确信息源
                     │                │
     说话的人   ┌─────┴─────┐      不轻信/不转发
     是可靠的  □能追溯到    □不能追溯到
     信息来源   原始信息      原始信息
     吗?         │             │
           ┌─────┴─────┐   不轻信/不转发
        □可信度低   □可信度高
                              谁是知道可靠信息的人?
        不轻信/不转发 可采信/进一步验证   他们是怎么说的?
```

练一练

【多选题】在流感肆虐的季节,小桃的爸爸老桃打算带她去社区医院接种流感疫苗。这时老桃收到朋友转发的消息,说目前市面上正在接种的流感疫苗存在质量问题,会严重损害身体健康。你认为以下哪些渠道发布的信息,能帮助老桃验证这一消息?

A. 某自媒体账号发布的文章,爆料一个孩子在接种了本季流感疫苗不久后身亡,该文章阅读量超过 10 万次。

B. 国家卫健委发布的关于当前某些批次流感疫苗存在质量问题的通告。

053

C. 某家以调查报道知名的媒体刊发的对当前某些批次流感疫苗存在质量问题的调查报告。

D. 某民间自发反疫苗组织发布的呼吁不打流感疫苗的公开信。

▶练习讲解

参考答案：BC。

A选项，发布消息的自媒体的背景需要被审视。并不是说自媒体发布的信息都不可信，也有一些具有相当口碑、专业性很强的自媒体大号，为公众提供非常重要、及时的信息。但涉及与公众健康密切相关的重要信息，官方和权威机构媒体发布的信息的可信度往往更高。除此之外，某一个孩子接种流感疫苗后身亡，即便信息本身是真实的，也不能简单地在接种疫苗与死亡之间建立因果关系。关于这一点，我们在第11章还会详细介绍。

B选项，国家卫健委发布的信息有官方公信力。

C选项，某家以调查报道知名的媒体如果是具有公信力的专业媒体，其调查报告就具有相当的分量。同时，我们也需要关注其调查过程及其呈现的证据是否具有说服力。

D选项，反疫苗组织本身具有立场偏见，对其提供的信息需要更严格的审查。但并不是说该机构提供的信息都不可靠，在保持审慎怀疑的同时，依然需要审视其证据是否有力。

|第4章|

如何提取关键信息？

- 如何准确抓住一段话的观点？
- 如何洞察观点背后的推理逻辑？

最近，阿芒一直在纠结要不要辞职，对自己的职业发展感觉很迷茫。

阿芒拥有一份稳定且待遇优厚的工作，然而，他对此并不热衷。一想到要去上班，他的心中就会涌起深深的沮丧感。虽然工作任务并不重，但上完一天班后他还是感觉身心疲惫。上班时，阿芒总想着怎么赶紧把这一天应付过去，不去思考在工作中怎么做到最好、怎么突破创新、怎么开发自己的潜力。总之，阿芒没有那种热爱工作的劲头。

辞职的念头一直在阿芒的脑海中挥之不去。他喜欢画漫画，利用业余时间创作的作品得到网友们不少赞赏，也有漫画杂志的编辑向他约稿。但阿芒不确定自己是否有能力成为职业漫画家。对此，他的家人明确反对他辞职。

于是，阿芒和父亲之间有了这样一段对话：

阿芒：人应该做自己感兴趣的工作。兴趣是最好的老师。如果做不感兴趣的事，就很容易产生职业倦怠，会敷衍了事，也很难发挥自己的潜力。

父亲：工作这事不能兴趣优先。兴趣爱好很难发展成可以谋生的职业。比如，你喜欢画画，也确实画得不错，但你的画恐怕还达不到艺术家的水准吧？靠画画怎么养活得了自己？工作就是要好好挣钱，有了钱，生活质量提高，一样有满足感、幸福感。你看我们周围那么多人，大家的工作状态不都和你差不多嘛，难道每个人都必须从事自己感兴趣的工作吗？

阿芒和父亲的观点，你更赞同谁？如果你对两个人说的都不满意，你觉得更好的观点是什么？

本质洞察

选择什么样的职业、工作，对个人而言是很重要的一件事。很多人都处在与阿芒类似的状态中，陷入深深的职业倦怠。

有人安于现状，有人和阿芒一样纠结。他们的大脑中好像有两个声音在打架，一个声音说，"要把工作和生活分开""兴趣不能当饭吃""钱比兴趣更重要、更实际"；另一个声音说，"人只能活一次，开心是最重要的，钱财都是身外之物""难道你不羡慕那些每天像打了鸡血一样，全身心投入工作的人吗"。

我们应该从哪些方面思考这个问题？如何决定自己应该相信什么观点、做什么选择？

当我们接收到不同的信息、不同的观点后，就进入了提炼信息的环节。在这个环节中，我们需要学会识别论证和提炼论证框架，为下一步评价论证质量做好准备。

解决方案

1. 什么是论证

论证，英文是 Argument，意思是说理、讲理，提出理由来证明结论的过程。论证至少由两个部分组成：结论和理由。

结论，是论证的人要表达的最核心的看法，也可以称作论点、主张。

理由，是为了证明结论而存在的，也可以称作论据、前提。证据，也可以作为一种理由来推出结论，区别是，证据往往更靠近事实陈述。

为了统一术语且便于理解，本书将统一使用结论、理由、证据这几个术语。

举一个简单的例子：

> 中介公司应该为这轮房租上涨负一定的责任。我刚才在网上看到，两家中介公司为了抢房源，把 7500 元的房源房租抬到了 10800 元。

这样一小段话，就是一个简单的论证。

结论：中介公司应该为这轮房租上涨负一定的责任。

为什么这么说呢？说话者提出了一个理由：网上有个案例，两家中介公司为了抢房源，把 7500 元的房源房租抬到了 10800 元。

结论不能脱离理由单独存在。人们相信的观念、做的事情，背后都应该有理由来支撑。

初学者容易犯的错误是把结论和理由弄混。有个很简单的方法可以帮助我们，用"因为……所以（说）……"试着把这两句话连起来。

因为网上有这样一个案例，所以（说）中介公司应该为这轮房租上涨负一定的责任。

"因为"连着理由，"所以（说）"连着结论。

2. 基本论证结构

日常生活中，我们遇到的论证往往要更为复杂。一个结论，可能需要多个理由共同支撑。这些理由之间，可能是并列的关系，也可能是叠加的关系。某一个理由之上，可能还需要进一步的理由或证据来支撑。最终，论证将会呈现出一个非常复杂的结构。

下面这张图，展现了一些常见的简单论证结构。

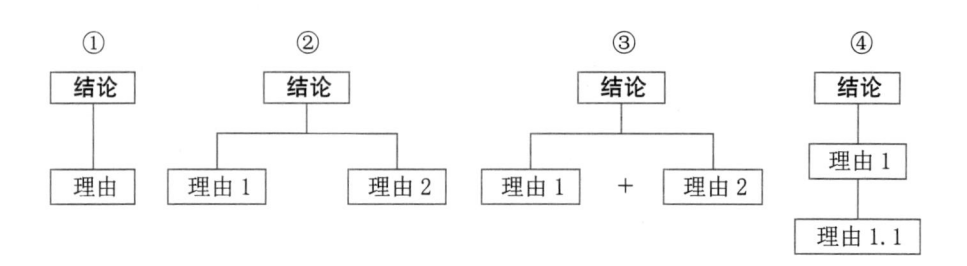

```
    ①              ②                    ③                    ④
   结论            结论                  结论                  结论
    │            ┌─┴─┐               ┌──┴──┐                  │
   理由         理由1  理由2         理由1 + 理由2            理由1
                                                               │
                                                             理由1.1
```

3. 识别论证结构

当我们需要判断某一个观点是否值得相信时，第一步需要知道对方是如何论证的，也就是论证结构是什么样的。**只有充分理解对方的推理过程，才能判断论证质量的高低。**我们将在下一章详细介绍判断论证质量的三个标准。

识别论证结构一共有两步。

第一步：识别核心的结论

结论是论证或推理的终点。在文章中，结论经常会出现在开头或者结尾，结论之前常常有一些提示词，例如"因此""结论是""总的来说""总之"等。

第二步：提炼结论背后的理由

当识别出结论后，需要追问："为什么这么说？"

对这一问题的回答，即是理由。

在相对复杂的论证中，通常会存在多个并列理由。常见的提示词是"第一""第二""第三"，或者"首先""其次""再次"。有时，理由背后需要进一步的理由进行支撑。

在画论证结构图时，可以用树状图表示理由之间、理由与结论之间的关系，如理由1.1推出理由1，理由1加上理由2最终推出结论。示例图如下：

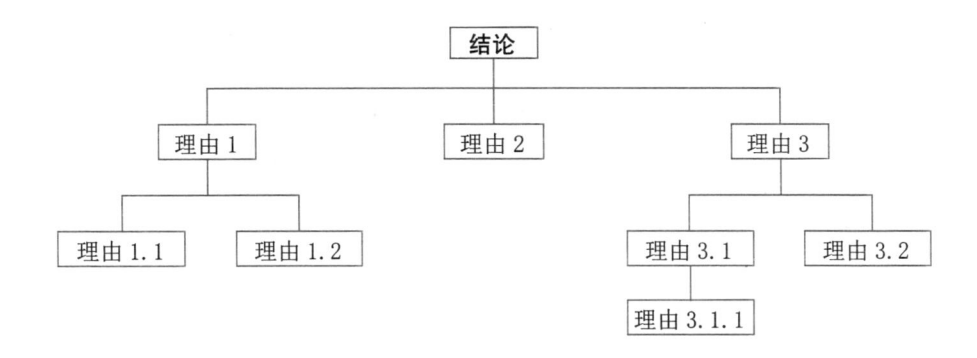

```
                    ┌─────┐
                    │ 结论 │
                    └──┬──┘
        ┌──────────────┼──────────────┐
      ┌─┴──┐         ┌─┴──┐         ┌─┴──┐
      │理由1│         │理由2│         │理由3│
      └─┬──┘         └────┘         └─┬──┘
    ┌───┴───┐                    ┌────┴────┐
 ┌──┴──┐ ┌──┴──┐              ┌──┴──┐  ┌──┴──┐
 │理由1.1│ │理由1.2│              │理由3.1│  │理由3.2│
 └─────┘ └─────┘              └──┬──┘  └─────┘
                               ┌──┴───┐
                               │理由3.1.1│
                               └──────┘
```

需要注意的是，识别论证结构，一定要遵循论证者的原意，展现出这个论证是如何一步步推出结论的。这与判断论证好不好、质量高不高没有关系。如果论证的人试图用某个理由来证明结论，哪怕这个理由很糟糕、推理逻辑有问题，在梳理论证结构的时候，也需要体现出这个理由和推理的过程。

此外，在口语化的沟通中，提炼论证结构时还要注意三点：

- 把口语转化成通俗的书面语；
- 把感叹、反问等语句转化成陈述句；
- 去掉和结论之间没有推理关系的细枝末节。

回到阿芒和父亲的对话。

> 阿芒：人应该做自己感兴趣的工作。兴趣是最好的老师。如果做不感兴趣的事，就很容易产生职业倦怠，会敷衍了事，也很难发挥自己的潜力。

阿芒的核心观点是：人应该做自己感兴趣的工作。

为什么人应该做自己感兴趣的工作？他提出了两个理由：

第一个理由，陈述这样做的好处：兴趣是最好的老师。

第二个理由，陈述不这样做的坏处：容易产生职业倦怠，工作敷衍了

事,很难发挥自己的潜力。结构论证图如下:

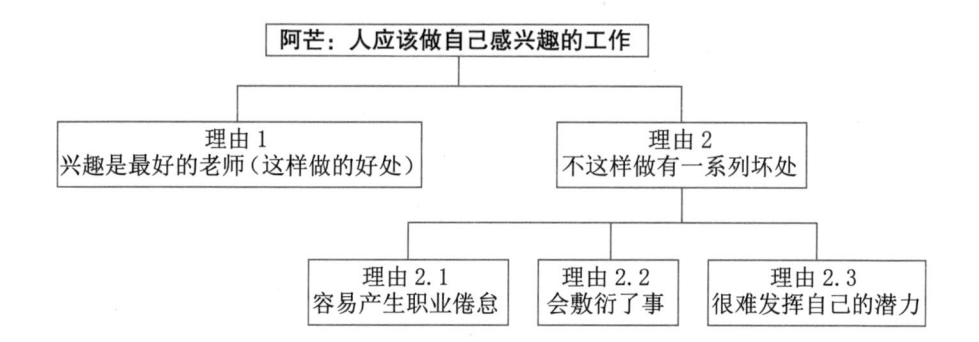

```
                阿芒:人应该做自己感兴趣的工作
                ┌──────────────────┴──────────────────┐
          理由1                                    理由2
    兴趣是最好的老师(这样做的好处)            不这样做有一系列坏处
                              ┌──────────────────┼──────────────────┐
                          理由2.1            理由2.2            理由2.3
                      容易产生职业倦怠        会敷衍了事       很难发挥自己的潜力
```

父亲的观点,则与阿芒针锋相对。

> 父亲:工作这事不能兴趣优先。兴趣爱好很难发展成可以谋生的职业。比如,你喜欢画画,也确实画得不错,但你的画恐怕还达不到艺术家的水准吧?靠画画怎么养活得了自己?工作就是要好好挣钱,有了钱,生活质量提高,一样有满足感、幸福感。你看我们周围那么多人,大家的工作状态不都和你差不多嘛,难道每个人都必须从事自己感兴趣的工作吗?

他的核心观点是:工作不能兴趣优先。

为什么工作不能兴趣优先?

第一个理由,指出兴趣优先的坏处,兴趣爱好很难发展成可以谋生的职业。为了支持这个理由,他进一步以阿芒为例进行说明。

第二个理由,指出不以兴趣爱好优先的好处,挣钱优先,可以提升生活质量,一样带来满足感和幸福感。

第三个理由,指出"大家都这样",试图进一步增强论证的说服力。

论证结构图如下:

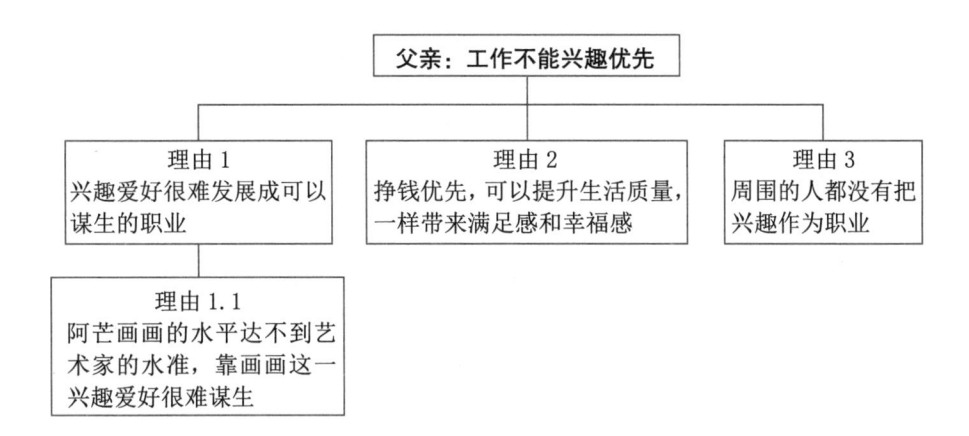

```
                    ┌─────────────────────────┐
                    │  父亲：工作不能兴趣优先  │
                    └─────────────────────────┘
           ┌────────────────┼────────────────┐
   ┌───────────────┐ ┌───────────────────┐ ┌───────────────┐
   │ 理由 1        │ │ 理由 2            │ │ 理由 3        │
   │ 兴趣爱好很难  │ │ 挣钱优先，可以提升│ │ 周围的人都没有把│
   │ 发展成可以    │ │ 生活质量，一样带来│ │ 兴趣作为职业  │
   │ 谋生的职业    │ │ 满足感和幸福感    │ │               │
   └───────────────┘ └───────────────────┘ └───────────────┘
       │
   ┌───────────────┐
   │ 理由 1.1      │
   │ 阿芒画画的水平│
   │ 达不到艺术家  │
   │ 的水准，靠画画│
   │ 这一兴趣爱好  │
   │ 很难谋生      │
   └───────────────┘
```

梳理出双方的论证结构，可以帮助我们更清晰地看到理由如何推出结论。

应用场景

画论证结构图，是评价论证质量的基础工作。当我们要判断某个观点是否能说服自己时，画出该观点背后的论证结构图，是充分理解对方观点的非常重要的步骤。

除此之外，画论证结构图还有很实用的场景。

1. 理解、识记信息

在学习和工作中，少不了需要"死记硬背"的内容。"死记硬背"也有技巧吗？当然有。"死记硬背"的关键是要理解行文的逻辑。

请阅读下面这段关于寒鸦的科普文字，尝试用 15 秒记住尽可能多的信息。一分钟后再考考自己，看还记得多少东西。

> 任何生物，只要携带了黑色的东西，并且持续摆动或者晃动，就会遭到寒鸦愤怒的攻击……有一天，暮色降临时，我从多瑙河游

完泳回家。按照习惯，我会跑到阁楼上去，呼唤寒鸦回家过夜，把它们锁在笼子里。我站在屋顶的排水槽上，突然发现自己的口袋里有个又湿又冷的东西，原来匆忙之中，我把泳裤塞进了口袋。于是我就把泳裤掏了出来，下一秒钟，我已经被一群愤怒的寒鸦包围，它们毫不留情地用喙攻击我犯错的那只手……我把这台摄像机拿在手里时，寒鸦不会骚动。可是只要我把包底片的黑纸抽出来，风吹动了黑纸，寒鸦就开始"嘎嘎"大叫……有一次，一只雌寒鸦叼着一根渡鸦的羽毛，想带回窝去，也遭到了典型的"嘎嘎"攻击。

——康拉德·劳伦兹《所罗门王的指环》

如果你感慨自己的记忆力不行了，不妨试试把这段话的论证结构提炼出来。

这段话的核心结论是：寒鸦会攻击黑色且持续摆动或晃动的东西。

为什么这么说？有什么依据？作者用了三个例子来证明。论证结构图如下：

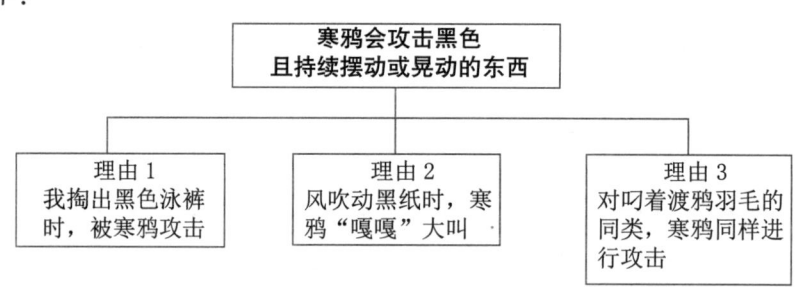

```
           ┌─────────────────────┐
           │   寒鸦会攻击黑色      │
           │  且持续摆动或晃动的东西 │
           └─────────────────────┘
            │          │          │
    ┌───────┴──┐  ┌────┴─────┐  ┌─┴────────┐
    │ 理由 1   │  │ 理由 2    │  │ 理由 3    │
    │ 我掏出黑色│  │ 风吹动黑纸时，│ 对叼着渡鸦羽毛的│
    │ 泳裤时，  │  │ 寒鸦"嘎嘎"│  │ 同类，寒鸦同样进│
    │ 被寒鸦攻击│  │  大叫     │  │ 行攻击    │
    └──────────┘  └──────────┘  └──────────┘
```

当我们把一大段文字提炼成论证结构图后，会显著减轻认知负担。在充分理解作者逻辑的基础上，再对相应信息进行记忆，也将大幅度提升记忆的效率。

2. 搭建提纲、梳理思路

在写文章、发表演讲时，画论证结构图可以帮助我们更好地梳理思路，搭建写作或演讲提纲。

关于这一点，我们将在第 14 章结合金字塔式的表达进一步阐述。

注意事项

作为评价论证质量的第一步，在识别论证结构时，有一些需要我们注意的地方：

1. 警惕不是论证的表述

不是所有对观点的表述都是论证。现在试着来判断一下，下面的四句话都是论证吗？

A. 中介公司应该为这轮房租上涨负一定的责任。

B. 中介公司应该为这轮房租上涨负一定的责任，这还不明显吗？

C. 因为我和房东签订了三年的租房合同，所以今年我的房租并没有上涨。

D. 你赶紧交房租，不然我找人揍你。

答案是，这四句话都不是论证。

A 选项，"中介公司应该为这轮房租上涨负一定的责任"，这句话只有结论。

B 选项，加了个"这还不明显吗"，是起强调作用的反问句，并没有实质意义，算不上理由。

C 选项，"因为""所以"并不代表就是论证。在这里，"因为""所以"是解释关系，英文是 Explanation。

简单来说，论证的结论是说话的人想要证明的，往往带有说服的目的，在表达的时候，结论的真假好坏有一定的不确定性。但解释的对象，是相对明确的客观现象，没有什么争议性，说话的人是想解释现象发生的原因。

C 选项中"今年我的房租并没有上涨"是明确的现象，从表述来看，对话双方对此没有什么争议。"我和房东签订了三年的租房合同"是被用来解释为什么房租没有上涨的。

如果 C 选项变为"因为我和房东签了三年的租房合同，所以今年房东应该不会违约给我涨房租"，那么这是一个论证。说话者对未来会不会发生涨房租这样一件事情进行推测，表达一个观点——应该不会涨。理由是什么呢？因为签订了三年的租房合同。但是，是否涨房租并不是明确的现象，有可能今年晚些时候房东就违约了。

💡 两个"因为"大不同

为了强化你的印象，我们再看一个例子。

第一句话：我觉得小红是个好学生，因为她成绩很好，助人为乐，勤勉好学。

第二句话：小红之所以是个好学生，是因为她父母受过很好的教育，为她营造出了很好的成长环境。

这两句话，都有"因为"这个词。

第一句话，作者是想说服其他人接受他的结论："小红是个好学生"。为什么这么说呢？他接着就给出了认为小红是好学生的三个理由。

> 第二句话，从表述来看，作者的目的很可能就不是说服他人接受"小红是个好学生"的观点了，而是听众和他都已经有了一定的共识，小红确实是个好学生，然后他要提供一个解释，说明到底是哪些因素导致小红成为一个好学生。这样做，就是在提供因果解释。小红是个好学生，主要是因为家庭环境好。当然，整个因果解释未必会被其他人认同，一旦有人提出质疑，说话者可能会论证一番，为何他认为是家庭因素，而非小红的性格特质或学校教育让她成长为好学生。
>
> 这下你能理解两个"因为"的不同之处了吧？

D 选项，"你赶紧交房租，不然我找人揍你"，这是威胁，运用了暴力，并不是说理论证。

我们应该相信那些经过合理论证的观点。如果一个观点背后根本没有合理的理由，或者仅有一些调动情感的修辞，甚至直接诉诸暴力、权力，我们则不应该接受。

2. 准确提炼理由和结论，不要曲解对方的原意

在一些日常交流对话中，我们经常会听到对有些人"阅读理解不过关"的抱怨。在一场有效的对话中，首先要做的是准确理解对方的意思。如果曲解了对方的结论，或扭曲了对方的推理逻辑，则有可能陷入"**稻草人谬误**"。

什么是"稻草人谬误"呢？来看下面这段对话：

> 小思：有研究显示，电子产品对孩子的视力和注意力有不利影响，还是该限制孩子玩电子产品的时间。
>
> 大牛：上补习班、做作业一样对视力不好啊，况且不接触电子

产品孩子怎么能跟上科技的发展？

大家看出来了吗？小思的结论是"应该限制孩子玩电子产品的时间"，却被大牛曲解成"不让孩子接触电子产品"。大牛这样做，相当于强加了一个观点在小思身上，然后进行批判。这种做法被称作"稻草人谬误"，指说话人自己树立了一个稻草人，打击的也是这个稻草人，跟真实存在的观点毫无关系。无论是在私人对话中还是在公共讨论中，我们都要对"稻草人谬误"保持警惕。在第6章，我们还会提供更多的例子来剖析这一谬误。

3. 挖掘隐藏的结论和理由

在日常的交流沟通中，很多时候人们说话并没有那么严谨，或者并不会严格按照论证格式一步步地进行推理。在分析论证质量时，需要听出这些"弦外之音"，挖掘隐藏的结论或理由。

例如这段话：

> 这三个面试者各有特色：第一个人热情，第二个人专业能力强，第三个人谈吐得体。但我觉得还是专业能力最重要。

这里真正的结论就被隐藏起来了。论证的人谈到专业能力最重要，结论很可能是"我认为应该选择第二个面试者"，我们可以和论证者进一步确认。

在论证中，被隐藏起来的理由被称作"隐含假设"。论证人经常会认为这些理由不证自明，或听众早已对此有共识。但这些隐含假设真的会不证自明吗？当我们感到一些论证"怪怪的"，却很难一眼看出问题所在时，就需要对其背后的隐含假设有所警惕。第一步就要把隐藏的理由挖出来。

例如这句话：

你不是想提高学习成绩吗？那你还不把玩的时间都投入到学习上？

如果将这句话"翻译"成论证的形式，是这样的：

> 理由：（因为）你想提高学习成绩。
>
> 结论：（所以）你应该把玩的时间都投入到学习上。

是不是感觉这中间少了一环？因为，在这背后还有一个重要的隐藏理由，那就是假设：把玩的时间都投入到学习上才能提高学习成绩。

但是，想要提高成绩就必须加大在时间上的绝对投入吗？方法和效率是否更重要呢？当所有玩乐的时间都被占用，学生是否可能在学业压力下毫无喘息之机，反而厌学，影响学习效果？

找出了这个隐藏理由，我们才能对论证背后仿佛"理所当然"的观念有所反思。

总结

论证，就是说理、讲理，是提出理由来证明结论的过程。我们要区分论证和解释。论证的结论应该具有一定的不确定性，而解释往往是在分析某件事发生的原因或过程。

在接收观点时，我们首先需要识别论证的结构，包括结论、理由、隐藏的理由（假设），以及它们之间的关系。

在了解了论证结构后，我们就知道论证人的论证依据，以及他们是如何证明自己的结论的。同时，我们也能准确地把握一段话的核心意思。

但是，只有这些还不够，对方的论证质量如何？结论是否有说服力？下一章，我们将继续讨论。

学会思考：用批判性思维做出更好的判断

练一练

1.【多选题】请判断以下几句话，哪些不是论证。

A. 人类不应该大面积砍伐热带雨林。

B. 人类不应该大面积砍伐热带雨林，这还不明显吗？

C. 人类不应该继续砍伐热带雨林，因为这会导致地球上的野生动物数量急剧下降，温室效应越发严重。

D. 马来西亚的热带雨林面积正在减少，因为要生产棕榈油。

2. 请画出下面这段话的论证结构图。

  棍棒教育还是有道理的。棍棒教育能有效地培养孩子的纪律意识。举个例子，我们班那个小明，野得很，在学校简直无法无天，根本不把学校纪律放在眼里。结果这个学期，他爸爸没有外出打工，对他严加管教，他严重犯错时，还会对他进行棍棒教育。你看，这学期他明显规矩多了。我之前还在网上看到过一项研究，小时候挨过打的孩子，往往有更强的抗压能力，等他们长大后，遇到些挫折、压力、冲突，都能更好地应对。再说，你看看我们周围的人，谁小时候没挨过打？挨打是成长必须经历的。

▶ 练习讲解

1. 参考答案：ABD。

A 项不是论证，只有一句话叙述事情，不符合论证结构。

B 项不是论证，虽然加上了起强调作用的反问句，但没有提出理由，只有结论。

C 项是论证，结论是"人类不应该继续砍伐热带雨林"，并有两个理由支撑结论。

D 项不是论证，是解释。"马来西亚的热带雨林面积正在减少"是可以验证的、明确的或达成共识的现象。"因为要生产棕榈油"不是为了证明这个现象存在，而是为了解释这个现象出现的原因。

2. 关于棍棒教育的这段话有道理吗？

首先要把论证结构给列出来，看看对方是怎么一步步推导出结论的。

这段话表达的结论是：棍棒教育是有道理的。一段话的结论，通常在开头或者结尾会有一些提示词："所以""因此""综上所述""我认为"等。提示词的下面所说的就是结论。

对此，讲话人给了三个理由：

第一个理由是：棍棒教育能有效地培养孩子的纪律意识。

为什么这么说呢？他又进一步给出论据支撑这个观点：班里的小明被爸爸揍之后规矩了很多。

第二个理由：网上的研究显示，小时候挨过打的孩子能更好地应对挫折、压力、冲突。

第三个理由：我们周围的人小时候都挨过打，这是成长必须经历的。

将这段话的论证结构画出来，就是下面这样一张图。

学会思考：用批判性思维做出更好的判断

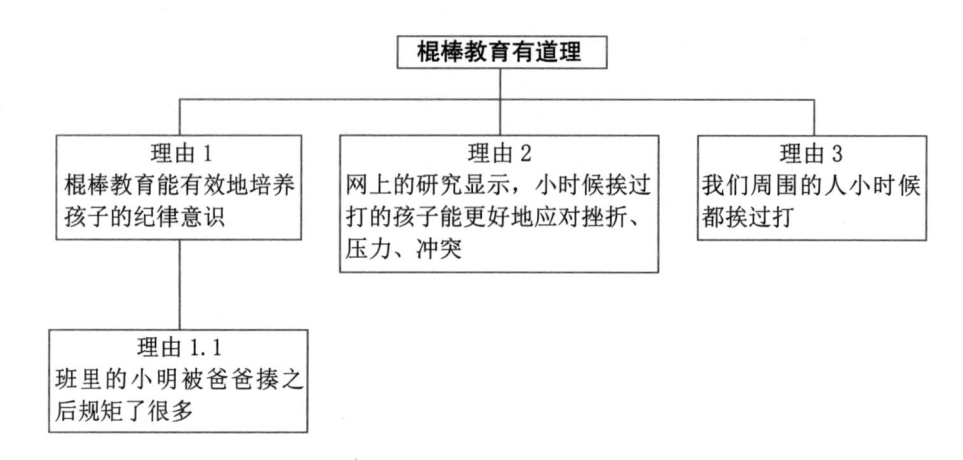

```
                    ┌─────────────┐
                    │ 棍棒教育有道理 │
                    └─────────────┘
           ┌───────────┼───────────┐
    ┌──────┴──────┐ ┌──┴──────────┐ ┌─┴──────────┐
    │   理由 1    │ │   理由 2    │ │  理由 3    │
    │ 棍棒教育能有 │ │ 网上的研究显 │ │ 我们周围的 │
    │ 效地培养孩子 │ │ 示，小时候挨 │ │ 人小时候都 │
    │ 的纪律意识  │ │ 打的孩子能更 │ │ 挨过打     │
    │             │ │ 好地应对挫折、│ │            │
    │             │ │ 压力、冲突  │ │            │
    └──────┬──────┘ └─────────────┘ └────────────┘
    ┌──────┴──────┐
    │  理由 1.1   │
    │ 班里的小明被 │
    │ 爸爸揍之后规 │
    │ 矩了很多    │
    └─────────────┘
```

　　画出论证结构图是第一步。这个论证的质量到底怎么样呢？在下一章的练习里，我们会用评价论证的标准对这一论证进行评估。

| 第 5 章 |

如何评价论证质量？

- 当不同的人观点出现分歧时，应该相信谁？
- 如何判断谁的观点更有道理？

在上一章中,我们听到了阿芒和父亲关于工作与兴趣的对话,并针对他们的观点分别拆解出他们的论证结构:

阿芒的论证结构:

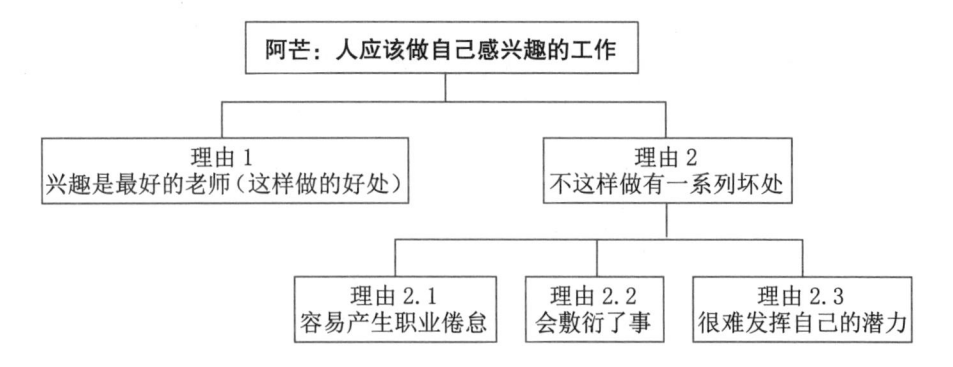

```
                    阿芒:人应该做自己感兴趣的工作
                    ┌──────────────┴──────────────┐
              理由 1                          理由 2
        兴趣是最好的老师(这样做的好处)      不这样做有一系列坏处
                              ┌──────────────┼──────────────┐
                         理由 2.1          理由 2.2        理由 2.3
                      容易产生职业倦怠      会敷衍了事    很难发挥自己的潜力
```

父亲的论证结构:

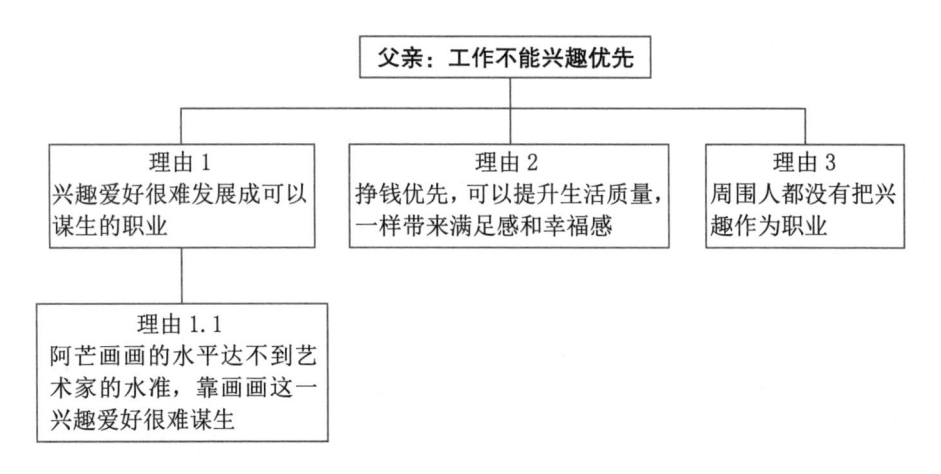

```
                        父亲:工作不能兴趣优先
              ┌──────────────────┼──────────────────┐
          理由 1              理由 2              理由 3
       兴趣爱好很难发展成可以   挣钱优先,可以提升生活质量,  周围人都没有把兴
       谋生的职业            一样带来满足感和幸福感      趣作为职业
            │
         理由 1.1
       阿芒画画的水平达不到艺
       术家的水准,靠画画这一
       兴趣爱好很难谋生
```

现在,你能判断出谁的观点更有道理了吗?如果你觉得他们的论证多少都有些问题,那么,如何才能构建一个更好的论证呢?

075

本质洞察

俗话说：公说公有理，婆说婆有理。即每个人都有自己的观点，都有自己的道理，无所谓对错，也没必要争执。

对于这个观点，你认可吗？

每个人都有自己的想法，都有自己思考问题的立场和角度。不能强迫他人接受你的想法，也不能要求观点完全一致。但是，当我们作为一个集体要做决策，每个人的想法都不一样时，该如何是好？应该听谁的意见做决定？

是听谁的声音大，是看谁的权力大，还是看谁的金钱多？

其实，我们内心都知道这个问题的答案是：看谁的话更有道理。

观点没有唯一的标准答案，在很多情况下甚至没有绝对的对错，但对观点的论证有质量的高下之分。论证质量越高，观点也越有说服力。这就是以理服人。我们应该相信那些经得起论证的观点，而不是简单地跟着感觉走、跟着大多数人的观点走。

评判论证的质量是批判性思维最为核心的工具，是能帮助阿芒想清楚自己职业选择的关键。

解决方案

如何判断论证的质量？

加拿大哲学家特鲁迪·戈维尔（Trudy Govier）提出的三大标准，是论证的学术领域比较通行的标准之一，简称 ARG。三个字母各代表一个标准，分别是可接受性、相关性和充分性。如果一个论证同时满足了这三个标准，就可以认为论证是高质量的，结论是可信的、有说服力的。

这三个标准具体是：

A（Acceptability）**可接受性**：支撑结论的理由是可以被相信、被接受的。

R（Relevance）**相关性**：理由和结论之间具有关联，理由对结论具有一定的支撑力而不是削弱结论，理由是得出结论需要考虑的因素。

G（Good ground）**充分性**：理由足以推出结论。全面考虑了各种可能性，并能回应反驳意见，推理全面充分。

听上去是不是有些抽象？下面我们就逐一进行讲解。

A—可接受性

可接受性，是评价论证质量的第一关。如果理由根本就不为听众所接受，就很难得出有说服力的结论。

具体而言：

如果用来支撑结论的理由是客观的事实，那应该真实可信；

如果理由是一个主观的观点，那应该具有比较普遍的共识。

要提升论证理由的可接受性，有两个基本建议：

首先，**尽量用事实说话**。真实确凿的事实陈述最具有说服力。如果要使用观点陈述作为论据，那么可优先使用有一定共识的观点。比如，基本的社会常识、伦理规则，或者被科学界普遍认可的观点。尽量不用争议性过大、站不住脚的观点作为论据。

其次，在援引一些案例、数据来支撑我们的观点时，**不要将道听途说的传闻作为论据**。一定要关注信息源，确定引用的说法是哪儿来的、是谁说的。此时需要回到第 3 章学到的信息查验流程，尽量寻找科学、严谨、权威的数据、研究来支持论证。

现在再来看阿芒和父亲的讨论。我们可以将两个人的理由都检查一遍，看看他们的理由是否可以接受。

阿芒提出的第一个理由是"兴趣是最好的老师"。换句话说，兴趣能给人最大的激励，促使人掌握知识技能。这显然是一个主观的观点，而且不一定是一个有共识的观点。有的人可能认为金钱、名望、他人的肯定会带来更强的激励。

所以，"兴趣是最好的老师"背后的理由是什么？能否提供更进一步的证据让这个理由更可以被接受？

在教育心理学和组织行为学领域，有一个重要的理论叫**自我决定论**（SDT，Self-determination theory）。这个理论认为兴趣这样的内在动机比金钱这样的外部动机更持久、有效，更能激励人实现目标，也更容易让人感到快乐。

如果使用这样经典且被普遍认可的学术研究作为支撑，阿芒的第一个理由就显得更有说服力、更可接受一些了。

再来看看父亲的理由。

父亲认为选工作不能兴趣优先，提出的第一个理由是：兴趣爱好很难发展成可以谋生的职业。为了支持这个理由，他又用阿芒的情况作为理由1.1，阿芒画画的水平达不到艺术家的水准，靠画画这一兴趣爱好很难谋生。

先看理由1.1：如果达不到艺术家的水准，靠画画就很难谋生了吗？在整个绘画或者漫画的产业链上，不只是艺术家，还有很多岗位，从一线职业漫画家、工作室的画手、漫画杂志的编辑、漫画展的策展人，到教小朋友画漫画的老师等，不同的岗位都有可能获得一份体面的收入。

如果单独看理由1本身，可接受性也不足。人们感兴趣的事情有很多，在科学研究、文学艺术、工艺创作、体育竞技等不同领域，都有大量的现实案例证明，一个人完全可以将自己的兴趣作为职业，并做出卓越的成就。

如果要让父亲提出的第一组理由变得更可接受，可以这样说："有的人最感兴趣的事情可能在短期内没法给他带来足够的经济收入，可能不能支撑他中等水平的物质生活。"然后，还需要举一些例子来辅助证明。

再来看看父亲提出的理由2：挣钱优先，可以提升生活质量，一样带来满足感和幸福感。

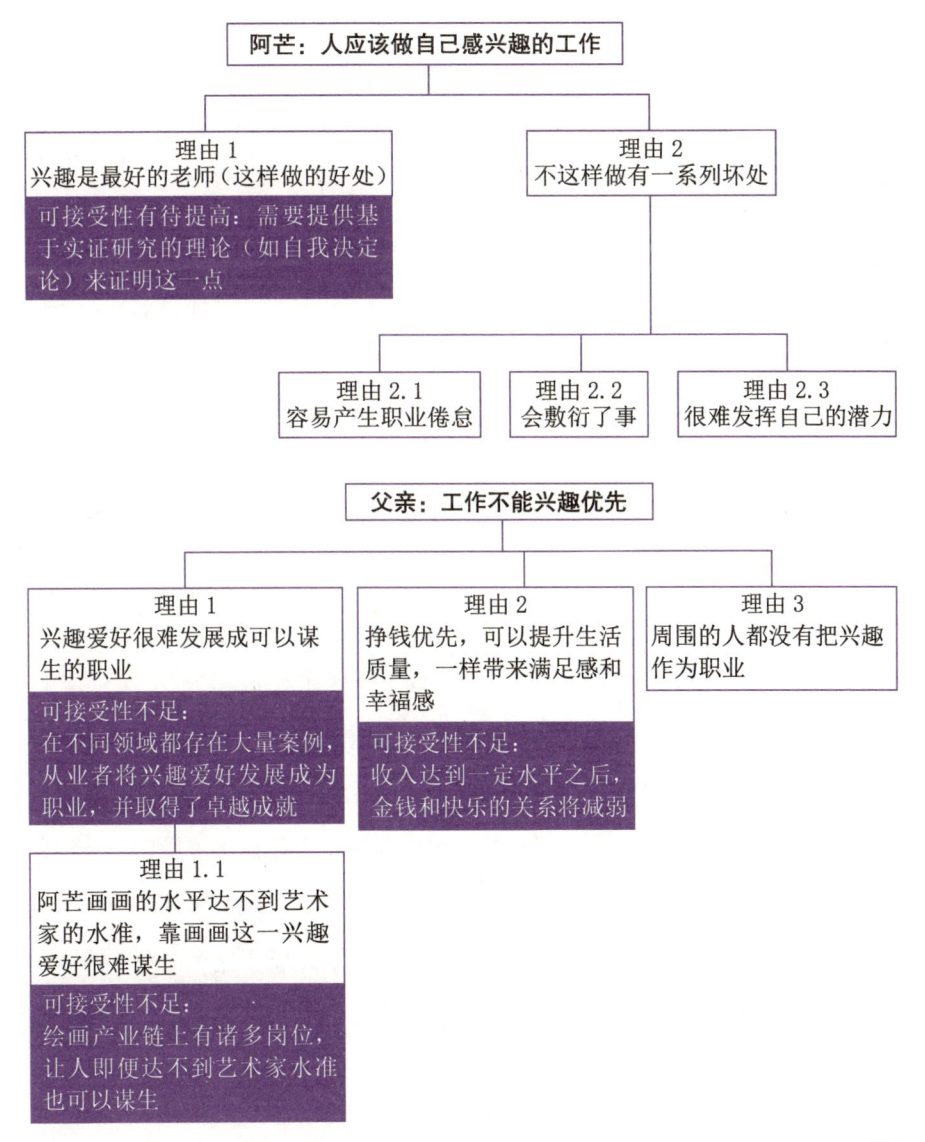

```
                    阿芒：人应该做自己感兴趣的工作
                    ┌──────────────────┴──────────────────┐
            理由1                                    理由2
    兴趣是最好的老师（这样做的好处）            不这样做有一系列坏处
    可接受性有待提高：需要提供基
    于实证研究的理论（如自我决定
    论）来证明这一点
                                      ┌──────────────┼──────────────┐
                                  理由2.1         理由2.2         理由2.3
                              容易产生职业倦怠    会敷衍了事      很难发挥自己的潜力

                    父亲：工作不能兴趣优先
        ┌──────────────────────┼──────────────────────┐
      理由1                   理由2                   理由3
  兴趣爱好很难发展成可以谋    挣钱优先，可以提升生活    周围的人都没有把兴趣
  生的职业                   质量，一样带来满足感和    作为职业
                            幸福感
  可接受性不足：              可接受性不足：
  在不同领域都存在大量案例，  收入达到一定水平之后，
  从业者将兴趣爱好发展成为    金钱和快乐的关系将减弱
  职业，并取得了卓越成就

      理由1.1
  阿芒画画的水平达不到艺术
  家的水准，靠画画这一兴趣
  爱好很难谋生
  可接受性不足：
  绘画产业链上有诸多岗位，
  让人即便达不到艺术家水准
  也可以谋生
```

这个理由听上去似乎很合理，但心理学领域大量关于金钱和快乐之间关系的研究，有着不同的观点。其中一个很有影响力的观点是，收入达到一定水平之后，金钱所带来的快乐将越发有限。金钱可以提高物质生活品质，但不一定能提高精神生活的品质。

一个更可接受的理由可能是这样的："金钱能提高人的物质生活品质。也有研究证明，在达到一定收入水平之前，金钱确实能给人带来快乐。"

可接受的理由，往往需要一些限定条件或者使用一些限定词（有的、或许、一部分等）让表述更加严谨。

R– 相关性

再来看第二个标准，相关性：理由和结论之间必须存在关联。

继续以阿芒和父亲的对话为例，在他们的对话中出现了不相关的理由吗？

这里值得关注的是父亲提出的第三个理由：周围的人都没有把兴趣作为职业。

这是一个非常典型的"诉诸大众"的论证：似乎大多数人这样做（或没有这样做），就能证明我也应该这样做（或不该这样做）。

但一个人应不应该做某件事，是要看做这件事的好处和坏处，从中权衡利弊，而非看他人的选择。

仅仅因为大家都这样做或没有这样做，就决定自己该不该做，是一种典型的从众思想。大众的做法在某些情况下确实有道理，跟着做是因为这样做确实有好处，而不是仅仅因为大家都这样做了，所以就要这么去做。诉诸大众是一种非常典型的不相关的论证。在批判性思维的话语体系里，这种论证方式被称为"错误诉诸"。诉诸，就是"借助于"的意思。错误诉诸，即借

助于一些不相关的理由，来证明自己的观点。

总结一下，在相关性上，要去判断一个论证提出的理由和结论是否相关，就需要从另一个角度进行思考：要得出这个结论需要考虑哪些因素，而目前的理由是否也包括在其中。

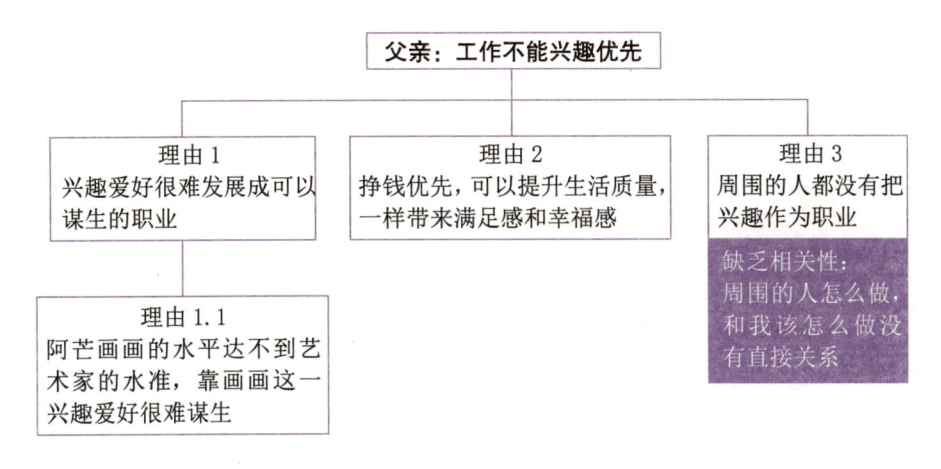

```
                    父亲：工作不能兴趣优先
        ┌──────────────────┼──────────────────┐
    理由 1              理由 2              理由 3
兴趣爱好很难发展成可以   挣钱优先，可以提升生活质量，  周围的人都没有把
谋生的职业            一样带来满足感和幸福感       兴趣作为职业
        │                                  ┌──────────────┐
     理由 1.1                              │ 缺乏相关性：  │
阿芒画画的水平达不到艺                      │ 周围的人怎么做，│
术家的水准，靠画画这一                      │ 和我该怎么做没 │
兴趣爱好很难谋生                           │ 有直接关系    │
                                          └──────────────┘
```

G—充分性

经过前两个标准的检查，阿芒和父亲都需要修改或者去掉某些理由。现在再来看第三个标准：充分性。充分性是指理由足以推出结论。

什么是足以推出结论的理由？可以从相反的角度来理解：**当我们说一个论证不充分时，意思就是说某个思考推理比较片面，将复杂问题简单化，看问题有遗漏，忽略了其他的可能性。**这种不充分的论证，有以下四种比较常见的情形：

【是什么】：以偏概全，试图用个案推导出具有普遍性的规律，忽略了其他的反例。

【怎么样】：在评价某个事物时，只看到好的一面，没有看到坏的一面，抑或相反。又或者只从某个角度看到好坏，没有考虑另一个角度的利弊,没有全面评估权衡。

【为什么】:在解释某个现象的时候,忽略了其他可能的原因,认定自己看到的原因就是真正的原因。

【怎么办】:没有充分考虑自己采取的手段有何利弊,或忽略其他可能的手段,未将不同的解决方案进行充分比较。

一个充分的论证,需要考虑不同角度的观点,认识到问题的复杂性,考察各种可能性,从而全面地做出推理和判断。

需要注意的是,可接受性、相关性都是针对单个理由去检查,但是充分性往往需要把所有理由综合起来。也就是说,当所有理由加在一起时,能不能充分地推出结论。

回到阿芒和父亲的讨论。如前所述,思考"应不应该做某事"时是有方法的,需要分析做这件事情的利弊。这种权衡利弊的论证方式,在第9章会重点展开说明。在权衡利弊时要想满足充分性,至少要考虑两个方面:

1. 做这件事有什么好处?好处有多重要?能不能通过其他方式得到这些好处?

2. 做这件事有什么坏处?坏处有多重要?能不能通过什么方式避免这些坏处?

思考完这两个方面后,就要进行综合评估:好处越多、越重要、越不可替代,坏处越少、越不重要、越能避免,就越应该做这件事。但最后的结论往往不是简单的该做或不该做,而是考虑如何保留好处、避免坏处的兼顾方案。

在阿芒和父亲的讨论中,两人各自的考虑都不充分。阿芒没有考虑做感兴趣工作的坏处、做不感兴趣工作的好处。父亲也是如此。

此外,父亲的推理里还存在一个典型的不充分论证:即便阿芒个人确实无法靠画画谋生（在可接受性上让步），也无法充分说明兴趣爱好很难发展成一般人可谋生的职业。试图从个案推出普遍性规律，这样的论证往往是不充分的。

最后，我们可以在论证结构图的基础上用"**ARG 检测仪**"总结这两个论证的问题。

阿芒的论证：

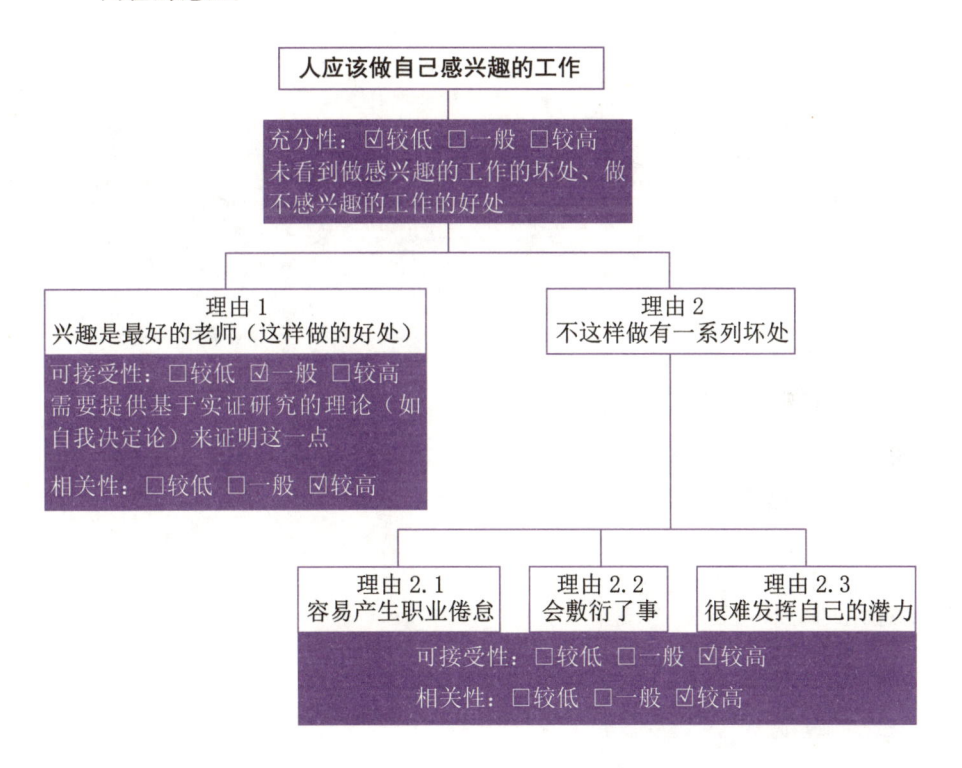

```
┌─────────────────────────────┐
│   人应该做自己感兴趣的工作   │
├─────────────────────────────┤
│ 充分性：☑较低 □一般 □较高    │
│ 未看到做感兴趣的工作的坏处、 │
│ 做不感兴趣的工作的好处       │
└─────────────────────────────┘
         │                │
┌────────┴──────────┐  ┌──┴──────────────┐
│ 理由1             │  │ 理由2           │
│ 兴趣是最好的老师  │  │ 不这样做有一系列 │
│ （这样做的好处）  │  │ 坏处            │
├───────────────────┤  └──┬──────┬───────┘
│可接受性：□较低 ☑一般 □较高│     │       │
│需要提供基于实证研究的理论 │     │       │
│（如自我决定论）来证明这一点│    │       │
│相关性：□较低 □一般 ☑较高 │     │       │
└───────────────────┘      │     │       │
```

理由 2.1　理由 2.2　理由 2.3
容易产生职业倦怠　会敷衍了事　很难发挥自己的潜力

可接受性：□较低 □一般 ☑较高
相关性：□较低 □一般 ☑较高

083

学会思考：用批判性思维做出更好的判断

父亲的论证：

```
┌─────────────────────────┐
│      工作不能兴趣优先      │
├─────────────────────────┤
│ 充分性：☑较低 □一般 □较高 │
│ 未看到做感兴趣的工作的好处、│
│ 做不感兴趣的工作的坏处     │
└─────────────────────────┘
```

理由 1
兴趣爱好很难发展成可以谋生的职业

可接受性：
☑较低 □一般 □较高
在不同领域都存在大量案例，从业者将兴趣爱好发展成为职业，并取得了卓越成就

相关性：
□较低 □一般 ☑较高

充分性：
☑较低 □一般 □较高
从理由1.1的个案无法推出理由1的普遍性规律

理由 1.1
阿芒画画的水平达不到艺术家的水准，靠画画这一兴趣爱好很难谋生

可接受性：
☑较低 □一般 □较高
绘画产业链上有诸多岗位，让人即便达不到艺术家水准也可以谋生

相关性：
□较低 □一般 ☑较高

理由 2
挣钱优先，可以提升生活质量，一样带来满足感和幸福感

可接受性：
□较低 ☑一般 □较高
收入达到一定水平之后，金钱和快乐的关系将减弱

相关性：
□较低 □一般 ☑较高

理由 3
周围人都没有把兴趣作为职业

可接受性：
□较低 □一般 ☑较高

相关性：
☑较低 □一般 □较高
周围人怎样做，并不能证明我也应该这样做

应用场景

通过使用 ARG 三标准分析，我们可以更好地辨析阿芒和父亲的观点哪个更有说服力。既然他们的观点在论证上都有问题，那什么样的论证更有说服力呢？这就需要我们在分析接收到的信息的基础上构建一个更合理的论证。

当需要构建论证、输出观点时，ARG 也可以提供非常重要的指引。

例如，在该不该选择自己感兴趣的工作这个问题上，一个更高质量的论证，可能是这样的：

> 结论：人应该做自己感兴趣的工作，并在满足兴趣的前提下努力寻求与自己能力相匹配的、待遇条件更好的岗位。
>
> 理由 1：研究发现，兴趣是比金钱、权力等外部因素更持久有效的激励。做感兴趣的工作，更容易实现工作目标，也更容易感到快乐。实现目标不仅能给个人带来成就感，也能为企业和社会创造价值。研究发现，快乐对人的身心健康都是至关重要的。（这是阐述做自己感兴趣的工作的好处）
>
> 理由 2：在满足兴趣的前提下，不同能力水平的人在相关的行业和产业链里能找到不同的就业机会。（考虑做感兴趣的工作可能的坏处并对其做出回应。这里回应的坏处是：如果只有兴趣但能力不足，则凭借兴趣难以谋生）
>
> 理由 2.1：例如在漫画产业，从职业漫画家、工作室的画手、漫画杂志编辑到漫画展策展人，有不同类型的职业机会提供给不同能力水平的人。（以漫画行业为例，用具体的例子进一步增强理由 2 的可接受性）
>
> 理由 3：做不感兴趣的工作，很容易产生职业倦怠、很难发挥

自己的潜力。(这是在阐述做自己不感兴趣的工作的坏处,可以进一步补充具体案例或研究数据以提高其可接受性)

理由4:做不喜欢的工作,即便能获得较好的收入,但当收入达到一定水平后,金钱能带给人的满足感也将越来越有限。(这是在考虑做不感兴趣的工作可能的好处并对其做出回应,我们可以进一步引用学术研究或实例来加强这个理由)

理由5:有人可能会说,一个人完全可以在物质条件有了充分保障后再做喜欢的工作。但追求这种"充分保障"的过程很可能是无止境的。而这一漫长的过程,也很可能会消磨人的兴趣。(考虑其他可以兼顾好处、规避坏处的方案,并讨论是否可行)

```
                          ┌─────────────────────────────────┐
                          │ 理由1                            │
                          │ 研究发现,兴趣是比金钱、权力        │
                          │ 等外部因素更持久有效的激励         │
                          └─────────────────────────────────┘
                          ┌─────────────────────────────────┐   ┌──────────┐
                          │ 理由2                            │   │ 理由2.1   │
                          │ 在满足兴趣的前提下,不同能力水平    │───│ 以漫画产  │
                          │ 的人在相关的行业和产业链里能找到   │   │ 业为例    │
                          │ 不同的就业机会                    │   └──────────┘
┌──────────────────────┐  └─────────────────────────────────┘
│ 人应该做自己感兴趣的工│   ┌─────────────────────────────────┐
│ 作,并在满足兴趣的前提 │───│ 理由3                            │
│ 下努力寻求与自己能力相 │   │ 做不感兴趣的工作,很容易产生职业   │
│ 匹配的、待遇条件更好的 │   │ 倦怠、很难发挥自己的潜力           │
│ 岗位                  │   └─────────────────────────────────┘
└──────────────────────┘   ┌─────────────────────────────────┐
                          │ 理由4                            │
                          │ 做不喜欢的工作,即便能获得较好的   │
                          │ 收入,但当收入达到一定水平后,     │
                          │ 金钱能带给人的满足感也将越来越有限 │
                          └─────────────────────────────────┘
                          ┌─────────────────────────────────┐
                          │ 理由5                            │
                          │ 反驳"有人可能会说,一个人完全可   │
                          │ 以在物质条件有了充分保障后再做喜  │
                          │ 欢的工作"——追求这种"充分保障"  │
                          │ 的过程很可能是无止境的。而这一漫  │
                          │ 长的过程,也很可能会消磨人的兴趣   │
                          └─────────────────────────────────┘
```

在上面的论证中，每个理由都可以进一步补充具体案例或研究数据来提升可接受性。论证围绕做感兴趣工作的利弊展开，没有引入不相关的理由。在考虑利弊时，充分展示了做不感兴趣的工作的好处和坏处，并且考虑了其他可能的兼顾方案。这是相对比较充分的思考。

基于更有力的论证，阿芒也能更清楚自己应该如何做决定，也能更有说服力地让家人支持自己的选择。

注意事项

1. 三标准之间的关系

在具体的应用中，三个标准之间有一定的递进关系。如果论证时提出来的理由，本身就是虚假的、站不住脚的、不可接受的，那我们也就不需要再分析理由和结论之间是否相关、充分。如果论证时提出来的理由和结论不相关，没有对结论形成支撑，那它也是不充分的。不过，在做练习时，我们可以有意识地多一些"刻意练习"，将三个标准检查完整，也能帮助我们思考怎么避免错误、构建更好的论证。

2. 善意原则

在日常生活中，口头表达往往没有那么严谨，导致很多论证可能在可接受性上很难过关。

例如，阿芒的父亲说"周围的人都没有把兴趣作为职业"，这是个非常绝对的表述，只要能找出一个反例就能推翻这句话，这个理由就变得不可接受。

但我们在沟通交流时需要秉持"善意原则"，尽可能善意地去理解对方的话语和用意，结合说话的语境，在"可接受性"上有所让步。

在一个日常的语境中，阿芒的父亲其实想表达的是周围大多数人并没有将兴趣作为职业。理解对方的原意后，判断也大致符合实际情况，可以先接受这个理由，再继续往下分析。

3. 如何用事实说话？

一个高质量的论证，如果需要有更可接受的理由，就应该尽量用真实、全面、准确的事实作为论证的起点。但"用事实说话"并不容易。

首先，生活中不可能随时都引用学术研究或实证数据，有的问题也可能找不到合适的研究数据或案例作为支撑。这个时候，如果想要提高论证质量，就需要让表述更加严谨，多加一些"可能""很可能"这样的词语，留有一些余地。

其次，我们要在日常生活中丰富自己的知识，有意识地积累专业领域的知识，避免因为自己无知而形成错误的结论。

最后，在寻找专业领域的常识时要警惕盲信权威，关注不同角度的观点。

总结

评价论证质量有三个标准，分别是：理由的可接受性，理由与结论的相关性，理由推导到结论的充分性。

可接受性： 论证时尽量用事实说话，用确凿、真实、可信的数据、研究作为论据。

相关性： 要求理由和结论有关联。要得出一个结论，先要思考有哪些需要考虑的因素，再确定论证时提出的理由是不是在这些相关的因素里面，避免错误诉诸。

充分性： 判断推理是否全面，有没有以偏概全、忽略其他的解释、只看弊端或者只看好处等现象。

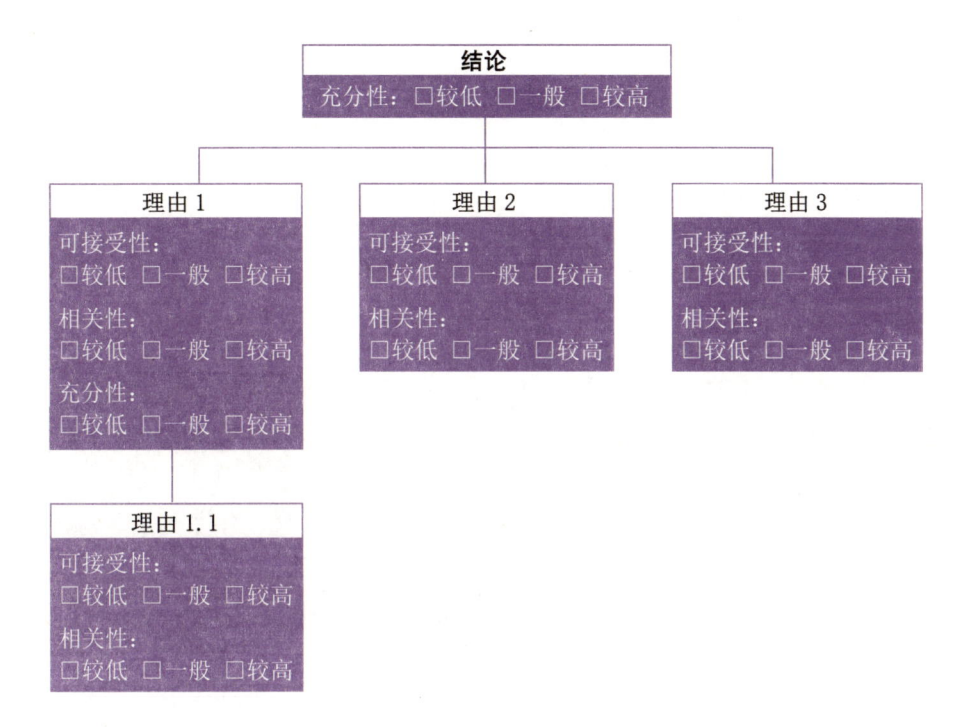

```
                        ┌─────────────────────────┐
                        │         结论            │
                        │ 充分性：□较低 □一般 □较高│
                        └─────────────────────────┘
            ┌───────────────────┼───────────────────┐
┌───────────────────┐ ┌───────────────────┐ ┌───────────────────┐
│      理由 1       │ │      理由 2       │ │      理由 3       │
│ 可接受性：        │ │ 可接受性：        │ │ 可接受性：        │
│ □较低 □一般 □较高 │ │ □较低 □一般 □较高 │ │ □较低 □一般 □较高 │
│ 相关性：          │ │ 相关性：          │ │ 相关性：          │
│ □较低 □一般 □较高 │ │ □较低 □一般 □较高 │ │ □较低 □一般 □较高 │
│ 充分性：          │ └───────────────────┘ └───────────────────┘
│ □较低 □一般 □较高 │
└───────────────────┘
         │
┌───────────────────┐
│     理由 1.1      │
│ 可接受性：        │
│ □较低 □一般 □较高 │
│ 相关性：          │
│ □较低 □一般 □较高 │
└───────────────────┘
```

第一次接触这三个标准，很多人可能会感到非常抽象。下一章，我们将仔细分析一些不符合这三个标准的推理谬误。从第 7 章开始，我们将沿着"四步法"定位的不同类型的问题，学习如何构建一个符合 ARG 三标准的高质量论证。

练一练

1. 请分析以下论证。

　　结论：人应该生孩子。

　　理由 1：生养孩子给人带来的快乐和成就感，必定远超过生养孩子带来的痛苦和麻烦。

　　理由 2：周围几乎没有丁克家庭。

学会思考：用批判性思维做出更好的判断

理由3：你的偶像××最近也结婚生了孩子。

理由4：如果不生孩子，养老就没有一点保障了。

在上述理由中：

（1）哪些理由不符合"可接受性"？

（2）哪些理由不符合"相关性"？

2. 在上一章的练习里，我们拆分了一段关于"棍棒教育"的论证结构。现在请你继续分析，这段论证质量如何，是否符合ARG（可接受性、相关性、充分性）的评价标准？

棍棒教育有道理
充分性：□较低 □一般 □较高

理由1
棍棒教育能有效地培养孩子的纪律意识
可接受性：
□较低 □一般 □较高
相关性：
□较低 □一般 □较高
充分性：
□较低 □一般 □较高

理由2
网上的研究显示，小时候挨过打的孩子能更好地应对挫折、压力、冲突
可接受性：
□较低 □一般 □较高
相关性：
□较低 □一般 □较高

理由3
我们周围的人小时候都挨过打
可接受性：
□较低 □一般 □较高
相关性：
□较低 □一般 □较高

理由1.1
班里的小明被爸爸揍之后规矩了很多
可接受性：
□较低 □一般 □较高
相关性：
□较低 □一般 □较高

▶练习讲解

1. 第一题

（1）不符合可接受性的理由是1、2、4。

"必定""全部""几乎全部""大部分人""很多人""有些人"这些词表述的程度是不一样的。总的来说，"全部""几乎全部"对证据的要求会更高一些，要有证据证明确实能达到"几乎全部"的程度。相反，如果说"有些人"，那只要能证明存在这种现象，这个理由就可以接受了。我们需要谨慎用词，让理由更加可接受，这样表达也更加严谨。

理由1：不可接受，因为"必定远超过"说得太绝对，容易被反例推翻。

生养孩子可能会带来快乐和成就感，也可能会带来痛苦和麻烦。例如当年轻母亲生养孩子，缺少家庭和社会的有效支持时，可能会感到更多的无力与抑郁。

可接受的表述可以是"对一些人而言，生养孩子可能给人带来更多的快乐和成就感"。

理由2："几乎没有"同样也是一个对证据要求很高的表述。这句话的可接受性可能因对话者的社会环境不同而不同。如果对话者身处一个相对传统保守的地区，丁克可能确实相对少见；但如果对话者是在一个更加开放、多元的大城市，丁克则是相对常见的选择，可以举出大量反例驳斥"几乎没有丁克家庭"的论断，这一理由的可接受性也就相应较低。

理由3：你的偶像××最近也结婚生了孩子——这是一个可以验证的事实陈述。如果该偶像确实生了孩子，自然是个可接受的理由。

理由4："养儿防老"是一个相对比较传统的观念。但是"防老"是否只能靠"养儿"，很多人都会有不同的观点。在现代社会，通过养老保险、资产投资等一系列的安排，以及社会化养老服务体系的建设，人们在养老保障方面有了更多的选择。只有生孩子，养老才有保障——也是一个可接受性较低的理由。

（2）不符合相关性的理由是2、3。

该不该生孩子，关于这个问题，哪些考虑是相关的呢？同样，我们需要权衡生孩子的利弊，这种利弊不仅仅是功利层面的得失，也有情感、道德层面的一系列考虑。

理由1和理由4，都在说生孩子的好处或不生孩子的坏处，属于相关的理由。

但是在理由2中，用周围人的做法论证自己是否也应该做某事，陷入了"诉诸大众"的谬误。在一个普婚普育的社会，选择不生孩子确实会感受到一定的社会压力，这也是不生孩子的坏处之一。因而，要让理由2更相关，需要在论证时将相关点明确提出来。例如，"社会中大多数人都选择了生育，加上传宗接代的传统思想，这给没生孩子的人以及他们的父母带来社会压力"。这样表述就将周围人生孩子和自己是否生孩子的决策之间的关联进行了说明，可以通过"相关性"的检测，但这个理由是否充分，还要继续分析。

理由3，偶像××是否生孩子和自己要不要生孩子之间没有什么关联。

2. 第二题

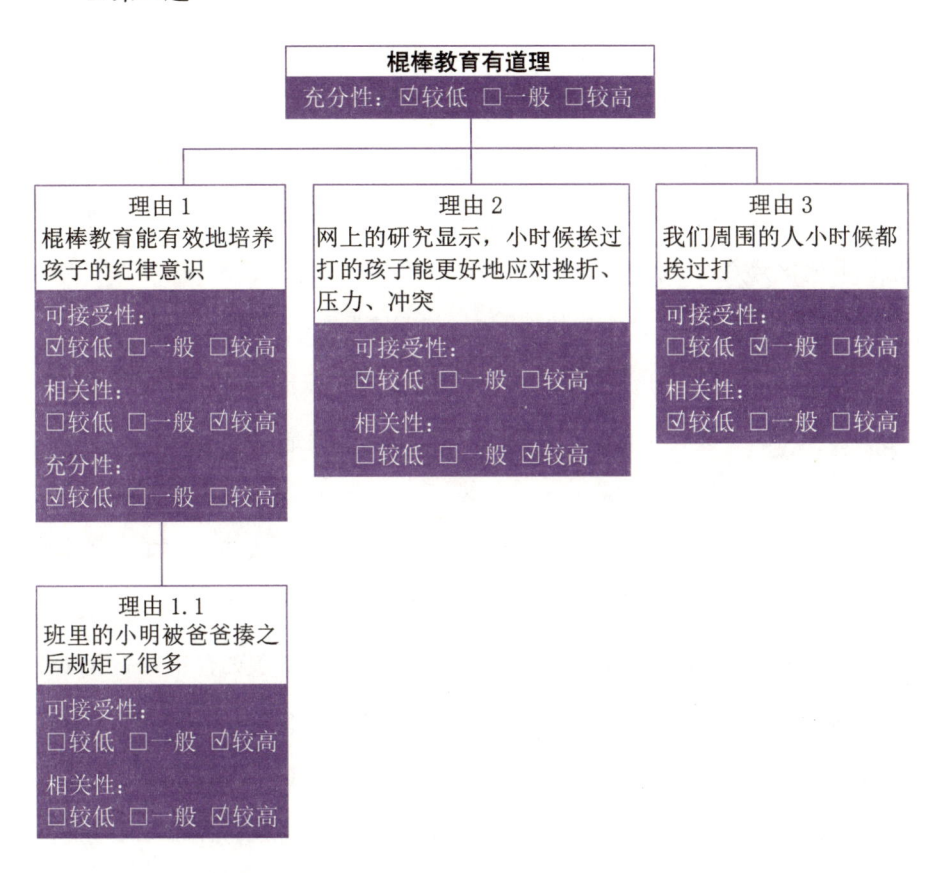

```
                    ┌─────────────────────┐
                    │   棍棒教育有道理        │
                    │ 充分性：☑较低 □一般 □较高│
                    └─────────────────────┘
         ┌──────────────┼──────────────┐
   ┌─────────────┐ ┌─────────────┐ ┌─────────────┐
   │ 理由 1       │ │ 理由 2       │ │ 理由 3       │
   │ 棍棒教育能有效地│ │网上的研究显示， │ │我们周围的人小时│
   │ 培养孩子的纪律 │ │小时候挨过打的孩│ │候都挨过打     │
   │ 意识          │ │子能更好地应对挫│ │              │
   │              │ │折、压力、冲突  │ │可接受性：     │
   │ 可接受性：    │ │              │ │□较低 ☑一般 □较高│
   │ ☑较低 □一般 □较高│ │可接受性：     │ │相关性：       │
   │ 相关性：      │ │☑较低 □一般 □较高│ │☑较低 □一般 □较高│
   │ □较低 □一般 ☑较高│ │相关性：       │ └─────────────┘
   │ 充分性：      │ │□较低 □一般 ☑较高│
   │ ☑较低 □一般 □较高│ └─────────────┘
   └─────────────┘
         │
   ┌─────────────┐
   │ 理由 1.1     │
   │ 班里的小明被爸│
   │ 爸揍之后规矩了│
   │ 很多         │
   │ 可接受性：    │
   │ □较低 □一般 ☑较高│
   │ 相关性：      │
   │ □较低 □一般 ☑较高│
   └─────────────┘
```

理由 1.1：班里的小明被爸爸揍之后规矩了很多。

暂且先接受该理由，默认小明这个例子是真实的，小明短期内更守纪律，确实是因为爸爸的严加管教、棍棒教育。

但是，棍棒教育现在对小明是有效的，并不能充分推出它对小明是长期有效的，更不能证明它对大多数人都是有效的。有没有可能有的孩子因为棍棒教育，反而更加叛逆、更加不遵守纪律规则？或者再怎么挨打，依然我行我素，顽固不化？或者棍棒教育对一些孩子当下有效，过段时间又故态复萌？

一个更充分的论证需要基于更大的数据样本。2016年，德克萨斯大学奥斯汀分校的学者伊丽莎白·格肖夫（Elizabeth Gershoff）对过去50年有关体罚有效性的文献进行了综述和回顾分析，这些文献涉及13个国家，累计样本量达到将近16万个。回顾分析的结果发现，从大数据上来看，体罚并没有真正减少孩子的攻击行为或反社会行为；从长期来看，体罚也与对规则的服从或内化无关。

因而，基于理由1.1推出的理由1，其可接受性是有限的。

理由2"网上的研究显示，小时候挨过打的孩子能更好地应对挫折、压力、冲突"——这其实是我们瞎编的一句话。也就是说该理由的可接受性很低。

已经有不少实证研究证明，儿时受到的体罚，与成人后的抑郁、自杀倾向、酗酒、药物依赖等问题有相关性。2009年，美国哈佛大学医学院联合其他大学发表了一份医学报告，报告对比了两组18—25岁的青年。一组曾经长时间挨打——这是指他们"在幼年阶段，每个月至少被打一次，持续时间超过3年"。另一组青年则没有长时间挨打的经历。这个实验挑选出来的研究对象，有着相似的人口学背景，例如他们的年龄、性别、种族、父母受教育程度、家庭经济条件等。其他可能影响其大脑发育的因素也被排除，例如他们是否经历过其他的创伤、是否有其他神经疾病、酗酒、药物滥用等。需要研究的是长时间挨打这个因素会不会让一个孩子成年后的大脑发生改变。脑部CT图像对比显示，长时间挨打的青年的大脑在18—25岁时，脑前叶一部分灰质不分泌了。专家分析发现，这些灰质是帮助人类缓解焦虑、减少赖药性以及放松神经的，还会直接影响人的决策能力，从而影响人的认知能力与智商。

网上各种各样的说法、研究，到底是真是假？当有人试图用理由2这样道听途说而来的"研究"说服你时，别忘了用第3章学到的信息查验办法，多问一句：谁说的？是原话吗？说话的人是可靠的信息来源吗？

理由 3，"我们周围的人小时候都挨过打"——我们尽量秉承善意原则，理解对方说的是"大多数人"小时候都挨过打。周围大多数人小时候都挨过打，并不能证明打孩子就是有道理的，这又犯了"诉诸大众"的不相关谬误。如果大多数人打孩子是因为这样的做法有道理，那就需要将背后这个道理说出来作为理由，不能仅仅援引"大多数人都这样做"来证明这一做法的正当性。

排除掉不相关的理由 3，即便我们接受理由 1、2（事实上如上文分析，这两个理由的可接受性非常低），这一论证仍然是不充分的。这一论证只看到棍棒教育的"好处"，未分析棍棒教育可能带来的坏处。基于这一论证最终得出的结论，也是缺乏说服力的。

| 第 6 章 |

如何发现论证的漏洞？

- 如何用 ARG 三标准识别低质量的论证？
- 如何应对生活中喜欢讲歪理的"杠精"？

生活中，你是否遇到过这些情况：

在听到某些观点、说法后，隐隐约约感觉里面有问题，但又说不出哪儿有问题。

在朋友圈、微信群里发表言论后遇到"杠精"，十分生气，却不知道如何怼回去（注意，我们应该避免随意给别人贴上"杠精"的标签）。

与人起争执，总是事后才反应过来对方的观点有什么问题，懊悔当时发挥不佳……

实际上，只要掌握了上一章所讲的评价论证质量的三个标准，就能游刃有余地发现对方论证中的漏洞。学术界将一些常见的漏洞类型化，总结出数十种论证谬误。在这一章中，我们将学习识别部分典型谬误，这将帮助我们更好地识别他人观点中的问题，不被轻易蒙蔽欺骗；也能帮助我们在日常对话中游刃有余地应对"杠精"，赢得论战；同时，还能帮助我们有意识地"避坑"，构建质量更高的论证。

不符合可接受性的谬误

在上一章中我们提到，一个可接受的理由应该满足这些条件：

- 如果用来支撑结论的理由是客观的事实信息，那应该确保真实可信；
- 如果理由是一个主观的观点，那应该具有比较普遍的共识。

相应地，一个论证在可接受性上存在问题，通常对应着三种情况。

学会思考：用批判性思维做出更好的判断

1. 虚假信息

理由本身就是谣言、假消息，无法被接受。

例如这样一个对话：

> 阿芒：夏天打完球，来一听冰镇可乐，简直是人生终极享受！
>
> 大牛：你就不怕喝了得癌症？

如果将大牛的回应转换成论证，那么会是这样：

> 理由：（因为）喝了可乐会得癌症。
>
> 结论：（所以）夏天打完球喝冰镇可乐不是人生终极享受。

大牛的理由，是一个非常有争议的"假消息"。可乐致癌的说法最早来自美国一个民间的消费者权益保护组织"美国公众利益科学中心（CSPI）"发布的一份公告，该公告称可乐中添加的焦糖色素中含有4-甲基咪唑，这种物质可能致癌。

但是，在美国、欧盟的标准中，焦糖色素属于安全的食品色素。至于焦糖色素的副产物4-甲基咪唑，只有长期喝大量的可乐，从可乐中摄取过量糖分等物质时，才可能间接引发致癌风险。虽然可乐不是健康饮品，但是要说喝了就致癌，就有些危言耸听了。

类似的例子还有很多，无论是生活中的饮食养生，还是一些热点争议话题，很多人会根据一些道听途说的理由建立自己的观点，然后理直气壮地去反驳别人的言论。

遇到这种道听途说的人，我们有两种应对策略：

- **询问出处**

可以请您分享一下这条信息的出处吗？这个问题是在向对方索要信息

源和证据。一条信息如果是假消息，往往无法找到可靠的信息源，或者无法提供可信的证据。"可以请您分享一下这条信息的出处吗？""您有证据吗？"——这样的问题，往往可以让道听途说的人再思考一下自己的话。

- **主动辟谣**

这是一种更加积极的策略。如果对方提出的是一个新颖的观点，不能立刻判断真假，那可以用主动检索的方式，寻找更多的证据来证实或证伪。这种策略更适合网上有时间差的论战。

2. 不当预设

第二种情况，则是将要论证的、尚有争议的观点作为理由或隐藏理由（即假设）来使用。

例如：

"找工作肯定要选更稳定的。毕竟你是女孩子嘛！"

其论证结构是：

> 理由：你是女孩子。
> 结论：你就应该选更稳定的工作。

是不是感觉从理由到结论少了一环？因为这一论证中有一个重要的隐藏理由：女孩子就应该选更稳定的工作。

> 理由：你是女孩子。
> 隐藏理由（假设）：女孩子就应该选更稳定的工作。
> 结论：你就应该选更稳定的工作。

传统上，人们认为女孩子更注重安全、更需要保护，而且稳定的工作环境能让女性有更多的时间照顾家庭。但现代社会的研究和实践说明，女性在同等条件下的职场表现、面对压力和危机的心理韧性等，并不逊色于男性。女性被限制在稳定环境中，会错过具有挑战性的高薪机会，也会降低自信心和决策、探索的能力。在支持女性自主选择的社会和家庭环境中，她们的职业表现、价值感和幸福感都会提升。

把"女孩子就应该选更稳定的工作"这样一个充满争议的命题，直接作为前提来使用，通常会被视为不可接受，导致最终的结论缺乏说服力。

3. 非黑即白

在"不当预设"这类谬误中，有一种非常典型和常见的谬误——非黑即白。非黑即白，也被称为二元思维，或者虚假两难。指的是，只设定两个选择，要在其中二选一。

例如，你有没有听到过这样的观点：

- 大四了，考研没考上，考公务员也没被录取，感觉人生好灰暗，没希望了。
- 我和妻子的关系不好，已经持续好几年了，总是吵架。我想清楚了，我不想继续这种状况，只能离婚。

这两个观点，背后有着类似的论证：

> **论证 1：**
>
> 理由 1（经常是隐含理由，即假设）：不是 A，就是 B / 要么 A，要么 B（毕业后要么考研，要么考公务员）。
>
> 理由 2：A、B 都不行（考不上研，公务员也没被录取）
>
> 结论：绝望、纠结（人生没希望了）。

> **论证 2：**
>
> 理由 1（经常是隐含理由，即假设）：不是 A，就是 B / 要么 A，要么 B（要么离婚，要么继续争吵）。
>
> 理由 2：A 不能选 / 选 A 的结果无法接受（不想继续争吵）
>
> 结论：只能选 B / 只能不选 A（只能离婚）。

想要评价这两组论证的质量，首先要判断论证的理由可否接受。尤其是在理由 1 中，A、B 的关系是否成立。

若理由 1 是可被接受的，那么 A 和 B 必须相互矛盾，不可兼容。选了 A 就不能选 B，并且在 A 和 B 之外没有其他选择。

但是，人们在现实中面临的选择真的只有这两个选项吗？

考研和考公务员，两者从语义、内涵上看没有对立矛盾，都是高度同质、主流的选择。因此，观点 1 面临的不是两难选择，而是将所有的选择都囿于一个狭隘、单一的范围之中，没有看到其他的可能性。

在观点 2 中，维持现状和离婚之外，有没有其他选择？答案是，当然有。比如，通过沟通、婚姻咨询来改变自己、对方或双方，从而改善夫妻关系。有时人们并没有为此付出努力，或者并没有采用更好的应对方式，导致看不到改变的希望，找不到第三种解决方式。

非黑即白的思维方式，容易将思维带入困境，让我们忽略其他选择，无法解决问题或者做出明智选择；或者将复杂问题过度简化，忽略更重要的问题，制造矛盾、冲突甚至仇恨。

在现实生活中，人们很容易陷入非黑即白的二元思维。

一方面，非黑即白是人们最容易识别和实践的两极选择。例如："你说我对孩子太严厉了，难道要让我放纵孩子吗？"严厉和放纵，是人们最容易看到的两个选择，实施起来也最容易。但好的教育不应该过于严厉，也不应该放纵，而是有理有据地和孩子沟通、做合理的事情。当然，这么做相对有一些难度。例如，当孩子在学校欺负其他小朋友时，选择严厉斥责、惩罚他，或包庇、纵容他，都是相对容易的。但若要考虑"第三条路"，需要思考的东西就更多：这件事涉及的道德标准是什么？应该用什么方式和孩子沟通？应该如何让孩子为自己的行为承担责任？需要和哪些相关方沟通？有哪些其他需要注意的问题？……这样的教育方式，虽然更符合教育的本质，但却对家长提出了更高的要求。

另一方面，是因为我们的眼界和思维还没有完全开放，看不到更多的可能性。其中更深层的原因，可能是个人经历、家庭环境、学校教育的限制，也可能是高度同质的主流文化带来的社会压力。

那么，我们该如何避免陷入非黑即白的思考困局？

首先，应该对两难选择保持敏感，敏锐地识别这些情况，将隐藏的理由找出来，也就是分辨清楚两个选择分别是什么，再加以思考：

- 两个选择是否可能兼得？如何兼得？
- 两个选择之外是否有其他路径？其他路径是什么？

只有不断拓宽自己的视野，更多地游历、阅读，参与跨界交流，有意识地寻求他山之石，了解不同文化、背景、阶层的人面对同样的问题会怎样解决，积极思考探索对不同选择的兼得方案，我们才有可能真正摆脱非黑即白这一不当预设的谬误。

不符合相关性的谬误

相关性，听上去是一个很容易满足的标准——只要理由是得出结论需要考虑的因素之一，即可判断它们存在相关关系。

但在现实生活中，尤其是在对话沟通中，不相关的谬误却经常出现。

1. 偷换概念

最常见的一种不相关的谬误，便是偷换概念。

例如：

> 某银行曾发布过一份"亚洲财富报告"，综合计算了亚洲 11 个城市 22 项高端商品和高端服务的价格，包括商务舱机票、美容、高尔夫俱乐部会籍、珠宝、汽车等。报告得出结论：上海是亚洲生活成本最昂贵的城市，新加坡和中国香港次之。

关于这个报告，你觉得有什么问题？

> 理由：亚洲 11 个城市中，22 项高端商品和高端服务的价格上海最高。
>
> 结论：上海是亚洲生活成本最昂贵的城市。

这份报告偷换了概念。

理由部分分析的是高端商品和高端服务的价格，但是到了结论部分，就被替换为"生活成本"。

生活成本，往往指的是大众生活用品和服务的价格，这和高端消费品并不是一回事。如果查询其他机构关于生活成本的排名，上海名次虽然不低，但无论在亚洲还是在全球都算不上"最昂贵的城市"。

再看一个例子：

> 一位家长评论："育儿书上说，儿童睡前固定做一件事，有助于规律睡眠。所以睡前有看书习惯的孩子，容易以后看到书就犯困。"

学会思考：用批判性思维做出更好的判断

> 理由：儿童睡前固定做一件事，有助于规律睡眠。
>
> 结论：睡前有看书习惯的孩子，容易以后看到书就犯困。

这样的结论听上去是不是很荒谬？推理是在哪一步出现问题的？

还是偷换了概念。

理由中的关键概念被替换了。理由中的"规律睡眠"，到了结论部分就变成了"看到书就犯困"。本来是有睡前看书习惯的孩子，他看完书到了时间就会安静地去睡觉。但在结论中，却把睡前看书和按点睡觉这些要素都省略了。省略"规律睡眠"的很多必要条件后，形成了孩子看到书就会犯困的论断。

2. 稻草人谬误

在偷换概念这一类谬误中，有一种典型的谬误是稻草人谬误。在第4章中，我们也曾提到。

> **稻草人谬误**
>
> 稻草人谬误，就是通过歪曲、夸张，甚至凭空臆造别人的观点，使自己能够更加轻松地攻击对方，让自己的观点显得更加合理。一些格斗训练会将稻草人作为替身，让选手练习攻击。但被击倒的是虚假的稻草人，而非真正的攻击对象。

请看这样一段亲子对话：

孩子：我想有点自己的空间，自己来决定这件事情。

家长：你把父母的话都当耳旁风是吧！不把父母放眼里了是

吧！这哪行？

在这段对话中，家长夸张、扭曲了孩子的观点，把"有一点自己的空间"偷换成"不把父母放眼里"，从而来批驳孩子的想法。

这种做法在公共讨论中，也经常把大家的注意力带偏。

例如下面这段对话：

> 小思：现在空气污染这么严重，应该加强环境污染治理。
>
> 大牛：钢铁和煤矿工人失业，北方农村冬天供不了暖，这些你们都不关心，只关心自己。

小思话语中的"环境污染治理"，被大牛夸张和扭曲为"关停钢铁厂、煤矿""停止供暖"，从而驳倒对方。但其实他打的是稻草人，不是对方真正的观点。合法的环境污染治理和工人失业、停止供暖，不能划等号。

面对这些偷换概念的场景，应该如何应对？

我们要有更多的耐心与度量，指出对方扭曲、偷换的概念，用更加通俗易懂的方式重申自己的观点及论证。

在刚才的例子中，你可以耐心地做出进一步的解释和澄清：

> 小思：现在空气污染这么严重，应该加强环境污染治理。
>
> 大牛：钢铁和煤矿工人失业，北方农村冬天供不了暖，这些你们都不关心，只关心自己。
>
> 小思：加强环境污染治理，不等于关停钢铁厂、关停煤矿或者不供暖，而是需要整治那些违规、超标排放的工厂，使用更加清洁的能源。这需要政府部门加大监管力度，还需要给农村地区提供相应的供暖补贴或者其他清洁能源。但这并不意味着工人们就会失业、农村冬天就要停暖。而且，工人及其家人住在污染超标的环境

中，身体也会遭受更多损伤。

3. 转移话题

如果偷换概念的行为进一步发展，就可能变成转移话题。

例如，某条影评正在评价某位偶像的演技有何硬伤，粉丝看到后展开反驳：你知道他有多努力吗？你知道他为了演这部戏吃了多少苦吗？

明明影评在就事论事地讨论演技问题，但是粉丝却把话题转移到了偶像的工作态度上。

这样转移话题直接改变了讨论的对象。

但在一些客体对象没有变化的讨论中，话题也可能被转移。这和我们第2章讲到的"四步法"有关。一场讨论，本来在讨论某件事"是什么"，却跳跃到讨论问题的"为什么""怎么办"环节；本来在讨论一个问题的原因（即"为什么"），却跳跃到讨论问题的好坏（即"怎么样"）。

例如，大家正在聚焦讨论某起校园欺凌案件是否发生过，可以搜集到什么样的证言、证物（即"是什么"）。但有人却突然问这个孩子为什么会被欺凌、怎么帮助他（即"为什么""怎么办"），这就会非常突兀。等大家讨论这起校园欺凌案发生的根源时（即"为什么"），有人却大讲特讲校园欺凌对未成年人身心的伤害（即"怎么样"），这也是跑题。

面对转移话题的情况，我们要有一定的定力和耐心，不要被对方打乱节奏，不要忘记对话、讨论的起点和目标，将话题拉回到正题上。

4. 诉诸人身

在第5章中，我们提到过"错误诉诸"这一类不相关的谬误。所谓"诉诸"就是"借助于"。而"错误诉诸"，是指错误地借助于一些不相关的论据，试图去证明一个观点。

其中最为常见的一类"错误诉诸",是诉诸人身。

例如,下面这几句话:

- 你一个大男人,你给的育儿意见多半都不靠谱。
- 这种花心的作家,能写出什么好作品来?
- 你有什么资格来给我的方案提意见?你还不是想让自己的方案被选上嘛!你进公司的时间又不长,批评别人的方案合适吗?

在生活中,你听过类似的观点吗?这样的人身攻击有什么问题?

一个大男人给出的育儿意见到底靠不靠谱,需要就事论事地讨论他给出的意见到底是什么、是否具有说服力。他有没有能力生孩子,和他给的意见本身靠不靠谱不相关。教育领域也有很多男性专家,许多家庭中爸爸育儿也卓有成效。

一个作家的作品好不好,与作家本身是否花心不相关。如果我们用作者的私生活作为筛选标准,那么难免错过历史上许多伟大的文学著作。

某个工作方案有没有问题,要就事论事地进行讨论。攻击说话者的动机或资历,并没有任何说服力。年轻人也很可能提出创新性的、有独特价值的建议。

然而,无论是在个人生活、职场发展还是公共讨论中,这样的情况都很常见。

在需要就事论事的场合,讨论的关注点却突然被转移到了说话者的专业背景、人品信誉或利益动机上,整个讨论也因此被带偏。但是,说话人的背景真的不重要吗?在第3章里,我们不是说要审查信息源、审视说话人的背景吗?

一个有口皆碑、德高望重的社区管理者,说的话当然比经常撒谎的人更可信;一个诺贝尔生物学奖得主,谈论起转基因的问题来,自然比小学生更有话语权；一个中立的、权威的鉴定机构出具的证明，比某一利益相关方提供的证言更有证明效力。

我们常常会根据一个人的人品信誉、专业背景和利益动机，来判断一个人言论的可靠程度。

这并不一定是犯了"诉诸人身"的思维谬误，而是我们根据既有的生活经验，提炼出了一些原则或规律，来帮助我们降低认知成本。

- 信誉原则：一个人的信誉越好，他说的话往往越可信；
- 专业原则：一个人的专业程度越高，他在专业领域的发言越有分量；
- 中立原则：在与自己利益相关的事务上，一个人的言论有一定的可能是为了谋求自身利益最大化，导致其言论不够公允可信；或者说，利益中立者的言论比利益相关者的言论更可靠。

这些原则或规律，本身没有问题。

日常使用这些规律，通常是这样的论证：

> 理由1：一个人越诚信、越专业、越中立，其在相关领域的言论越可靠。
>
> 理由2：某人很诚信／专业／中立（或，某人不诚信／不专业／有利益冲突）。
>
> 结论：某人说的话很有可能是可靠的（或，不可靠的）。

但这个论证的过程很容易出错。

例如，理由2的可接受性——我们可能基于一些虚假的信息做判断。某人真的信誉度很高吗？某人真的是业界专家吗？某人真的是中立的，或者真的是利益冲突方吗？我们在日常生活中经常会遇到使用假文凭、假证书、虚假荣誉、虚假身份来欺骗公众的案例；或者通过造谣，给某人"泼污水"，谎称当事人私德有问题、行为不端、有不可告人的秘密交易。我们需要先使用第 3 章学习的方法，去检查这些理由是否真实。

又如，从理由推导结论的充分性——可能出现绝对概括的谬误（第 7 章还会详细介绍）。一个人越诚信、越专业、越中立，其言论越可信——**这说的都是一种可能性，是一个大概率事件。**认为诚信、专业、中立的人，说的话一定是真的、一定有道理；认为不诚信、不专业、有利益冲突的人，说的话一定是假的、一定没道理，这都犯了过于绝对的错误。

此外，还有一种非常有迷惑性的错误，是用一些不相关的人身背景信息来混淆视听。

下面，我们就对照着前面提到的三大原则一一来看：

滥用原则一：对人品或信誉的滥用

因为一个人私德有问题，就否定他在公共领域或者专业领域的言行。用某作家私德有问题（花心）否定其专业能力（写不出好作品）就是典型的例子。

又或者，面对一个公共形象或者职业形象欠佳的人，认定他在生活中也不会是个好丈夫或妻子、好父亲或母亲。

例如，下面这段对话：

> 阿芒：某公益维权律师，最近被媒体调查曝光家暴老婆。
>
> 大牛：这怎么可能？！肯定是造谣！

大牛为什么会否定这一消息？背后其实就是错误诉诸。该公益维权律师在公共领域有很好的道德表现，不代表他在私人领域也一定是个好丈夫。

滥用原则二：对专业权威的滥用

讨论一些议题，本身没有什么专业门槛，却要求对方有专业资质，否则就没有发言权、没有可信度。我们日常生活中可能听过"你行你上"这样的说法。例如："你说这部电影不好，有本事你去拍啊。"但其实，拍电影门槛要求高，评论电影门槛要求低，会不会拍电影和有没有资格评价电影是两件不相关的事。前面认为男人无法提供靠谱的育儿意见，也是犯了这一错误。生孩子门槛很高——至少得是育龄妇女，但学习了解育儿知识的门槛就相对较低。不会生孩子，不代表就不了解育儿知识。**会不会做一件事与会不会评价一件事，在具体的议题上很可能是不相关的。**

对专业权威的滥用，还有一个典型案例：名人广告。一个人在 A 领域很权威，就预测他在 B 领域说话也很有分量，如果 A、B 领域不相关，这样的联系就有问题。

以明星投资护肤品为例。"某偶像明星皮肤那么好，他投资的胶原蛋白保健品肯定也不错。"怎么说服别人相信这个保健品好？可能需要展示对比疗效、评估报告等。明星作为投资人，他自己保养得好，不代表他投资的护肤产品就一定好。

滥用原则三：对动机的滥用

在利益冲突的情况下，一个人更可能为了自身的好处而说假话。但是，**在事实信息相对充分的时候，当事人不是作为一个证人去提供信息，而是基于大家都知道的事实信息来发表自己的观点，动机的重要性被大大削弱。**当事人确实可能出于利益冲突，有动机发表一个具有偏向性的观点。但这个观点有道理与否，人们可以基于事实信息，分析他发言的内容质量、论证是否有理。在这个时候，动机就显得不再那么重要，也没有那么相关了。例如，在前面开会讨论工作方案的例子中，某个同事提出的方案有没有问题，"我"给出的意见到底有没有道理，可以就事论事地讨论、判断。"我"提出批评是不是为了让自己的方案胜出，则显得不再重要。

还有一种常见的对动机的滥用,可以被称为"都是为你好"。催子女去考公务员,"都是为你好";催孩子早点结婚,"都是为你好";催人快生孩子,也"都是为你好"。

存在利益冲突、有坏的动机,对方可能说假话;那是不是意味着利益一致、有好的动机,对方的言行就是可信的、可靠的?恐怕未必。一个人有对你好的动机,不见得就真的能做出对你好的行为。好心办坏事的例子实在太多了。

当一个人试图用"都是为你好"作为理由将自己的言行正当化时,我们需要去论证他的言行是不是真的合理,而不是说有好的动机,提出的建议也就理所当然是好的。

诉诸人身在生活中如此常见,应该怎么应对呢?

试想一下这样的场景:当你和某人讨论一个问题时,他突然转移话题,开始攻击——你的专业背景有问题、你的人品有问题、你的动机有问题——直接把问题焦点转移到你身上了,这时你生不生气?

更让人生气的是你还不知道怎么反驳他。人无完人,可能你真像他说的那样,专业上不过硬,品行上有一些瑕疵。现在被对方攻击这些部分,讨论的重点就变成你如何为自己辩解了。这个时候不要慌,你可以这样做:

- 承认自己的专业积累不足;
- "但是"——指出眼前讨论的事情,和自己的专业背景无关;
- 重申自己的观点,强调自己这么说的理由到底是什么;
- 要求对方针对自己给出的理由来讨论,拒绝人身攻击。"我们应该就事论事,你再针对我的专业背景,就是搞人身攻击了。攻击我,对讨论这个问题有什么好处呢?"

我们也要避免依据不相关的人身背景，而对他人的言论匆忙做出判断。

例如，我们在报纸上看到对专家言论的引用时，也可以这样思考：

• 确认专家是不是真的专家，他的头衔是什么，这个头衔的含金量如何，是否来自权威机构；

• 他的专业背景和他评论的事情，是不是在同一个或相关领域；

• 真的专家评论其领域里的问题时，有非常高的可信度——但要避免绝对化。看看关于这个问题，有没有同等分量的专家有其他的看法；回到观点本身，看看他的证据、理由是否充分，有没有考虑到可能的反驳意见。

简单来说，四个大字：**就事论事**。

5. 诉诸大众或传统

在第 5 章，我们已经看到了诉诸大众这样一个非常典型的"错误诉诸"。这一做法，是根据主流社会、大多数人的观点和态度，来判断某一言行是否正当、是否应该做。与之相似的还有另一个错误诉诸，叫作诉诸传统——根据大多数人长期以来的观点、态度，判断某一言行是否正当、是否应该做。

典型句式：

> 诉诸大众：我之所以这样说 / 做（结论），是因为大家都这样说 / 做（理由）。
>
> 诉诸传统：我之所以这样说 / 做（结论），是因为大家一直以来就这样说 / 做（理由）。

一件事正确与否、一个观点有道理与否，与有多少人支持或反对相关吗？

这个问题看似很简单，但人们在现实生活中却未必能辨析。

一件错事，就算所有人都做，那也是错的，不会因为所有人都这么做而变成对的——没有穿衣服的皇帝，就算所有人都赞美他的衣服华丽，他也是在裸奔。

一件正确的事，大家都这样做，是因为它本身就是正确的，并不是因为大家都做了才让它变得正确。例如："大学毕业，我当然要考研。因为大家都在考研呀！"一个人为什么要考研？其实可以举出很多理由——自己想在学术上有所精进，研究生学历对找工作有帮助等。选择考研，应该是考研这件事本身对一个人利大于弊，所以才去做。而不是因为所有人都去做，它才变得对当事人有好处。

但是，我们可以换一个角度思考。如果一件事是正确的，一个观点是正确的，那么，它是不是更有可能获得人们的认可，甚至成为某种传统？

来看下面这个推理：

> 如果一件事是正确的→（推出）它很可能会得到人们的认可。
> 如果一件事得到人们的认可→（推出）一件事很可能是正确的。

如果一件事得到了人们的认可，能够倒推出这件事很可能是正确的吗？

人们之所以会认可一件事，可能因为这件事本身就是正确的、有道理的，也有可能是因为受到了蒙蔽、蛊惑，出于偏见、无知，甚至出于恐惧而盲目服从。

那么，在什么情况下，大多数人认可一件事是因为它本身有道理，可以相对放心地诉诸大众或传统？

例如，我们选择餐厅吃饭，已经习惯于先在点评类平台上选择一家性价比较高的餐厅；看电影前先看看影评网站的评分；选择酒店时会去看评级、顾客评论如何。有口皆碑的商品、服务，就算还没有亲身体验，也能让人知道，它有很大概率确实好——即便也有一定的概率发现它名不副实，或者并不适合自己。

学会思考：用批判性思维做出更好的判断

这些事情，是非好坏相对简单，没有什么专业门槛，普通人可以通过亲身感受做出明确的判断。基于"大数据"，甚至基于"历史大数据""诉诸大众""诉诸传统"来预测、判断，能大幅度节省我们的认知成本。

那么，在哪些情况下，多数人反而容易做出错误的判断？

一是在专业性相对较高、容易出错的议题上。这些议题有一定的认知门槛，人们很容易以讹传讹、盲听盲信。在这种情况下，与其诉诸大众，不如诉诸专家和科学（注意，同样不能将这种对专业人士的信任绝对化）。

例如，在转基因的议题上，人们会出于朴素的感觉，认为转基因这种违背自然规律的东西是不靠谱的。与其听"大家都这么说"，不如听听这个领域的科学家到底怎么解读。又如，在科学不发达的年代，老一辈人积累下一些口耳相传的养生经验，有的得到了现代医学的肯定，而另外一些则被现代医学证明对身体有害。像"捂月子"这样的经验就需要理性对待（近年来仍有产妇高温天气捂月子中暑身亡的消息）。在这些需要一定专业知识判断真伪对错的医疗、养生问题上，与其诉诸传统，不如听听医生、科学家们的建议。

二是对少数人群存在歧视和偏见，对那些和自己不一样的人怀抱本能的敌意，将他们视作异端，去打压、排挤。

例如，"全班60多个孩子，为何偏偏都欺负他？背后肯定有缘由，必然是这个孩子自身有什么问题"。

很多时候，被欺凌的人并没有错，只是因为他们和其他多数人不一样。

例如，所谓的"娘娘腔"，即在行为中表现出女性化倾向的男孩，很多时候都是校园暴力的直接受害者。又如，因为先天的残障或外表的缺陷而和别人不一样，一些孩子被贴上各种标签，遭到某些人的取笑和白眼。

盲目认可多数人，不假思索地接受这些偏见，就是在进一步助长歧视甚至暴力。

此外，许多人会本能地维护既有权力格局，对少数人发起的挑战保持警惕，态度上也更倾向于保守。

社会创新与变革，通常是由少数人发起的。他们不断挑战传统、挑战权威、挑战大多数人既有的认知，最终才有可能促成社会进步。但挑战的过程中，一些人很容易犯一种错误，就是用**实然否定应然**。

> 💡 **实然与应然**
>
> 实然：一件事实际上是怎么样的。例如，上课时学生没有专心听讲。
>
> 应然：一件事应该是什么样的。例如，上课时学生应该专心听讲。
>
> 实然往往是对现实的事实陈述，应然在表达一种对理想状态的追求。

大多数人或许做得不对、不够好——但是，事实就是这样。作为少数派，你无法改变多数人的看法，你的努力会被多数人的错误所冲抵。那么，你做这些又有什么意义？

例如：“你别做垃圾分类了，没有意义。极少有人对垃圾进行分类，大家都是随便混着乱扔的。”

多数人怎么做，是现实，这是实然层面。理想状态下，应该怎么做，这是应然层面。当多数人的行为与你对应然的理解不一样时，该怎么办？

常见的犬儒主义者怀疑一切，觉得做什么都没有意义，这些人内在的思维逻辑是：用实然中的不理想、多数人事实上的观点和行动，去否定少数人追求理想（应然）的努力。但正因为大多数人做得不够好，才需要更多的少数派更加执着地坚持。

◎ 学会思考：用批判性思维做出更好的判断

　　一个人要保持自己独立的判断，就事论事，不要盲目从众。但从众有一定的正确概率，可以节约我们的认知成本，而且作为社会动物，我们有一种近乎本能的从众心理，各种正式或非正式的心理、制度压力，让我们更容易服从社会的主流规范。在很多场合中，我们的直觉很容易被蒙蔽，不假思索地以公众的、传统的做法，替代独立思考，决定我们的言行。批判性思维所强调的"对思考的再思考（Rethinking of the thinking）"，就要求我们有意识地运用理性、推理，审视我们出于从众的本能而接受的一系列观点。

　　具体应该怎么做？

　　每当看到类似的句子，或者自己即将脱口而出类似的话——"别人都这样，你为何不这样？""大家都这样说，肯定有道理！""你应该这样做，因为大家都这样做"的时候，先问自己下面这些问题：

- 大家是否都真的在说、在做？这真的是个传统吗？
- 正在谈论的这个议题，对大多数普通人而言是否存在认知门槛？

　　如果不存在认知门槛，是普通人可以轻易做出对错判断的议题，不妨"诉诸大众"以节省自己的认知成本。但在相对重大的议题上，需要就事论事地多问一句为什么。"大家都这样说，肯定有道理"——这个道理是什么？做一件事，肯定一个观点，最终是因为它所包含的道理，而不是因为大家都这样、传统就这样。

　　例如，你根据点评类网站或应用上的评分选择餐厅宴请重要的客户。直接看分数、排名，你可能能够选到一家不错的餐厅；但也可以再进一步，去看餐厅的评论详情，了解为什么会有高评分，以更好地判断这家餐厅是不是最适合你的选择。

- 要警惕多数人的偏见与傲慢。

　　面对一些涉及少数派的议题，我们在判断时还要警惕：这个多数人认可的观点，有没有侵犯少数人的基本权利、有没有用实然去否定应然？

例如，现实社会中大多数人确实都没有进行垃圾分类。我们可以有意识地在应然层面多问自己一句，那应不应该推广垃圾分类？这样的问题可能成为我们探究的起点，在中国社会有没有可能实现垃圾分类？是否有成功的案例？成功的关键是什么？国外的经验有哪些值得借鉴？我们具体可以做些什么支持垃圾分类？……

我们生活的世界，充满了多数人的偏见。反思成见、定见，保持自己的独立思考，保持自己对于应然世界的坚持和追求，我们才有可能生活在一个更加宽容和多元的世界。

不符合充分性的谬误

要做出一个充分的论证，并不是一件容易的事。在第 5 章中，我们说到了面对不同层面的问题进行推理时，容易出现不充分的情况。

是什么：以偏概全，试图用个案推导出具有普遍性的规律，忽略了其他的反例。

怎么样：在评价某个事物时，只看到好的一面，没有看到坏的一面，抑或相反。又或者只从某个角度看到好坏，没有考虑另一个角度的利弊，没有全面评估权衡。

为什么：在解释某个现象的时候，忽略了其他可能的原因，认定自己看到的原因就是真正的原因。

怎么办：没有充分考虑自己采取的手段有何利弊，或忽略其他可能的手段，未将不同的解决方案进行充分比较。

从第 7 章开始，在介绍如何构建更充分的论证时，我们将逐一分析这些不充分的谬误。在本章中，我们重点介绍一个常见且令人啼笑皆非的谬误：滑坡论证。

> 我必须开始努力了，如果我不努力，成绩就上不去；如果我成绩上不去，就会被家长骂；我被家长骂，就会失去信心；失去信心，就会读不好书；读不好书，就不能毕业；不能毕业，就找不到好工作；找不到好工作，就赚不了钱；赚不了钱，就会没钱纳税；没钱纳税，国家就难发工资给老师；老师领不到工资，就会没心情教学；没心情教学，就会影响我们祖国的未来；影响祖国的未来，中国就难以腾飞，中华民族就会退化成野蛮的民族。

如果一个小学生不努力学习，就会对国家发展造成威胁？这篇"史上最牛小学生作文"以"极其严密"的逻辑走红网络。但这样制造不必要的恐慌，就是滑坡论证的作用。

滑坡论证的典型形式是："如果发生A，接着就会发生B，接着就会发生C，接着就会发生D……最终就会发生Z"，而后通常会明示或暗示地推论"Z不应该发生，因此我们不应允许A发生"。A至B、B至C、C至D……其间的因果关系就像一个个"坡"，从A推论至Z的过程就像在滑坡。

滑坡论证的破绽在于，**事件不一定按照线性的推论发生，而是有其他的可能性**。例如，"如果我成绩上不去，就会被家长骂"——成绩上不去，每次都被家长骂？有没有可能爸爸妈妈不会骂反而会安慰"我"，积极为"我"辅导课业？"我被家长骂，就会失去信心"——每一次被骂"我"都信心低落？有没有可能反而会发愤图强？每一层的可能性都被放大，最后层层滑坡，形成"史上最牛小学生作文"。在每一层推理时都没有**充分**考虑其他的可能性，这样的论证便是**不够充分**的论证。

这样的论证不仅存在于段子里,也真实存在于我们的日常沟通或公共对话中。

例如,有人提出过这样的观点:

> 你现在还不结婚,适龄的好男人就被抢光了;找不到好男人结婚,你只能孤独终老。

不结婚,是否真的因为找不到合适的伴侣?没有伴侣,我们是否就无法过上充实、有依靠的晚年生活?如果我们因为相信这样的论证,而违背自己的初心,盲目走入一段仓促的婚姻,就有可能得不偿失。

不过,**并不是所有的连续推论都是滑坡论证**。一些推论之间的因果关系比较强,可以比较顺利地推出最终结论。或者即使事件发生的概率较低,但低概率的事件一旦发生后果便无法挽回,这样的推论起到警示作用,也是可以接受的。

例如,"司机一杯酒,亲人两行泪"。喝酒,即便是少量的酒精,也会显著地影响人的大脑判断——这是世界各国严厉打击酒驾、醉驾的原因之一。喝酒驾车很可能会出车祸,当然不一定就会发生致命的恶性车祸。但是,一旦发生恶性车祸,后果就会极其严重,亲人也必将痛不欲生。在这个推理链条上确实有一定的措辞夸大,但这样的夸大能有效警示酒驾、醉驾的危险。因此,这个推理在法律政策上被接受了。

当我们遇到一个从 A 推导到 Z 的论证,应该如何应对?

- 注意绝对化的表述。在推理时非常绝对地表达,如"当什么发生,就会如何""必然会如何""一定会如何"——多半存在对可能性的夸大。
- 出于"善意原则",我们需要理解在日常生活中一些绝对化用词其实表达的也是一个概率——很有可能会发生某事,而非必然会发生某事。此时,就需要思考有无合乎情理的例外,以指出某事发生,也有可能会出现其他结果。

• 在日常生活中，注意不要钻牛角尖。如果推理的结果符合常识，即便存在一些小概率的例外，也可以大致接受。同时也要意识到，关乎生命安全等的重要方面，滑坡论证对因果关系有所夸张，但能起到良好的警示效果。

总结

低质量的论证，往往无法通过 ARG 三标准的检验。

一个论证的理由是虚假信息，或是尚有争议的观点（即不当预设），则很难被接受。在不当预设中，非黑即白又是最为常见的一类谬误，要意识到黑白之间还有大量的灰色空间可供选择。

论证中最常见的"不相关"，一类是偷换概念乃至转移话题，另一类则是错误诉诸。考虑一个人说话的背景、考虑大多数人的做法有一定合理性，但是需要辨析什么是不合理的诉诸人身或诉诸大众。

不充分的论证类型很多，本章重点介绍了"滑坡论证"。在接下来的章节中，我们还会区分不同类型的论证，介绍论证时可能出现的不充分的谬误。

练一练

1. 你认为以下四句陈述中，哪些存在"错误诉诸"的谬误？

A. 老王这个人我是知道的，特别老实，从不撒谎。他指控他老婆小马出轨，这事我绝对相信他。

B. 她们指控我性骚扰简直荒谬。两个举报人我认识，一个有过好多男朋友，另一个刚离了婚。

C. 我觉得这篇说空心菜是"毒蔬菜之王"的文章可信度不高，文章的信息源是个养生营销号，发的消息经常被媒体辟谣。

D. 照顾孩子这件事，我妈比你有经验多了，她可是一个人把三个孩子拉扯大了。你这刚怀孕，啥都不懂，得多跟她学学。以后养孩子的事啊，你还是要尽可能按我妈说的做。

2. 以下推理是滑坡论证吗？你会如何回应？

如果你不好好准备这次考试，就没法考进最好的实验班；进不了实验班，根本就考不上好大学；那你怎么能找得到好工作？你就等着扫大街喝西北风吧！

▶ 练习讲解

1. 参考答案：ABD。

A 选项：我们判断一个人说的话是否可信，他的信誉度确实是一个相关的、要考虑的因素。不过，老王真的"从不撒谎"吗？这么绝对的表述，可能是我们首先需要质疑和警惕的。即便我们基于善意原则先接受这个理由，相信老王确实是个诚实的人，但也需要注意，对这种信誉度的信任不可绝对化。因为老王信誉度好，所以他说的话我都相信。这样的思考方式过于绝对，犯了错误诉诸的谬误。尤其是亲密关系中，双方发生误会，也是很常见的现象。要不要相信老王的指控，还需要看老王是否有自己的理由和证据。

B 选项：要否认一个性骚扰指控，被指控者可以澄清相关事实，或者指出对方逻辑的不自洽之处、对方证据的不可靠之处。但这个选项中的当事人，选择的是攻击对方的名誉，以此降低其指控的可信度。这样的策略有两个问题：

第一，就算对方谈过多个男友、已经离婚，也并不是什么丢人的、有损名誉的事，以此攻击对方名誉并不成立。

第二，无论受害者有什么人身背景，只要是违背当事人意愿的肢体接触或性接触，都将构成性骚扰或性侵犯，与对方人身背景不相关。

C选项：我们判断一条消息是否可信，信息源的可信度是重要的判断因素。一个信息源发布的信息总被辟谣，自然会降低其可信度。C选项的表达相对谨慎，并不存在绝对化的问题，因此是有道理的，并非错误诉诸。

D选项：这句话最大的问题同样是绝对化。在带孩子这件事上发表的观点可靠与否，当事人是否有实践经验，确实是一个相关的、需要考虑的因素。但并不是说，带过三个孩子的老人就一定比新手妈妈更可靠。老人可能有一些陈旧的、不可取的观念；新手妈妈也可能积极学习育儿知识，在某些问题上有更高明的见解。

2. 这样的推理可能很多人在成长中都曾听到过。

在这一推理链条中，有合理的推理，也有夸大的地方。我们可以一步步看：

（1）不好好备考，就无法考进实验班——确实存在裸考超常发挥的情况，但这种情况并不多见。如果将原话中的"如果……就……"理解成一个大概率事件，或许可以接受：不好好备考确实有比较大的可能发挥不好、无法考进实验班。

（2）考不进实验班，就考不上好大学——这既取决于如何定义"好"大学，也要看这所高中的平均水平。从概率和常识上来讲，聚集了大量尖子生的实验班，确实有更高的概率考出优异的成绩，有更多的学生被精英大学录取。但如果这所高中的平均分数较高，即使不上实验班，也可能可以考上好大学。

（3）考不上好大学，就找不到好工作——在当今的就业市场上，毕业院校与工作之间确实有着较强的关联。尽管也有不少普通学校学生"逆袭"的案例,但精英院校毕业的学生确实更容易找到一份相对来说还比较不错的工作。

(4)找不到好工作,生活就无着落——这仍然取决于如何定义"好"。即便无法获得那些精英化的职位,这个社会还有大量的普通工作、普通岗位,同样可以给普通人提供一份体面的薪资、一个实现理想和价值的空间,并不至于让一个人生活无着落。这一环节,存在着明显的夸大。

可见,这段话确实是一个滑坡论证,但在推理的过程中也有合理的地方。在日常对话中,我们需要理解说话人——通常是我们的父母,他们的苦心所在。我们要好好学习,认真备考,对自己负责。但是是否只有精英院校、精英工作才有前途可言?发挥自己的特长和价值,找到适合自己的成长之路,找到自己真正热爱的事业,或许才是比某一次考试更加重要的事情。

| 第 7 章 |

如何洞察事物背后的规律？

- 如何发现、提炼事物背后的规律？
- "贴标签""开地图炮"等行为有没有问题？
- 基于大数据的统计研究，对普通人的日常生活有什么意义？

近期，某直播平台的营收有所下降。老板让运营部门的专员大牛做一个用户调研并提供一份用于内部会议讨论的分析报告。

该直播平台入驻了很多主播。主播在平台上直播自己的生活状况、表演才艺，以得到关注、打赏或礼物。用户给主播送虚拟礼物时，这些虚拟礼物会转化成平台的实际收入。花大笔金钱买虚拟礼物的人，被称为"大客户"。平台会组织一些活动鼓励用户购买虚拟礼物，比如让一些主播比赛跳舞。

已有数据显示，作为平台主要收入来源的大客户，其人数和活跃程度均有所下降。老板认为，这是因为平台提供的内容或是运营服务让他们不满意。他想了解用户对什么不满意，以及更希望得到什么样的内容和服务。

大牛接到任务后，设计了一份调查问卷。问卷分为三部分，围绕以下话题设计了一系列问题：对平台推送的各类内容的兴趣度；对平台各种运营活动的评价；对大客户服务的满意度。

在当月用户最活跃的时间段，大牛在直播平台上向全体用户推送了问卷，设置了回答问卷的小奖励。

很快，大牛收回了问卷。但他有点郁闷：用户反馈整体是满意的，三个部分的反馈都没出现明显问题。既然没发现问题，分析报告该怎么写？

本质洞察

为什么大牛无法写出分析报告？问题出在他的市场调研上。

首先，他设计的问卷有三部分，但每部分针对的人群是不一样的。例如，只有大客户才享受过大客户服务，但向全平台推送问卷的时候，大客户很可能不在乎小奖励，很少回复问卷。其他用户没有体验过大客户服务，这部分的回复就会很随意，从而影响调研结论。

其次，大牛选择用户活跃度最高的时段推送问卷，初衷是想得到尽可能多的回复。但在这个时间段接收并回应问卷的用户，大多数是这个平台的活跃用户。他们本身就对平台的内容、服务相对满意，所以才会持续活跃。大牛无法得到那些不再活跃的、流失的用户的数据，也就没法了解他们为什么不再活跃以及对什么不满意。

因此，大牛得到的调研结论并不真实准确。

大牛的调研目的是洞悉用户，特别是大客户的行为偏好。在生活和工作中，你也有这种需要了解某个群体的偏好、特质或行为规律的时候吗？

例如，你要宴请来自四川的客人，就需要了解四川人的口味偏好；在跳槽求职时，你可能想知道同等资历、相似岗位的人的薪酬水平，以调整自己的预期；当你或者家人罹患某种疾病时，会想知道这种疾病的预后情况、通常都使用什么样的治疗方案、某种治疗方案的普遍的疗效如何……如果你的工作也像大牛一样，涉及市场调研、用户调查，更是会频频遇到类似的难题：怎样才能准确地提炼出某个群体、某类事物的规律、特点呢？

解决方案

要总结某个群体或者某类事物的规律、特征，就需要使用一种基本但重要的方法——归纳。

什么是归纳？

归纳是一种从"已知"推测"未知"的推理方式：基于自己已有的信息、经验，对未知的事情进行预测、推导。这是人认识世界的一种非常重要的方式。

> **归纳论证**
>
> 归纳论证有一个典型的例子：每一天中太阳都会升起来，所以明天太阳也会升起来。——明天对我们而言是未知的（明天的太阳会否升起），但我们可以通过已有的经验（以往每一天太阳都会升起），对明天要发生的事情做出预测（明天太阳也会升起）。但归纳论证也是有局限的，因为已知、已发生的情况并不能保证未知、未发生的情况一定会和人们预测的一样。例如，在发现黑天鹅之前，人们一直以为天鹅只有白色的。

在日常生活中，有三种常见的归纳方式。

1. 统计归纳

这是科学研究常用的方法，**指通过统计学的方法筛选出样本，观察样本的特点，以此推断出整体的特点。**

如果用论证的格式来表达，就是这样的推理过程：

> 理由：样本 S_1 中有 N％具有特征 P。
> 结论：很可能对应的总体 S 中有 N％具有特征 P。

统计归纳是相对可靠的了解事物规律的方法。

回到这一章大牛的例子。设想这个直播平台有 30 万用户，我们不可能了解每个人的想法。如果随机选择 200 人，其中 20 人对平台的服务很不满意，那么比例是 10%。基于统计归纳推断出 30 万用户中，对平台不满意的用户比例也是 10%。

推理如下：

> 理由：200人样本中，10%的人对平台的服务很不满意。
>
> 结论：在30万人中，可能有10%的人对平台的服务很不满意。

随机抽样是一种最常见的选择样本的方法。但如果用户间差异较大，则需要把用户分类，在同一类别中再随机选择——这样可以确保样本的结构组成与总体保持一致。这种抽样方式也被称作**分层随机抽样**。

具体做法如下：

第一步，用户分类。在大牛的案例中，可以从两个维度对用户进行分类：一是根据用户消费的金额，将用户分为大客户和普通用户；二是按照活跃度，将用户分为仍活跃的用户和已流失的用户。我们可以把这两个维度画成一个象限图：

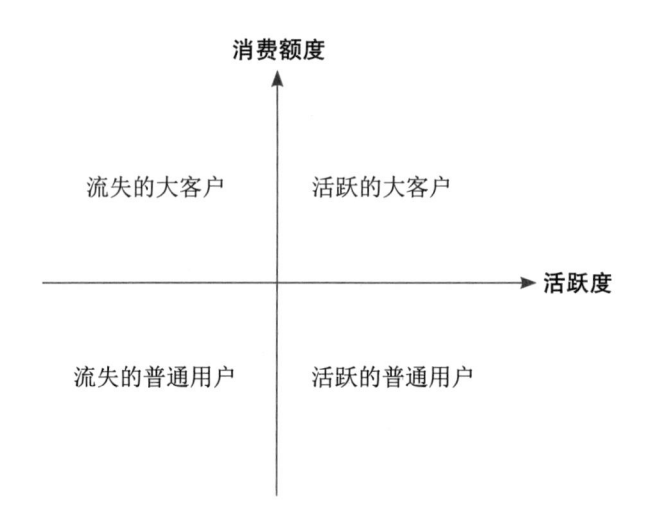

```
              消费额度
                ↑
                |
  流失的大客户    |   活跃的大客户
                |
────────────────┼──────────────── → 活跃度
                |
  流失的普通用户  |   活跃的普通用户
                |
```

第二步，设计调研内容。针对不同类型的用户设计合适的问卷内容。例如，对于普通用户，就不需要再询问大客户服务相关的问题。

第三步，设计获取信息和数据的方式。针对不同用户群，我们可以从中随机抽取调研对象。但问卷想要触达对方，需要我们找到精准投放的渠道和方式，设定不同的激励机制。这就需要我们了解每一类用户的基本特点。

比如，大客户很可能并不在乎小奖励，小奖励对大客户主动填写问卷的激励作用不大。这时可以通过负责联络大客户的部门，主动去寻找大客户，做一对一的调研访谈。针对已经流失的普通用户，可以定向地向随机抽出的样本账户推送调研问卷。但一些流失用户可能已经不再查看账户，这就需要我们通过人工电话访问等方式来补充样本。又如，针对仍然活跃的普通用户，我们可以根据他们以往的消费金额，配不同比例的礼包，吸引他们填写问卷。

当然，这样的抽样和调研方法成本比较高，在现实中也需要我们权衡利弊，选取合适的样本数量和研究重点。像营业收入这种对公司发展至关重要的关键问题，多花一些时间调研是值得的。

2. 枚举归纳

枚举，即举例子，也就是从列举的例子中归纳出规律，它是很多人认识世界的主要方式。从经验和观察出发，评论某个人或者某个群体的性格、品质或言行特点，往往都是在做枚举归纳。

如果用论证的格式来表达，其推理逻辑如下：

> 理由1：S_1 有特征 P。
> 理由2：S_2 有特征 P。
> ……
> 理由n：S_n 有特征 P。
> 结论：（很可能）（部分）S 都有特征 P。

例如，你给孩子辅导过近百次作业，大多数时候他都磨磨蹭蹭，由此得出结论"这个孩子做作业很磨蹭"。

> 理由1：这个孩子第一次做作业很磨蹭。
> 理由2：这个孩子第二次做作业很磨蹭。

> 学会思考：用批判性思维做出更好的判断

> ……
> 理由 n：这个孩子第 N 次做作业很磨蹭。
> 结论：这个孩子做作业很磨蹭。

你认识十几个天秤座的人，他们做事总是犹豫不决，归纳出结论"天秤座的人做事犹豫不决"。

> 理由1：我认识的第一个天秤座的人做事犹豫不决。
> 理由2：我认识的第二个天秤座的人做事犹豫不决。
> ……
> 理由 n：我认识的第 N 个天秤座的人做事犹豫不决。
> 结论：天秤座的人做事犹豫不决。

不过，这种归纳的过程经常出错。对比高质量的统计归纳，枚举归纳的问题主要是：**枚举归纳的例子常常是不充足的**。它总是依赖有限的经验，而试图对庞大的整体做出概括。因而我们需要对结论保持警惕。在后面的"注意事项"中，我们还将进一步讨论枚举归纳的问题。

例如，在直播平台这个例子中，大牛收到五个用户的反馈，说平台一天有三场直播活动的推广，频次太高了，感觉被骚扰。

这五个用户的反馈有一定的价值，可以根据反馈信息开展进一步的调查，或者尝试做些调整改变。但是，"五个用户"或"有的用户"的感受，并不能说明"大多数用户"或者"所有用户"都有这样的感受。

在通过枚举归纳得出结论时，要谨慎地选择程度副词。"全部、都、总是、绝大多数、大多数、多数、少数、有些、罕见"——它们代表不同的程度。当基于有限的观察和经验，用枚举归纳得出结论又没有更严谨的统计归纳提供支持时，我们应该尽量严谨一些，尽量使用"有些时候""有的人""某些情况下"等限定词。个案有一定的价值，但也不能夸大它们的价值。

例如，上面的两个枚举归纳，相对更严谨的表达应该是：这个孩子做作业很磨蹭；**我认识的一部分**天秤座的人做事犹豫不决。磨蹭和犹豫不决都是模糊的概念，这两个观点依然可能存在其他问题，此处暂不展开。

3. 类比归纳

类比，指的是将两个事物进行比较。**类比归纳**，或称**类比论证**，是指从两个事物在一个或多个方面的相似性，推断出这两个事物在某个其他方面也具有相似性。如果说枚举归纳是从个案推导整体，那类比归纳则是从个案推导个案。

用论证的格式将类比归纳的逻辑表达出来，如下所示：

> 理由1：事物X和Y，具有相同或相似的属性P1。
>
> 理由2：事物X和Y，具有相同或相似的属性P2。
>
> 理由3：事物X和Y，具有相同或相似的属性P3。
>
> ……
>
> 理由n：X有属性M。
>
> 结论：Y也应该有属性M。

这样的表格或许更有利于理解记忆：

	X	Y
相似属性	P1 P2 P3	P1 P2 P3
新的属性	M	（也应该有）M

类比归纳可以帮助我们更好地认识世界。鲁班发明锯子的传说就是一个典型的例子：

学会思考：用批判性思维做出更好的判断

鲁班是我国春秋末期战国初期的能工巧匠。根据民间传说，有一次鲁班上山伐木，他的手被路旁的一棵野草划破，鲜血直流。他对野草仔细观察后，发现叶片的两边长有许多小细齿。他想：若用一些材料做成带小齿的工具，像这棵野草一样，是否也可"划"树呢？于是，鲁班发明了锯子。

锯子的发明过程就是这样一个基于类比归纳的推理：

理由1：如果一个东西（锯子）(Y)和野草(X)的边缘都有细齿(P)
理由2：野草(X)非常锋利(M)
结论：这个东西（锯子）(Y)也会很锋利(M)

	野草	要发明的东西（锯子）
相似属性	边缘有细齿	边缘有细齿
新的属性	非常锋利	（也应该）非常锋利

回到大牛的用户调研，他可以如何运用类比归纳洞察用户的偏好？

设想直播平台有两个大客户，都是某个主播的粉丝，每月在平台上消费的金额也差不多，他们也都是游戏迷。如果运营专员分析其中一个大客户的消费习惯，发现他喜欢在某游戏主播使出绝杀技后大额打赏。通过类比归纳，可以推出另一个大客户——或者其他具有同样特征的大客户可能也会有这样的消费习惯。

| 第 7 章 | 如何洞察事物背后的规律？

理由 1：客户 X 和 Y，都喜欢某主播（P1）
理由 2：客户 X 和 Y，有着相似的消费习惯（P2）
理由 3：客户 X 和 Y，都是游戏迷（P3）
……
理由 n：X 喜欢看绝杀技并打赏（M）
结论：Y 很可能也喜欢看绝杀技并打赏（M）

	客户 X	客户 Y
相似属性	喜欢某主播，喜欢冲动消费，喜欢某游戏	喜欢某主播，喜欢冲动消费，喜欢某游戏
新的属性	喜欢看绝杀技并打赏	（应该也）喜欢看绝杀技并打赏

注意事项

归纳是从已知推导未知。**人的认知有限，在归纳时我们需要时刻保持谦逊与谨慎。**

上述三种常见的归纳论证，都很容易出现一些问题。

1. 样本偏差

统计归纳常见的问题是：样本不能代表整体，样本存在偏差。

有一个"二战"时的真实案例体现了"幸存者偏差"的存在，该案例也是 2018 年高考语文全国二卷的作文题目。

"二战"期间，为了加强对战机的防护，英美军方调查了作战后幸存飞机上弹痕的分布，决定哪里弹痕多就加强哪里。然而统计学家亚伯拉罕·沃德（Abraham Wald）力排众议，指出更应该加强弹痕少的部位，因为这些部位受到重创的战机，很难有机会返航，而这部分数据被忽略了。事实证明，沃德是正确的。

在本章开头，大牛设计的问卷及推送方式，就存在着这样的幸存者偏差——活跃的用户（幸存者）才会接收、回应问卷，流失的客户则无法表达他们的不满。

那如何才能做出一个高质量的统计归纳，有效避免幸存者偏差？有两个基本标准：

样本的数量要足够；

样本能较好地反映被研究总体的特征。

（1）样本数量

高质量的统计归纳，样本应该达到一定的数量。样本量过小，就只能代表一些个体的情况，很难从个案推导出整体的情况。

那么，样本多少才算合适呢？关于这个问题，没有标准答案。

根据《概率与统计》中提到的中心极限理论（central limit theorem），一般来说，样本量达到 30，样本均值分布可以近似正态分布，研究相对更可靠。但样本量超过 30 并不保证研究可靠，只是说如果样本量不到 30，对研究结果尤其需要存疑。

一般来说，在其他条件相似的情况下，样本数量越大，研究的可信度越高。所以，当看到基于统计归纳的研究时，应该习惯性地先了解样本数量是多少。

（2）样本的代表性

同等重要的，还有样本的代表性。也就是和结论有关的因素、特征，在样本中的分布情况应该与在总体中的分布情况保持一致。

一个典型的例子是 1936 年的一项调查。美国的《文学文摘》在总统选举前做了一项民意调查问卷，调查结果与最终实际选举结果相差极大。调查者向一千万人发送了调查问卷，回收了两百万份有效结果。样本量虽然巨大，但问题在于，抽样的方法是在电话号码簿和汽车注册名单中选取被调查的对象。而那时，电话和汽车都是奢侈品，这意味着相对贫穷者被排斥在样本之外。样本与真实选民的阶层构成发生了重大偏差，即出现了样本偏差。

想要避免样本偏差，就需要使用随机抽样和分层随机抽样等更为科学的方式。因此，面对基于统计归纳的研究，我们应该了解研究者的抽样方式。

2. 过度概括

枚举归纳最典型的问题就是过度概括。

这种过度概括，在日常生活中最典型的例子便是"贴标签"。

"大龄未婚女多半性格有问题""东北男人多是大男子主义""名校毕业生工作能力都很强""凤凰男的性格都有问题""美国人的性观念都很开放""天秤座的人做事就是犹犹豫豫的"……

这些话都是在对某一类人的特征进行归纳总结，为某一类人贴上一些标签。很多人喜欢"贴标签"，因为这可以帮我们节约筛查成本、提高效率。当我们面对一个陌生人或陌生事物时，迅速分类贴好标签，从脑子里调出他们的类别特征，经过一番简单推理，对方的兴趣爱好、性格特征就能猜得八九不离十。很多时候，人们也乐于给自己贴上一些标签——迅速将自己类型化，不仅便于寻求归属感，也能让别人更快地认识自己。

运用合理的标签确实能提高认知的效率。但一个合理的标签，应该基于**相对严谨的、高质量的统计归纳**。换句话说，标签不应该基于个人有限的经验，或者缺乏数据支撑的二手信息。

但是，人们的思维经常会偷懒，认知也常常存在局限。人们经常会基于

学会思考：用批判性思维做出更好的判断

自身有限的经验，做出武断的概括。在枚举归纳中，如果将个体或局部的特征不适当地延展至整体，就会造成过度概括。

以星座为例。天秤座的人身上"犹豫不决"的标签真的符合事实吗？

多年来，很多人试图从统计上证明星座理论，但无一成功。《怪诞现象学》（How to think about weird things : Critical thinking for a new age）一书详细列举过一些相关的研究。

> **科学家与占星学**
>
> 1977年，麦克哲维统计了16,634位科学家和6,475位政治家的出生信息，星座理论认为他们应该并非普通人，应该集中在某些星座中。但研究者没有找到他们与星座的联系，其中还有相当比例的人是处女座——而在星座理论中，处女座被认为缺乏领导力。
>
> 加州大学的研究者卡尔森则做了一个双盲实验。他找了30个欧美著名的占星者，发给他们116个被试的信息，包括出生信息和3份人格描述。这3份人格描述，其中一份是由人格特质标准测试产生的真实答案，另外两份则是随机生成的内容。占星者从3份人格描述中选出自己认为和被试出生信息匹配的一份，但结果显示其正确率只接近于猜测的概率。

为什么星座理论没有统计数据支撑，却如此受欢迎？一般有以下几种解释：

- 它对某些现象的解释，削弱了个体的责任（我的星座决定了我是这样的人，而非因为我不够努力、不够自律）；
- 它提供了一种群体归属感（原来这个星座的人都会这样啊）；

- 很多描述非常宽泛，以至于适用于大多数人，甚至每个人。

此外，认知偏差也可能不断强化缺乏科学依据的错误标签。你可能确实认识十几个做事犹犹豫豫的天秤座的人。但在归纳时，你会不会忽略那些做事同样犹犹豫豫的其他星座的人，或者对那些做事雷厉风行的天秤座的人视而不见呢？

这就是我们在第 1 章提到的"确认偏差"：**人们会选择性地搜集、寻找能支持自己观点的证据，有意识或无意识地更关注对自己的观点更有利的信息，忽略不利信息，甚至将已有的信息向支持自己观点的方向解释。**

然而，无论是在饭桌上还是在网络上，基于性别、地域、学历、职业、阶级、种族、民族、星座属相等，"某一类人就如何"的武断结论非常常见，无时无刻不在影响人们的认知，滋生偏见，助长歧视。

当人们接受了这些不合理的结论、使用不合理的标签来做选择时，就会引发更多的社会问题和伤害。如果我们相信天秤座的人大多数犹豫不决、东北男人都脾气暴躁，并带着这种偏见去相亲、交友，就可能让自己错失结交恋人、挚友的机会。在招聘中，如果企业直接用标签作为筛选标准——认为某个星座的人不果断、某个省份的人不诚实、某个学校毕业的人能力都不合格，就是典型的就业歧视，不仅伤害应聘者的合法权益，也会导致招聘者很难找到真正匹配的人才。

当我们基于有限经验对某个群体进行归纳概括时，应该尽量保持谦逊。

在无伤大雅的玩笑场合，我们可以为对方或自己贴上一些标签。但在严肃场合，应该多使用限定词以提升自己表述的严谨性，或有意识地寻求统计归纳得出的数据来支撑自己的结论。

3. 不当类比

高质量的类比归纳，应该符合评价论证的三个标准。

	可接受性	相关性	充分性
类比论证	两个比较项之间确实存在相似性	相似的特征和结论中得出的新的特征相关	二者有大量与结论相关的相似性；或者二者差异性较少，且差异性和结论不相关

听起来似乎有些抽象？

让我们回到鲁班发明锯子的例子。

理由1：如果一个东西（锯子）（Y）和野草（X）的边缘都一样有细齿（P）
理由2：野草（X）非常锋利（M）
结论：这个东西（锯子）（Y）也会很锋利（M）

	可接受性	相关性	充分性
锯子与野草	二者之间确实存在边缘有细齿这一相似性（P）	有细齿（P）这个特点，与物体是否锋利（M）、能否割破东西确实相关	虽然锯子和野草也有很大的差异，比如材质不同、软硬度不同、颜色和形态不同，这些差异会影响锋利的程度，比如野草只能割破柔软的皮肤，不能像锯子一样锯断木头，但是这些差异并不会影响锋利这个特点本身

可见，这是一个质量还不错的类比归纳。

现实生活中有很多类比归纳，往往会在充分性上出问题——关注到了两个事物之间相似的地方，却忽略了它们之间的差异，以及这种差异对结论的巨大影响。

例如，我们可能从小到大都遇到过"别人家的孩子"，甚至也经常拿自己的孩子和别人家的孩子作比较。

> 你看小思学习那么好，你俩从小一直在一个班，放学后也经常一起做作业，她上的补习班我也都给你报名了，她一年级考试成绩还比你低，为什么现在你和人家差这么远？

这段话的论证结构是：

> 理由1：你和小思从小在一个班（P1，同样的老师和学习内容）。
>
> 理由2：你和小思经常一起做作业（P2，共同的学习时间）。
>
> 理由3：你和小思上同样的补习班（P3，同样的老师和学习内容）。
>
> 理由4：小思学习好（M）。
>
> 结论：你也应该像小思一样学习好（M）。

这个论证中，P1、P2、P3这些相似点确实和学习好坏有一定关系，但这个孩子可能和小思有很多差异，这些差异可能对学习的影响更大，却没有被考虑。

例如，两个孩子的家庭教育环境不一样、遗传基因不一样、性格特点不一样、现有的学习方法和习惯可能不一样、自信程度可能也不一样……这些，都会显著影响学习成绩。

把自己的孩子和别人家的孩子作类比，是典型的不当类比，推理的过程是低质量的类比归纳。

应用场景

如果你的工作和学习并不涉及学术研究、市场调研等场景，了解归纳论证及一系列的推理谬误还有意义吗？

答案是肯定的。在日常生活中，归纳论证可以说无处不在，影响我们的认知和决策。

1. 日常阅读

当我们接收各种资讯时，要不要相信某个结论、要不要转发分享某篇文章，需要有意识地审视对方的样本量是否足够、是否存在归纳论证时的各种偏差。

我们经常会看到一些"鸡汤"类的文章，从"我有一个朋友""我还有一个朋友"，就试图推出某些"普世箴言"。作者用"朋友"的例子讲道理，不仅样本量不足，也往往会因阶层、职业、文化背景而存在代表性的偏差。

有不少低质量的文章，喜欢用片面的事实得出耸人听闻的结论。就像这条新闻：一些自媒体称北京的某写字楼风水不好，而被楼盘的老板以侵犯名誉权告上法庭。为什么说该写字楼风水不好呢？这些自媒体作者发现，大量入驻该写字楼的互联网创业公司都倒闭了，由此声称该楼盘"不聚气"。但真正的原因是什么呢？其实是该写字楼的格局非常适合小型互联网创业公司，当这些公司发展壮大后，就会寻找更大面积的办公室。留下的小公司，自然有更高的倒闭概率。这种归纳论证忽略了市场竞争中的"幸存者"，只看到"遇难者"——也是典型的"幸存者偏差"。

2. 日常表达

如上文所说，当我们试图从自身经验进行归纳总结时，需要有意识地限定结论应用的范围，使用"据我观察""在我接触到的人中""在我了解的情况中"这类语句，并且尽量使用"有一部分""某些""有可能"这样的限定词。尤其需要注意的是，我们不能根据有限个案，就对某个群体或某个人做出草率的判断。

日常生活中我们说话也要如此严谨，确实是有些累人。但是不够严谨地表达观点，会给我们的生活带来诸多负面影响。

不妨来看一些常见的例子：

例1：

你怎么总是这么磨蹭？这么点儿作业做了一个小时了！你看班里的婷婷，她妈妈说她每天只用半个小时就把作业都做完了。

这样的抱怨、指责，在生活中是不是很常见？在这短短几句话里，有两个归纳论证。

第一个归纳论证，"总是这么磨蹭"，这句话包含着枚举归纳。家长可能是见过太多次孩子做作业磨蹭而得出这个结论。但这样的结论，很可能是有问题的。

一是，这段归纳论证并不准确。孩子可能做数学作业慢一些，但学习科学或做喜欢的手工效率很高。"总是这么磨蹭"可能把问题夸大，这会让孩子感到不公允。

二是，容易让孩子陷入"标签效应"。在这样的标签下，孩子会认为自己就是很磨蹭。接受这样的心理暗示后，孩子的行为可能会不由自主地向着标签的定性发展，变得越来越磨蹭。

三是，标签可能让你忽略一些更重要的信息。例如，孩子在什么环境和状态下写作业的效率比较低？孩子遇到哪个学科、遇到哪一类问题时，效率比较低？孩子平均一次能保持专注的时间大约是多少？孩子对什么类型的作业感兴趣或不感兴趣？

当我们放下标签，将情况分类后再使用枚举归纳，就能观察到更具体的细节，得出的结论往往更接近事实；当我们了解了孩子写作业比较慢的原因，就能更好地帮助孩子改善写作业的情况。

第二个归纳论证，和婷婷的对比，包含着"别人家的孩子"式的错误类比。既然两个孩子都在一个班，也是同一个老师，面对相同难度和体量的作业，难道不应该也在半小时内完成作业吗？这样的类比，忽略了孩子个体间的差异，用简单的指责替代了更细致的分析。亲子关系也有可能因为这样的指责变得糟糕。

例 2：

"女司机开车嘛，大家都懂的。"

如果在马路上遇上技术不佳的司机，碰巧发现她还是位女性，我们一定没少听到类似的论断。

将女司机等同于"马路杀手"，认为女司机的驾驶技术远远不如男性、更容易发生事故，这是基于枚举归纳得出的结论。

但事实真的是这样吗？

美国交通部的"交通事故死亡分析报告系统"对于行车事故有一个非常细致的统计。例如在 2017 年，美国的男司机们的里程数是 1.3 万亿千米，女司机们的里程数是 9900 亿千米；男司机们造成的致人死亡的严重事故，一共有 27745 起，女司机们则有 13073 起。

每开一亿千米，男司机有 2.1% 的概率发生致死性事故，而女司机的概率是 1.3%。

但如果关注一些"低级事故",例如将油门当成刹车,情况则有所不同。美国国家公路交通安全管理局(NHTSA)采集了2004年到2008年间报告的2393起踩错刹车和油门的事故,发现这类事故三分之二是女司机造成的。

如果我们用驾驶文明程度作为标准,结论就又不一样了。高德地图曾经采集了一系列用户数据,发现女司机开车的速度其实并不比男司机慢多少(女司机的平均车速为25.51km/h,男司机的平均车速为25.84km/h,女司机仅比男司机低了1.3个百分点),但女司机在急加速、急刹车、超速方面的平均次数均低于男司机。

总之,上面这些研究可能显示出男司机事故率、致死率更高,女司机更容易犯一些操作错误,但女司机的驾驶文明程度更高。如果简单地给女司机贴上"马路杀手"的标签,显然是不够公允的。这样的标签,既是对女司机的污名化和矮化,也在潜移默化地影响着女司机的驾驶信心和驾驶意愿,继而阻碍驾驶能力的提升。

3. 重大决策

在生活和工作中,当我们要根据经验做出一些重要决定时,同样需要有意识地自省:我的某个经验是从哪里产生的?我是基于多大的样本量得出了这样的结论?我有没有忽略其他相反却重要的案例呢?

在儿童白血病救助领域,有一个令人遗憾的现象。儿童白血病是儿童肿瘤中发病率较高的病种,但治愈率也很高。例如在中国,儿童急性淋巴细胞白血病5年以上长期生存率可达70%—80%以上,总体接近90%,已被认为是可以达到治愈目标的恶性肿瘤;急性髓细胞性白血病总体治愈率可达50%—70%,其中急性早幼粒细胞白血病治愈率可达90%以上。

但是,在中国农村,有很多家长在孩子患病初期,就早早地放弃了治疗。之所以放弃，除了费用问题，很大一部分原因是他们以为儿童白血病是无药可治的绝症。这些信息渠道有限的家长，常年从电视上看到的报道都是讲述那些患了白血病的孩子如何凄惨、家庭如何陷入绝境的故事。这就是一个典型的"幸存者偏差"，或者叫作"遇难者偏差"。电视媒体采访报道的，往往都是一些非常棘手的极端病例；媒体很少会去报道绝大多数已经治愈的幸运儿的故事。这些农村家长因为接收到了有偏差的信息，丧失了治疗信心，导致自己的孩子错失治疗良机。

患病的孩子是否应该继续接受治疗？在我们需要做出如此重要的决定的时刻，绝不能简单地依据一些模糊的感觉、印象来判断。咨询专业人士、阅读医学文献，都会给我们提供更全面、可靠的信息。

总结

归纳，是一种非常重要的认识世界的方式，是人们基于自己已有的信息、经验，对未知的事情进行预测、推导。统计归纳、枚举归纳、类比归纳是三种常见的归纳形式。

研究者经常通过高质量的统计归纳进行研究，试图去了解人或事物的规律，了解不同现象之间的关系。学习好的研究方法，警惕样本偏差这一思维谬误，往往能得出更高质量的结论。用这样的结论指引自己的言行或决策，可以让人做出更明智的决策。

枚举归纳，是指从列举的例子中归纳出规律。因为样本数量有限，枚举归纳很容易出现过度概括的思维谬误，从而滋生偏见、导致歧视。我们需要对"贴标签"的做法保持警惕，尽量关注更具体的事实信息，它们往往更能帮助人解决问题。

**类比归纳，是指从两个事物在一个或多个方面的相似性，推断出这两个事物在某个其他方面也具有相似性。高质量的类比归纳并不容易，忽略两个事物之间重大的相异性，往往会导致错误类比。

练一练

1. 你认为下面的调查是否是高质量的调查？如果不是，主要的问题是什么？

> 某美妆公司想要调查16—26岁的中国女性平均每周花多长时间自拍。公司和某个自拍软件合作，在年龄显示为16—26岁的该软件的女性用户群中，随机抽选了2000人，通过后台数据的统计，发现这2000人每天大约花47分钟自拍，也就是每周约花5.5小时自拍。美妆公司由此得出结论，16—26岁的女性平均每周大约要花5.5小时自拍。

2. 你认为下面这段话是否有道理？如果没有道理，主要的问题是什么？

> 你们俩从小一起玩到大，同一所大学毕业，又是同行，他的工资已经是你的三倍了，你怎么就做不到像他那样？!

▶ 练习讲解

1. 这不是一个高质量的调查，主要问题是样本并不能很好地代表调查总体。

研究希望调查的总体：16—26岁的中国女性。

调查内容：平均每周花多长时间自拍。

样本：年龄显示为16—26岁的某自拍软件的女性用户群中随机抽取的2000人。

之所以说样本不能很好地代表总体，最主要的原因是：使用自拍软件的人，可能是总体中更倾向于自拍的人。不自拍或较少自拍的人，很可能没有用自拍软件的习惯。所以调查更可能高估 16—26 岁的中国女性平均每周用于自拍的时间。

2. 这段话的背后，有一个类比归纳：

> 理由 1：你们从小一起玩到大（P1，相似的成长环境）。
>
> 理由 2：你们是同一所大学毕业（P2，同样的教育背景）。
>
> 理由 3：你们身处同一个行业（P3，同样的行业）。
>
> 理由 4：他的工资是你的三倍（M）。
>
> 结论：你也应该拿到相当于现在工资三倍的工资（M）。

这显然是一个成人版的"别人家的孩子"的论述。假定说话人提出的理由都是真实的，成长环境、教育背景、所处行业确实和一个人的工资收入有关，这个论证最主要的问题出在充分性上。

被比较的两个人除了有一系列的相似性，可能还有更多的差异性——学习能力不同、人际交往能力不同、性格特质不同、所处企业的经济效益不同等，都会影响一个人的职场表现，进而影响一个人的职业发展、工资收入。忽略这些重要的差异性进行类比，是一个低质量的错误类比。

| 第 8 章 |

如何愉快地与三观不同的人交流？

- 在评价同一件事的时候，不同的人为何会有截然不同的论断？
- 如何弥合对话者之间的分歧和差异，促进沟通？

小思和大牛是一对恩爱的情侣。

最近，大牛开始使用一款超市的线上购物小程序。买东西一键下单，40分钟内送达，线上平台还经常搞优惠活动，便宜又方便。于是他经常在上面买东西，免去了去超市的麻烦。

小思却反对大牛使用这款小程序。因为她发现即便是很小的东西，商家在送货时也会过度包装，严重浪费资源，极不环保。

两个人为此大吵一架。大牛觉得小思小题大做；小思觉得大牛就知道贪小便宜、自私自利。

你经历过类似的争吵吗？如果你是小思或大牛，会怎么面对这场冲突？

本质洞察

该不该使用这款购物小程序，取决于我们对这款小程序的价值判断。

价值判断，是判断某个事物有没有价值、有什么价值、有多大价值，是我们对一件事好坏、对错、是非、应否的判断。

这样的价值判断会直接影响我们的决策和行动。一件事情，我们觉得对或有价值，就该做；不对或没有价值，就不该做。所以当有人问起，觉得"应不应该做某事""支不支持某件事"的时候，其实就是在"怎么样"层面询问我们具体的观点或看法。

"怎么样"，可以说是"四步法"里最为抽象的一个环节，但又是日常生活中最为常见的一类问题。

好友见面问，你最近过得怎么样？闺蜜问，你觉得我男朋友怎么样？

好朋友咨询，你觉得我的工作怎么样？老板问，你觉得目前的市场环境怎么样？这款产品前景怎么样？在饭桌上闲聊，你觉得某档当红综艺节目怎么样？你对当下的国际形势怎么看？

所有这些问题，都是在问"怎么样"，要求你对某一个事物给出一个评价，做出价值判断。

当我们做价值判断时，就开始"冒险"了——你可能和朋友、家人对同样的事实做出截然不同的判断，感到"道不同，不相为谋"；当你在网上和陌生人交流时，会发现观点的撕裂无处不在，彼此之间分歧巨大，难以沟通。

观点分歧可以避免吗？出现分歧该如何应对？怎么避免一次次的不欢而散？

解决方案

要应对观点分歧，第一步，先来看观点背后的论证逻辑。

1. 价值判断三段论

当我们评价一件事时，背后基本的论证框架是三段论。

例如：

> 大前提：人都会死。
> 小前提：苏格拉底是人。
> 结论：苏格拉底会死。

由大前提和小前提（即两个理由）共同推出结论，三部分共同组成一个完整的论证，由此称三段论。

三段论的大前提通常会提出一个一般性的规律；小前提提出一个相应的

事实；在推理时，需要看小前提是否符合大前提，是否能得出最终的结论。

在进行价值判断的时候，也是如此：

> 大前提：提出一个明确的评价标准，什么样的是好的、对的、道德的、美的等。
>
> 小前提：提出和大前提相对应的具体事实。

推理的过程就像是将大前提当作一把尺子，去衡量小前提。如果符合了，就是好的、对的；如果不符合，就是坏的、错的。

回到大牛和小思的对话，他们各自是如何得出结论的？

	大牛	小思
大前提（标准）	方便、快捷、实惠的购物方式是好的	好的购物方式应该环保
小前提（事实）	在××小程序上购物省去出门烦恼（方便），40分钟内送达（快捷），还经常有优惠（实惠）	在××小程序购得的物品过度包装、浪费严重（不环保）
结论	用××小程序购物是好的购物方式（所以应该使用）	用××小程序购物不是好的购物方式（所以不应该使用）

两个人最大的分歧在哪里？

显然并不在小前提上——关于该购物小程序是否足够方便、快捷、实惠，或者是否存在过度包装的问题，两人并没有什么疑议。问题在于，他们提出的评价标准存在着根本性的分歧。

2. 三类不同的评价标准

通常而言，当我们评价一件事的时候，有三类不同的评价标准。

第一类标准，是从审美偏好的角度出发。

纯粹以一个人个性化的喜好为标准进行评价。

我觉得这道菜很好吃，你觉得那个明星长得最帅，我觉得这款香水更好闻……

这些都是个人化的喜好，每个人都有自己的标准。

第二类标准，是从功利实用的角度出发。

分析事物给自己带来的利弊功用，寻求利益最大化。例如，要判断某一笔投资是否明智，就主要从收益和风险的角度来衡量。

第三类标准，是从伦理道德的角度出发。

不光看利弊，还要看对错。根据伦理道德标准，判断某一件事是否正义、公平、符合道德。例如，向重病亲人隐瞒病情是否正当？婚内出轨者是否应该被谴责？我们生活中有大量需要进行道德判断的时刻。

这里需要注意，并不是说对任何事物进行评价，都涉及这三类标准，都一定要套用这个分析框架。有的问题可能只是审美问题，有的只用计算利益得失，有的则是纯粹的道德难题。

个人选择有时候可能会涉及审美和功利两个层面，公共话题的讨论很多会牵扯到功利与道德两个层面。

我们在日常生活中的很多矛盾、公共讨论中的许多冲突，究其根源，往往都是在评价事物的大前提——评价标准上出现了分歧。

以此三类标准为框架，我们会发现大牛和小思是站在完全不同的角度去评价事物的。

大牛认为好的购物方式应该方便、快捷、实惠——这是从功利实用的角度出发，判断某个事物究竟会对自己的切身利益带来什么好处。

小思认为好的购物方式应该环保——她考虑的是某个行为的外部效应。个人的购物行为，会对整个社会、整个生态环境造成什么样的影响，这样的影响会否带来物种间、代际间的伤害与不公。这是非常典型的从伦理道德的角度看待问题。

定位了两人的分歧所在，到底该如何面对分歧、解决分歧？

3. 如何面对分歧？

在遇到不同层面的评价标准之间的冲突时，我们应该做的事情，是一个"不要"和一个"要"。

（1）不要——轻易扣帽子

为什么大牛会从功利实用的层面看待问题？或许是因为他生活中有更大、更直接的经济压力，或许是因为他从小的成长环境和教育环境很少接触到环保议题，一开始就直接断言大牛是个自私自利的人——我们也会在随后的第 10 章讲到——是一种典型的"简单归因"谬误。

同样，为什么小思更看重环保？可能因为她所接受的教育中，环保议题有着更重要的位置；可能和她自己的人生经历有关，曾见证过度包装的危害；也可能是因为她有更强的同理心和共情能力，对环境公平有着更敏锐的感知。直接给小思贴上"小题大做"的标签，将她的言行视作一种幼稚的自我感动，同样不够公允。

如果两人是真心想沟通，就需要放下成见。我们需要谨记的是，有分歧的是观点，即便要否定对方，否定的也是观点，而不是对方的人格。在讨论中，我们要避免将观点的分歧上升为人身攻击。

（2）要——寻求兼顾方案

我们在生活中的讨论，不是辩论赛。价值判断的分歧，往往会成为我们深入了解对方的起点。根据不同的判断标准，我们会看到彼此不同的价值观；而为何会形成这样的价值观，往往与一个人的成长经历、教育环境、社会阶层等诸多因素有关。理解对方价值观的成因，会让我们彼此多一份了解。

当分歧是因为不同层面的评价标准所致，我们就更要意识到，应该采用哪个标准并没有所谓的"标准答案"，无所谓"我对你错"，有的只是看待问题的角度不同。站在恋人、朋友或家人的立场，此时更应该做的，不是争个对错输赢，而是思考有没有兼顾双方关注点的解决方案。

例如，有没有既方便、快捷、实惠，同时又环保健康的购物方式？

大牛和小思能否换一家更有社会责任感、对包装减量有所承诺的购物平台？能否在继续使用现有平台的基础上，向企业提出反馈意见，期望这家企业改进？小思如果真的对环保议题感兴趣、执着，可以自己参与，也带动大牛一起参与零废弃、包装减量的一系列公益活动，加入志愿者组织等。如果这些行动都太过理想化，有没有可能双方决定尽量减少网络购物，小件物品自行到超市购买，大件物品才使用 App 外送？

寻求建设性的解决方案，不采用贴标签式的人身攻击，或许是面对此类分歧更好的处理方式。

这样一系列的思考流程，我们将其整理成"分歧分析单"。

当遇到价值判断冲突时，使用这样一个清单，或许能帮助我们梳理思路、找到合适的应对方案。（见下表）

	分歧观点一	分歧观点二	分析与应对
结论	用××小程序购物是好的购物方式（所以应该使用）	用××小程序购物不是好的购物方式（所以不应该使用）	
小前提（事实）	在××小程序上购物省去出门烦恼（方便），40分钟内送达（快捷），还经常有优惠（实惠）	在××小程序购得的物品过度包装、浪费严重（不环保）	是否存在事实分歧： □ 是：彼此摆出进一步的事实证据 ☑ 不是
大前提（标准）	方便、快捷、实惠的购物方式是好的	好的购物方式更环保	是否存在标准分歧： ☑ 是 □ 不是
标准类别	□ 审美偏好 ☑ 功利实用 □ 伦理道德	□ 审美偏好 □ 功利实用 ☑ 伦理道德	☑ 不同层面的标准冲突：不要轻易扣帽子，要寻求兼顾方案 □ 审美偏好冲突 □ 功利实用冲突 □ 伦理道德冲突

后面三种冲突类型该如何应对？接下来再来看看其他应用场景。

应用场景

在小思和大牛的案例中，我们看到不同层面的评价标准产生冲突时并不存在绝对的对错，此时更需要做的，是努力在不同层面的标准之间寻求兼顾方案。

那同一层面的评价标准发生冲突时，我们应该怎么做？

1. 审美偏好层面的分歧

什么样的外貌是美的，什么样的口味是最好的，什么样的音乐才是有品位的——不同人的审美偏好可能是完全不同的。

当你敏锐地察觉到，某个讨论是在审美偏好层面出现分歧——例如，豆花到底是甜的好还是咸的好——就应该建立一个清醒的认识：这样的争论是没有结果的。尊重彼此的偏好，或许是更好的相处方式。

2. 功利实用层面的分歧

功利实用层面的评价标准，就是相关利益方的利益最大化。利益大小，在很多情况下，可以尽量去量化，以权衡利弊、算计得失。

例如，要在投资市场上评估某一支基金的表现，有收益率、回报倍数、现金回报率等诸多指标可供参考，更有夏普比率（基金绩效评价标准化指标）等基于专业金融模型发展而来的指数加以衡量。投资者可以综合不同的指标，考虑自己的风险偏好，做出选择判断。

例如，要选择一款电脑，厂商会提供各种性能数据，消费者也能从专业测评网站获得测评报告，进而从不同角度评估电脑性能，从中挑选最匹配、最能满足自己需求偏好的产品。

因此，面对功利实用层面的分歧，关键就在于**证据**、**数据**。寻求更全面、更可靠的事实，才更有可能说服彼此，取得共识。

3. 伦理道德层面的分歧

在我们生活的这个社会，有没有什么行为一定是错的，做了就应该受到谴责和惩罚？什么样的行为是必须做的，如果没有做，就是错误、不道德的？

不妨来看看以下 6 个场景，你会对它们做出怎样的道德判断？你认为其他人是否会做出同样的判断？

场景	你的判断	你觉得其他人的判断是否会和你一致
1. 彪形大汉因为性骚扰年轻女性未遂，聚集多人当众挥拳对其肆意殴打。	该彪形大汉及其同伙的行为 □ 应该被否定 □ 无所谓对错 □ 应该被肯定	□ 会 □ 不一定会
2. 期末考试有人作弊，作弊者获得了高分，还被公开嘉奖。	作弊者的行为 □ 应该被否定 □ 无所谓对错 □ 应该被肯定	□ 会 □ 不一定会
3. 读书时因为班里有一人迟到，老师即惩罚全班学生到操场跑15圈；当有人表示反对后，老师当即宣布跑30圈。	该老师的行为 □ 应该被否定 □ 无所谓对错 □ 应该被肯定	□ 会 □ 不一定会
4. 在家族聚会时，作为晚辈的小丽（女孩）直呼长辈的姓名；在长辈聊天时，小丽也自然地加入其中，且毫无顾虑地表达自己与男性长辈不同的观点。	小丽的行为 □ 应该被否定 □ 无所谓对错 □ 应该被肯定	□ 会 □ 不一定会
5. 大牛在学校食堂吃饭时发现饭菜里有蟑螂，他用手机拍照后将照片发布到网上，引来社会舆论对学校管理的质疑和冷嘲热讽。	大牛的行为 □ 应该被否定 □ 无所谓对错 □ 应该被肯定	□ 会 □ 不一定会
6. 小王有一位成年外国朋友，他的家庭及所在的社区都因为宗教信仰禁止文身，但他觉得文身比较潮，就偷偷跑去文了。	外国朋友的行为 □ 应该被否定 □ 无所谓对错 □ 应该被肯定	□ 会 □ 不一定会

面对这 6 个场景，可能绝大多数人都会对前 3 个场景毫不犹豫地勾画"应该被否定"这一选项。

在前 3 个场景中，存在着一条很重要的道德法则——"伤害原则"。这是 19 世纪后半期英国自由主义的代表人物约翰·穆勒（John Mill）概括出的一条基本准则。简单来说就是，如果没有伤害他人，那么自由不被干涉。意思是，是否伤害他人是判断行为边界的重要指标。

第 1 个场景，是非常典型的伤害无辜。

第 2 个场景，涉及欺骗，是对其他遵守规则的人的不公与伤害。

第 3 个场景，涉及压迫——因一人迟到而惩罚全班，因一人反对而加倍严惩——这样不合理、不公正的惩罚背后，更多的是老师为了树立自己的权威、让学生服从而滥用权力，是对学生自由权利的随意侵犯。

是否存在对他人的伤害，以及与之相关的，是否存在欺骗、压迫，是进行道德判断最重要的考量。这种伦理标准，美国人类学家理查德·施韦德（Richard Shweder）把它叫作自主伦理体系：人有自由去满足自己适当的意愿、需要和偏好。只有在这种自由可能对别人造成危害时，才进行干涉。

在施韦德眼中，除了自主伦理体系，我们生活的这个世界，还有两种伦理体系，分别是集体伦理和神性伦理。

集体伦理认为，人总是某个集体中的一员。人们需要责任、等级、尊重、声誉、爱国主义这样的道德规范，去维护社会制度和秩序。

第 4 个场景，不同文化背景的人，很可能会做出不同的判断。在个人主义的语境下，人与人是平等的，家庭成员之间直呼姓名、彼此平等地交流观点都是很正常的事情。但在一些讲究长幼尊卑秩序的社会——如受儒家文化影响颇深的东亚社会，不少人会认为人们有义务维护家庭等级秩序，晚辈需要对长辈表示尊重——至少形式上要使用尊称而不得直呼其名，要服从长辈的指令、尊重长辈的观点。在一些更为保守的社会或地区，出于对传统男权社会秩序的维护，小丽这样的女性晚辈的地位更低，甚至不被允许公开表达与男性长辈不同的观点。

第 5 个场景，有的人可能会感到费解——大牛曝光了错误的行为，何罪之有？难道不应该褒奖他对真相的尊重吗？但如果这件事发生在你的学校，被舆论抨击的是你的母校、最终败坏的是身为校友的你的荣誉感，你的想法会不会有所不同呢？这也是很多与校园有关的新闻事件中，我们经常能看到的观点——作为学校的学生、集体中的一员，有的人会认为自己有责任维护学校的声誉，即便发生了负面事件，也应该在内部解决，不应对外宣扬（即"家丑不可外扬"）。

可见，有的人并不将集体伦理当一回事。但还有不少人，则将对等级、秩序、集体荣誉感等价值的维护，看得非常重要。

理查德·施韦德提出的神性伦理，听上去有些抽象，其核心关键词是"圣洁""禁忌"。比如有的宗教要求穿戴特定的服饰（如帽子），表示对神灵的敬畏；有的宗教禁止吃猪肉，食用猪肉会被看作是不洁、不道德的行为。

在神性伦理这套体系下，一种最极端的观点，认为我们的身体是一座神庙，对欲望的放纵是堕落的、不道德的。与之相对的另一方则认为我们的身体是一座游乐场——只要不伤害他人利益，就可以尽量满足自己的任何欲望。

第 6 个场景，正是在展示这样的观点分歧。在自主伦理之下，这位外国朋友已经成年了，他去文身是自愿的，没有任何人因此受到伤害，这样的选择和行为是他的自由，无所谓对错。但在神性伦理下，这位外国朋友的家人和社区都会认为他的行为违背了宗教教义，让他的身体不够圣洁，也不够尊重神灵。

那当我们的讨论就像后面 3 个场景一样，涉及道德伦理标准的根本差异时，该怎么办？

对此，没有一个简单化的标准答案，最基本的原则可能依然是一个"不要"和一个"要"。

（1）不要——轻易贴标签

与处理不同层面的判断标准之间的冲突一样，我们需要意识到伦理道德体系的多元，才能避免简单地给人扣帽子。

基因、性格、身处的文化、受到的教育、过往的经历，都有可能影响我们的伦理道德体系。试图用某个自己信奉的伦理道德标准去要求他人，大多数时候都是一厢情愿，会进一步导致群体间的敌意和分化。需要意识到的是，那些信奉不同道德准则的人，和我们一样可能都是真挚且真诚的，不能天然地认定他们都是邪恶的、愚蠢的，或不可理喻的。

在尊重彼此人格的基础上，真诚对话，才能避免因为观点不同而带来的社会撕裂。

（2）要——寻找最大公约数

持有不同伦理道德标准的人，有没有共同的底线？使用共同的底线作为评价标准，或许能让某个观点在最大范围内被接受。

这条底线在哪里？

可以先看看一个社会的法律是怎么说的。**法律，往往反映了一个社会在某个阶段的社会共识**，划定了当时当地的行为标准。以法律为准绳，对某些事件做出评判，可以减少过多的道德绑架。

这样的"共识"有一定的局限性。持有不同道德标准的人，可能在立法的过程中就争执不下，相互无法说服、无法妥协。勉强出台的法律可能依然充满争议，甚至被反对者们视作"恶法"。我们在不同的社会中都能找到大量的例子。例如，同性婚姻、性交易、器官买卖、代孕、安乐死、女性堕胎权等诸多议题，都涉及合法化或非法化的巨大争议。

争议并不是坏事。社会共识的达成，需要建立在人们充分的公共辩论和表达的基础上。但公共问题需要一个相对确定的解决方案——即便这一方案是不完美的、有可能被推翻。当民选代表通过合法的决策程序，以少数服从多数、保障少数基本权利为原则，来决定公共问题——这样一个符合程序正义的决定，不一定符合实质正义，必然会有一方不同意最终的结果——但尊重这样的决定，却是打破僵局的最后的、必要的手段。

注意事项

我们很多时候会跟着感觉、情绪，快速地做出一些道德判断，缺乏对自身道德标准的深入思考。我们的道德观是自洽的、一致的吗？我们的道德直觉背后有充分的理由支撑吗？

以下这些书籍、测试，或许可以帮助我们更好地反思。

《你以为你以为的就是你以为的吗？》是一本有趣的哲学启蒙书，以一系列检测题，帮你检查自己的价值观、逻辑上不自洽的漏洞。

你也可以选择做一些价值观的测试。比如 8 values，这是国外的一套测试题，可以帮助你看清自己在许多公共、政治问题上的选择和倾向。

道德心理学家乔纳森·海特（Jonathan Haidt）有一个研究网站 yourmorals.org，上面也有大量基于心理学研究的问卷，能帮助你看清自己究竟有着怎样的道德观。

总结

如何愉快地和三观不同的人交流？试试用"分歧分析单"帮助你厘清思路。

	分歧观点一	分歧观点二	分析与应对
结论			
小前提 （事实）			是否存在事实分歧： □ 是：彼此摆出进一步的事实证据 □ 不是
大前提 （标准）			是否存在标准分歧： □ 是 □ 不是
标准类别	□审美偏好 □功利实用 □伦理道德	□审美偏好 □功利实用 □伦理道德	□ 不同层面的标准冲突：不要轻易扣帽子，要寻求兼顾方案 □ 审美偏好冲突：停止争论，彼此尊重 □ 功利实用冲突：寻求更多事实证据 □ 伦理道德冲突：不要轻易贴标签，要寻找最大公约数（如法律底线）

使用这套清单的前提是，你真诚地相信自己的观点是站得住脚的。

如何才能确保自己对某个事物的价值判断是可靠的、充分的？如何才能形成一个更有说服力的观点？下一章，我们将更详细地介绍"权衡论证"——如何更全面地对某个事物做出判断，并确定自己的行动方案。

练一练

开学了,老桃给小桃买了一个书包,希望小桃第二天上学背上。老桃觉得这款书包特别好,能装很多东西。书包有专门放水杯、雨伞的空间,内里也有很多隔层,非常实用。

但小桃却拒绝背,因为她觉得这款书包实在太难看了。

父女俩因为要不要换书包争执不下。

如果需要你做调解人,你会如何帮助父女俩解决分歧?

▶ 练习讲解

	分歧观点一 (老桃的观点)	分歧观点二 (小桃的观点)	分析与应对
结论	这款书包好(应该用这个书包)	这款书包不好(拒绝使用)	
小前提 (事实)	能装很多东西,有专门放水杯、雨伞的空间,内里也有很多隔层,非常实用	这款书包不好看	是否存在事实分歧: □是:彼此摆出进一步的事实证据 ☑不是
大前提 (标准)	实用、能装的书包是好书包	书包应该美观	是否存在标准分歧: ☑是 □不是
标准类别	□审美偏好 ☑功利实用 □伦理道德	☑审美偏好 □功利实用 □伦理道德	☑不同层面的标准冲突:不要轻易扣帽子,要寻求兼顾方案 □审美偏好冲突:停止争论,彼此尊重 □功利实用冲突:寻求更多事实证据 □伦理道德冲突:不要轻易贴标签,要寻找最大公约数(如法律底线)

老桃和小桃之间的分歧，是功利实用与审美偏好之间的分歧。

怎么解决这个分歧？来看看"要"和"不要"具体可以怎么做：

【不要】不同层面的标准冲突，没有绝对的对错，双方都有一定的道理，切忌贴标签、进行人身攻击或简单发泄不满（比如，"你这个孩子怎么就这么虚荣""你从来不考虑我的感受，连买个书包都想要控制我的选择"）。

【要】老桃和小桃应该就买书包的事情充分沟通。老桃可以解释自己的考虑，也需要为没有尊重小桃的意见表达一定的歉意；小桃可以表达自己的审美喜好，希望老桃尊重她的选择权。作为第三方调解人，可以试着说服某一方妥协。我们可以说服老桃，毕竟书包是买给孩子用，她在这方面最有发言权，还是应该尊重她的意愿；或者说服小桃，老桃也是好意，书包重在实用，买了不用会造成浪费。要有效说服一方妥协，有时也需要提供一个合理的补偿方案。如果小桃妥协，老桃可以承诺以后按照她的审美购置其他的东西。如果老桃妥协，小桃可以承诺以后外出郊游，一定使用他买的这个实用的、大容量的书包。如果双方都不愿意妥协，可以试试看有没有兼顾双方诉求的方案：可以把书包退了，换一个或者干脆重新买一个既实用又好看的；如果退换不了，可以考虑怎么改造这个书包，让它满足小桃的审美——将一场冲突转变成亲子 DIY 的时刻，兴许也是一段美好的回忆；也可以考虑把书包送给某个更看重实用性的同学。

| 第 9 章 |

如何权衡利弊？

- 在面对"该不该做某件事"的难题时,我们可以如何思考?
- 为什么人们总会做出一些不明智的选择?一些习以为常的决策方式有什么问题?

小桃是小学四年级的学生，周围不少同学都在使用各式各样的社交媒体。有时候，同学们在即时通信软件里讨论作业和游戏，在短视频网站上刷视频。他们在课间休息的时候经常互相分享在网络、社交媒体上看到的内容。小桃也想在这些社交媒体上注册账号，但被她的爸爸一口否决。

爸爸：社交媒体上好多东西都是让人上瘾的，你看大人刷起手机来都停不了手，更何况小孩呢？你还要不要努力学习、要不要保护眼睛了？

小桃：我周围同学都在用！就我连个账号都没有，同学们聊天我都插不上话！而且大家现在都用即时通信软件联系，就找我还要靠打电话……

爸爸：说不行就不行！

本质洞察

应该允许小桃注册社交媒体账号吗？

小桃和爸爸各执一词。谁的说法更有道理？现在，我们用第 4 章、第 5 章学到的方法，将两人的论证结构进行拆解。

爸爸
理由：社交媒体容易让人上瘾。
结论：不应该注册使用社交媒体。

> **小桃**
>
> 理由1：没有社交媒体账号很难与同学们有共同话题。
>
> 理由2：有了社交媒体账号方便联系。
>
> 结论：应该注册使用社交媒体。

这两个论证的质量怎么样？

可以看到，爸爸只想到了使用社交媒体的坏处，小桃则只提出使用社交媒体的好处。两个人的论证都明显不够充分。

怎样才能提出一个更有说服力的论证，并在此基础上作出决策？

这就需要使用"权衡论证"了。在这一章中，我们将具体介绍遇到"该不该做某件事"这样的命题时，应该如何思考。

解决方案

理性的、有说服力的核心决策，是全面评估决策的利弊后得出的。但是，只考虑利弊还不够。面对同样的利弊，不同的人也可能会得出不同的结论。因为人们的价值观不同，各个利弊的重要性不同，最终的结论也不会是非黑即白地"做"或"不做"，而更像是一套组合的行动方案，在"做"与"不做"间寻找尽可能兼顾好处、规避坏处的方案。

这种基于利弊权衡进行决策的论证方式，被称作权衡论证。

具体有三个步骤：

列利弊：全面列出决策的利和弊，提供证据支持以提高理由的"可接受性"。

判轻重：分析每一项利弊是否重要、有多重要。

求兼顾：寻找能尽量减少弊端、保留利处的替代方案。

面对"该不该让小桃使用社交媒体"这个问题，小桃可以和爸爸一起，按照这三个步骤做出以下分析。

1. 列利弊

这一步的重点是全面考虑。考虑越全面，论证的充分性越高。

一些分析框架可以帮助我们尽可能全面地思考问题。例如，上一章的案例"该不该使用某购物小程序"，就可以从伦理道德和功利实用两个角度来分析事物的利弊。

在分析小桃能否使用社交媒体的案例时，可以从"人与自我""人与他人"两方面来考虑使用社交媒体带来的影响。具体到社交媒体对小桃自身的影响，可以从身心健康、个人发展等方面来考虑。个人发展，又可以细分为知识、技能、品质三个方面。

如何积累这样的分析框架、选择合适的分析框架，在第14章还会进行详细阐述。

列举利弊时，可以使用以下利弊分析表，帮助我们尽可能全面、有逻辑地呈现主要利弊。

	利	弊
身心健康	·暂时缓解当下来自学业和人际冲突的心理压力	·伤害视力、影响作息、破坏专注力 ·若长期看屏幕时间过长，会使大脑皮质变薄，分泌过多对人体有害的激素 ·可能面临网络暴力、负面评价、自我认同迷失等带来的心理问题

续表

		利	弊
个人发展	知识	• 学习知识，获取资讯	• 接触虚假信息、暴力信息 • 可能影响校内学习
	技能	• 提升使用网络工具的能力 • 若有恰当引导，可提升辨别信息的能力	
	品质	• 可以了解多元价值观，更开放、包容	• 可能受极端观点影响，更狭隘、暴力
人际交往		• 满足线上交友需求 • 打造个人品牌，甚至获得收入	• 陌生人带来风险（诈骗、煽动） • 可能让现实中的社交变得更困难

这些利弊，是否都成立？可接受性如何？

有的陈述，从逻辑、常识出发可以接受——如网络信息开放、多元，学生既有可能获得新鲜资讯和知识，也有可能接触虚假信息和暴力信息。

有的陈述，则需要进一步的论据以提高其可接受性。

一项汇总了84个研究的综合研究发现，社交媒体的过度使用和过度使用智能手机之间存在相关性。这项研究发现青少年的一系列生理和心理问题，与过度使用电子产品有关，例如抑郁、多动、焦虑、酒精滥用、近视、缺乏运动、饮食和睡眠混乱、肥胖、疼痛、大脑灰质体积变化、冲动、认知功能变化、自卑等。背后的解释是，过度使用电子产品会改变大脑的结构、皮质醇和多巴胺等的分泌量。人的大脑到25岁才基本发育完成，儿童时期是大脑发育的关键期。

在社交方面，社交媒体确实可能存在一些积极作用。有研究发现，社交媒体环境为青少年提供了重要场所来表达自我、相互支持。这对某些群体尤其重要。科学研究发现，有严重抑郁症状的青少年更有可能通过社交媒体从同龄人中获得情感支持。这些研究可以证明社交媒体能满足很多学生的交友需求，能在一定程度上缓解他们来自现实社会的心理压力。

但这也可能让孩子更加回避生活中面对面的社交，影响发展线下的社交技能。在《屏幕时代的养育》（*Screen Kids*）一书中，作者盖瑞·查普曼（Gary Chapman）认为，在社交媒体上发照片和评论并没有太多的社交性，它难以让人们像面对面的交谈那样建立深度的连接。很多家长允许孩子躲避在电子产品之后，并没有主动帮助孩子培养现实中的社交技能。

社交媒体中的网络暴力更需要被警惕。中国社会科学院发布的《社会蓝皮书：2019年中国社会形势分析与预测》中的数据显示，28.89%的中国青少年在上网过程中遇到过暴力辱骂，其中68.48%发生在社交软件上。据美国皮尤研究中心2018年的数据显示，59%的美国青少年至少受到过一种网络暴力，比如辱骂、传播个人不实信息、人身威胁等。这些数据说明，社交媒体中的网络暴力并不罕见。

2. 判轻重

即使我们都认可存在上面这些利弊，对于该不该使用社交媒体的问题，每个人的情况不同，就会有不同的选择。这就需要根据实际情况，评估每一项利弊的重要性。我们可以尝试用打分的方式，让思考的过程更加直观可见。例如，某一项利弊非常不重要，可以打一颗星，甚至划掉；如果某项利弊对某人而言尤其重要，则可以打五颗星。需要注意的是，尽管打几颗星是相对主观的判断，但对于某一利弊为何重要或不重要，依然需要给出理由。

是否应该让小桃使用社交媒体，不仅要考虑小桃自身的情况（如年龄、性格、能力、学习情况等），也要理解不同年龄段儿童的发展规律。

例如，美国《儿童在线隐私保护法》（2000）严禁各网站收集13岁以下儿童的个人信息，儿童无法直接注册社交媒体账号。理由是很多专家基于研究结果，认为13岁以下的儿童难以应对复杂的在线关系、难以理解在线隐私、难以区分适合分享的内容和对象。政策制定者们可能认为，对于13岁以下的儿童，社交媒体的弊端是更加突出的、难以被接受，反而好处不那么重要，或者可以通过别的方式获得这些好处。

假如小桃在现实中的压力非常大，社交存在很大障碍，社交媒体能缓解她当下的心理问题，那这个好处可能就非常重要。但当小桃缓解了现实中的压力，在现实中克服了社交方面的障碍、有了关系不错的小圈子，社交媒体的这一好处就会逐渐变得不那么重要。

又如，如果小桃的思维能力和判断信息的能力比较强，学习主动性和好奇心比较强，能比较理性地看待网络上的各种言论，那社交媒体的一些负面影响对她可能就不太明显，反而可以通过社交媒体学到很多知识和技能，这些好处可能更重要。

要特别注意的是，家长在分析过程中要和孩子充分沟通，倾听孩子的感受、观点和困扰，不要仅仅依靠自己的猜测来分析。以小桃的情况为例，我们可以尝试为利弊逐项判断轻重（见下页图，当然，这并不是标准答案，仅供读者参考）。

如果是某所学校做决策，决定要不要限制中小学生在校内使用社交媒体，还要考虑学校的职能和教育目标；如果是国家相关部门做决策，决定要不要限制中小学生使用社交媒体，这会影响到很多人的利益，就更需要有科学研究作为依据。

综合来看，如果认为四年级的小桃使用社交媒体可能弊大于利——弊端更多、更严重，那这是否就意味着爸爸不应给小桃开通账号，应该禁止她使用社交媒体呢？

		利			弊		
		内容	重要性	判断重要性的理由	内容	重要性	判断重要性的理由
身心健康		缓解现实中来自学业和人际冲突的心理压力	★★★	四年级是发展社交能力的关键时期，学业负担也在增加，小桃确实面临不少压力，家长尊重小桃的兴趣爱好，很值得接纳小桃的感受，并持续了解小桃的心理压力情况。	伤害视力、影响作息、破坏专注力	★★★	小桃近视150度，发展比较快，专注力时间一般只10分钟。
					可能面临网络暴力、负面评价、自我认同迷失等带来的心理问题	★★	小桃曾经被同学起外号，伤心了很久，她年龄也小，经常在意别人的评价，还难以承受网络暴力的攻击，也容易受到网络评论的影响。
					接触虚假信息、暴力信息	★★★	小桃年龄较小，容易受到虚假信息和暴力信息的不良影响。
个人发展	知识	学习知识，获取资讯	★	小桃开始读整本书，参加了"C计划"的阅读课程，很感兴趣，从书本中获得了很多知识，虽然有时她不了解网络上的新词汇，但小桃表示她愿意问同学，不觉得为此困扰。	可能影响校内学习	★	小桃学习成绩排名居中，但是家长认为小学阶段学习过于任意成绩，保护小桃的学习主动性和身心健康更加重要。
	技能	提升使用网络工具和辨别信息的能力	★	小桃在"C计划"的课程中开始接触信息素养，还在初步学习的阶段，需要更多学习和训练辨别能力，使用社交媒体并不是锻炼这种能力的必要手段。			
	品质	了解多元价值观，更开放、包容	★	小桃从阅读的书籍里接触到很多的价值观。	可能受极端观点影响，更狭隘、暴力	★★	小桃开始对复杂问题有一些思考，但很多问题她不清楚，容易受到极端观点的影响，但是她愿意和父母讨论，也不是完全接受极端观点。
人际交往		满足线上交友需求	★★	小桃表示在小区里有两个好朋友，家长愿意尽力支持小桃现实中社交。	陌生人带来风险（诈骗，煽动）	★★★	小桃年龄较小，难以预判陌生人可能带来哪些风险，但小桃和家长关系比较好，愿意和家长说自己遇到的事，从而稍微降低了这方面的风险。
		打造个人品牌，甚至获得收入	零	小桃没有这方面的需求。	可能让现实中的社交更困难	★★★	四年级是学习社交的关键时期，小桃生活中的朋友不多，希望有更多时间和生活中的朋友玩耍。

3. 求兼顾

既然有利有弊，除了完全限制学生使用，或者完全允许学生使用社交媒体，其实还有很多中间路径。最终的行动方案，往往是一系列的行动，以尽量减少弊端、保留好处。

在小桃的案例中，作为家长，爸爸可以和小桃一起讨论使用社交媒体的利弊。爸爸或许不同意给小桃开单独的社交媒体账号，但偶尔可以和小桃一起看看社交媒体上有意思的热门视频，学习一些有趣的内容；和小桃探讨，哪些内容是不适合她看的、哪些是适合的，从而帮助小桃培养判断的能力，在这个过程中也应该考虑小桃的感受和兴趣，避免仅仅从家长的角度出发去判断。

如果在判断重要性的环节，发现对孩子而言使用社交媒体利大于弊，也并不意味着可以毫无限制地让孩子使用，同样要考虑如何减少使用社交媒体的弊端。

例如，很多软件的青少年模式，可以限制青少年的使用时间、可接触的信息类型，家长可以和孩子协商使用社交媒体的时间和频次，以避免伤害视力、过度沉迷。各大互联网平台，需要考虑通过技术革新改变某些社交媒体的功能，减少网络暴力和虚假信息，从而降低对未成年人的负面影响。学校教育也应该着力提高学生辨别网络信息的能力、独立思考的能力、在现实中社交的能力，帮助未成年人更好地平衡网络和现实的关系。

好的决策要通过高质量的权衡论证得出结论，整个分析的过程要结合决策的场景，看到问题的复杂性，最终做出综合的判断，并且根据情况的变化调整决策。

应用场景

"该不该做某件事?""做某件事的影响是什么?后果是什么?"

这是权衡论证可以回应的最典型的问题。

它所涉及的最常见的场景,是决策及评估某个事物。从个人决策到公共讨论,这样的问题无处不在。正如关于小桃开设社交媒体账号的决策,既可以是个人问题,也可以是公共问题(是否应该允许未成年人使用社交媒体),都能用权衡论证来分析。

下面,我们分别从个人决策和公共决策角度举例,进一步展示权衡论证的应用方式。

在个人决策中,最终的决定往往和个人的价值观关系较大;在公共决策中,则需要尽可能全面地考虑到利益相关方,站在公共利益的角度评估每一项利弊的重要性。这里展示的分析过程只是可供参考的思路,并不存在所谓的标准答案。

角度一 个人决策

权衡论证可以用于分析日常生活中的各种决策。当我们面临一些较为重大的决策时,更要理性地分析,否则很容易被外界影响,做出让自己后悔的决策。

下面,我们来看看阿芒最近的困惑。

> 阿芒参加工作5年了,近期他的精神状态不太好。
>
> 一方面,工作比较忙,但他对工作并不感兴趣,陷入职业倦怠中;另一方面,因为工作忙碌,圈子有限,生活也比较单一,他想要交友恋爱,却一直还是单身状态。

学会思考：用批判性思维做出更好的判断

阿芒手头有一些积蓄，如果正常花销的话，大概够他使用一年半。阿芒在考虑辞职，想用大概一年的时间去做些自己想做的事情，比如旅行，同时探索一下自己的兴趣爱好，也就是所谓的间隔年（Gap year）。

阿芒该不该辞职去过间隔年呢？

在间隔年中，有的人去旅行，有的人去学习某些技能，有的人去尝试不同的志愿工作或者探索兴趣爱好。总之，和常规工作不同的是，间隔年相对自由一些，兴趣和感受是重要的考虑因素，赚钱并不是那么重要。当然，从事后来看，那些度过了间隔年的人，有的感到充实，有的感觉虚度，甚至产生懊悔情绪。其中有个人因素，也有很多不可预测的因素。但是，做决策之前（间隔年还没有发生）分析利弊，能帮助我们做出更明智的决定。此时分析利弊，主要就是对比常规的工作，得出间隔年可能提供的不同机遇和风险。

1. 列利弊

如何全面分析间隔年的利弊？一些分析框架可以帮助我们思考得更全面。

例如，我们可以试着用马斯洛需求层次理论的五个层面来逐一思考。马斯洛需求层次理论，是心理学家亚伯拉罕·马斯洛（Abraham H. Maslow）在1943年发表的论文《人类动机理论》（*A Theory of Human Motivation*）中提出的。他认为，人存在五个不同层次的需求，其中生理需求是最基本的，自我实现需求是最高层次的。

马斯洛需求层次理论图

以马斯洛需求层次理论为框架，可以看到间隔年在不同的需求层面分别带来的利弊。(见下表)

	利	弊
自我实现需求	• 可能开阔眼界，丰富体验，掌握新知识 • 可能锻炼某些能力 • 可能重新思考和建立自己的三观（世界观、人生观、价值观） • 可能找到可长期发展、有成就感的新职业	• 可能错过现有工作带来的成长、发展
尊重需求	• 可能会获得一些人的赞赏和羡慕	• 如果间隔年未达到预期，可能受到一些人非议
社交需求	• 可能有更多机会和时间结交新的朋友，陪伴家人或谈恋爱 • 更可能锻炼人际沟通能力	• 可能父母会为阿芒担心，或和阿芒发生矛盾
安全需求		• 可能带来更高的不确定性，如未来再次找工作时的不确定性 • 失去公司缴纳的社会保险和商业保险（如有）
生理需求	• 可能有更多的时间休息或锻炼身体	

2. 判轻重

我们在综合分析间隔年利弊的时候，很大程度要考虑阿芒自身的价值观、性格和其他背景信息。在这里，关于阿芒的情况，有较多可能性，不可能全部分析，只举几个例子。

如果阿芒特别在意对工作的兴趣度，做不感兴趣的工作就会觉得很不开心。虽然知道自己对什么不感兴趣，但一时之间他对自己到底对什么感兴趣却不太明确。那间隔年在自我实现需求方面的利，就可能是阿芒比较看重的（借此了解自己，反思价值观，发现兴趣）。

如果阿芒综合能力比较强，在职场中竞争力比较大，即使有一年间隔年，再找工作的时候，不确定性相对来说也比较小，选择依然可能比较多，安全需求方面的弊端就不是那么重要。但是，如果社会经济环境不太好，安全需求的重要性可能就高一些。

如果阿芒和父母关系相对比较和谐，彼此尊重，边界感清晰，能坦诚沟通交流，父母和他发生矛盾的可能性较低，这一弊端的重要性也就降低了。

如果阿芒的性格比较怯懦，综合能力比较弱，缺乏好奇心和行动力，不太善于寻找资源，更看重结果而不是过程，那么间隔年能给阿芒带来利的可能性就更小一些，也就可能更不重要。

3. 求兼顾

如果对阿芒而言，对重要性权衡的结果是有利有弊，难以抉择，就需要进一步思考一些兼顾方案。

例如，寻找一份相对清闲的工作，用业余时间探索自己的兴趣。但是这需要进一步分析比较利弊，毕竟这个替代方案能实现的利，可能远远比不上间隔年的利（虽然弊端也更小一些）。如果有可能的话，还可以考虑停薪留职。

综合来看，我们需要了解更多关于阿芒个人的信息，才能更好地得出结论。

角度二 公共决策

公共决策涉及不同群体，受众面广，制定时更应该基于科学的决策，考虑不同群体的利益和需求。我们以"地摊经济"的讨论为例：一座城市，到底是否应该取缔地摊？

1. 列利弊

在讨论中，我们需要考虑取缔地摊对不同利益主体的影响。（见下表）

	利	弊
对顾客	地摊的服务更便利，商品价格更便宜	地摊难以保证食品安全和产品质量
对摊主	地摊能满足低收入人群灵活就业的需求	地摊场地可能不稳定，工作辛苦，收入可能比较低
对社会	地摊可能带来独特的城市文化，降低失业率，促进社会稳定和发展	地摊破坏市容市貌，占道经营，阻碍交通

2. 判轻重

利和弊哪个更重要，在不同时期、不同城市的不同发展阶段，也有不同的结论。

在失业率激增、经济下行的阶段，保证就业率可能是更多决策者优先考虑的目标；对于某些旅游城市、政治中心，政策制定者可能认为市容市貌的维护尤其重要；对于经济发展较落后的地区，人们可能更看重商品低廉的价格，但当生活质量达到一定程度后，地摊带来的便利实惠可能就没有那么重要了。

这里需要强调的是，判断轻重也需要站在多个利益相关方的视角，可能要考虑公共利益最大化，同时也要考虑保护各个群体的基本权利。

3. 求兼顾

最终的结论往往不是简单地"一刀切"，公共政策尤其需要考虑能兼顾多方利弊的"一揽子方案"。

例如，如果对于某些城市而言，保留地摊经济的好处更加明显，在允许人们摆地摊的同时，可以加强市场监管，杜绝假冒伪劣商品，划定人流量较大的步行街区域，提供卫生保洁等公共服务，以避免随意摆摊影响市容市貌。

对于某些城市，如果确实不宜保留地摊，也需要考虑可否出台一些扶持政策，增加低收入人群的就业机会，增加便民服务点、小商品店，为市民提供便利、实惠。

常见问题

很多人的决策是不理性的：习惯的事，就继续做；周围的人都在做的事，自己也去做；认为媒体、老师、父母和专家都比较权威，他们告诉我们要做的事，就去做；自己喜欢的、有冲动的，就去做；或者因为心怀愤怒或恐惧，就选择不去做。

固有的习惯、大众的做法、权威的观点、主观的感受，是影响人做决策的最常见的因素。

但是，这些因素都很可能误导决策。特别是面对一些人生的重大选择时，屈从于思维惯性、盲目从众、盲信权威，或跟着感觉走，常常会给自己或是别人带来很大的伤害，事后后悔不已。

好的决策不等同于完美的决策，也不能保证必然会有好的结果。但好的决策有更大的可能性带来好的结果，减少对自己和他人的伤害，让自己和更多人受益。好的决策也要考虑自己的感受，在接纳感受的基础上有更理性的分析与权衡。在这个过程中，尤其要注意以下四个误区。

1. 将理性和感性对立

在做决策时，感性和理性都是要考虑的因素，它们相互影响，并不是完全对立的。

生活中的一些小决定，可能并不需要理性分析利弊，跟着感受和喜好选择就好，比如，今天该吃苹果还是橙子。

但你可能也会考虑这样的问题：该不该改变自己的饮食习惯？这就需要理性考虑现在的饮食习惯的利弊，以及好的饮食习惯是什么样的。这个过程中你的感受和喜好依然是重要的考虑因素。比如，你可能不喜欢吃鸡蛋，即使吃鸡蛋有诸多好处，也未必适合你。你也可以通过其他方式补充鸡蛋带来的营养。然而，在理性决策中，喜好不是唯一的考虑因素。你可能喜欢吃肉，不喜欢吃蔬菜水果，但这不是健康的饮食方式，理性决策能帮助你做出积极的改变。

关于人生大事，也并非每个决策都需要权衡利弊，比如爱上一个人，在友情中多付出一些，这往往和感受、情感、信念有关，有时候不需要，甚至不应该权衡利弊。然而，在开启、经营或结束一段人际关系的整个过程中，理性决策在很多时刻是很有价值的，甚至是很必要的。理性和情感、信念的关系，值得我们做更多复杂的思考。

2. 利弊分析不全面

要全面考虑做某件事的利弊，人们很容易忽略下面几种情况：

- 对自己精神方面的影响，比如，对心理健康和人际关系的影响；
- 对别人的影响，尤其是对比自己更弱势的人的影响更容易被忽略；
- 长期的影响。

人更容易看到在物质方面、短期内及和自己有关的影响，从而很可能做出糟糕的决策，伤害自己或别人。

使用一些结构化的分析框架，在做决策时识别利益相关方，可以帮助我们更全面地思考。

在上一章及本章中，我们就用到了这些框架：功利实用、伦理道德；人与自我、人与他人；生理、心理；知识、技能、品质；马斯洛需求体系；个体、公共。此外，在分析利弊时，精神与物质、自己与他人，都是常用的框架。在第14章中我们还会详细阐述。

3. 价值观不清晰

很多人没有清晰的、稳定的价值观，因此很难判断到底哪个利或弊更加重要，做决策时经常很纠结。

也有很多人以社会主流的价值观作为自己的价值观，忽略了自己内心真实的感受。

例如，该不该选择薪资高、工时长、出差多的工作？

同样，我们先看该工作带来的利弊，依然可以使用马斯洛需求体系框架帮助我们全面思考，并得出结论。（见下表）

	利	弊
自我实现需求	高强度投入工作，可能取得更多事业成就，获得自我价值感	工作可能不是自己感兴趣的，缺乏价值感
尊重需求	高薪资、高职级，赢得职场尊重、周围人的羡慕	
社交需求	经常出差，交友广泛	对伴侣和孩子的陪伴少，影响亲密关系，在孩子成长过程中严重缺席
安全需求	高薪资为自己和家人带来优渥的物质条件，免于物质匮乏	
生理需求		高强度的工作，让自己处于持续高压状态，可能有损自己的身心健康

尽管看上去"利"一栏的条目更多，但这并不意味着它们就更重要。

每项利弊是否重要、有多重要，关键是看个人的价值观：是金钱和职业成就更重要，还是亲密关系、亲子关系、身体健康和心理健康更重要？它们经常相互冲突。或许有的人都想要，但人生往往并不能什么都得到，选择的过程也是不断进行取舍的过程。

当前社会主流的价值观，通常会更看重世俗层面的成功——更高的收入、职级和社会地位，尤其是对男性，我们的社会对他们的职业成就往往有着更高的期待，对亲密关系、亲子关系的经营反而不被看重，而这常常带来很多家庭矛盾，降低人们生活的幸福度。

我们可以从自己和家人的感受出发，了解自己真实的需要；同时可以思考自己的选择如何受到家庭、社会的影响，反思那些习以为常的观念。最终，当形成了更清晰、稳定的价值观，面对问题不再人云亦云时，我们就不会过于纠结该如何决策。

4. 未考虑兼顾方案

很多人容易陷入非黑即白的二元思维，认为只有做或不做这两个选择。但人和事物常常都是复杂的，好的决策往往要区分具体情境。在某些情况下，应该做这件事，而在另外一些情况下，则不应该做这件事。或者，并不完全否定这件事，但可以调整方式、改变做法。

这就要求人有复杂思考的能力，有时可能需要把一个具体的决策根据现实情况进行拆分，在不同情况下讨论，最终形成一个更为复杂的决策方案。

总结

权衡论证是做决策时常用的思考方法，用以回应"该不该做某件事""做某件事会产生什么影响"这类问题。下面这份"权衡论证表"，能帮你在遇到决策难题时更全面、审慎地思考，以便得出答案。

利弊分类框架	利			弊		
	内容	重要性	判断重要性的理由	内容	重要性	判断重要性的理由
兼顾方案（保留好处，避免坏处）						

使用这张表一共有三步：

（1）**列利弊：** 使用一定的分析框架，全面列出好处和坏处。

（2）**判轻重：** 结合自己的价值观和具体情况，判断每项利弊是否重要。

（3）**求兼顾：** 考虑是否有保留好处、避免坏处的兼顾方案。

这样的理性决策更可能帮助人规避问题，减少伤害，带来好的结果。

在寻求兼顾方案时，如何才能避免一些重大的坏处？先问"为什么"，再问"怎么办"。在下一章中，我们将进入"为什么"环节，更全面、深入、准确地思考问题背后的原因。

练一练

小桃的妹妹小小桃上一年级了。

小小桃的很多同学从幼儿园就开始上课外班。小小桃喜欢跳舞，报名上舞蹈班。但爸爸发现除了兴趣培养，孩子们还要参加各种形式的学科辅导，尽可能地超前学习。

该不该也给孩子报一些学科辅导类的课外班呢？试着使用权衡利弊表帮小小桃和爸爸分析一下吧。

▶ 练习讲解

我们用一张权衡论证表来进行分析。（见下表）

		利			弊	
		内容	重要性	判断重要性的理由	内容	重要性	判断重要性的理由
对孩子	学习发展	当前学习考试成绩可能提高，孩子能掌握一些知识和能力。	★★★	小学一、二年级的成绩，以及学习能力的长期关系并不是很大；孩子一、二年级学到的知识对终身发展也不是必需的，甚至可能对儿童来说更关键的可能还是适应学校、培养学习兴趣和基本习惯。所以重要性一般。	学习压力大，学习主动性可能降低。	★★★★	研究发现，学习压力大确实容易导致学习主动性降低，而学习主动性对于孩子的终身学习至关重要，决定了孩子长期的发展。重要性很高。
	身心健康	学习到知识或提高成绩后可能表得表扬，获得一些成就感。	★★	老师普遍看重学习成绩，成绩好的学生确实可以获得更多的方式获得成就感。所以重要性一般。	心理压力大，得心理疾病的可能性增加。	★★★★	《中国国民心理健康发展报告（2017-2018）》统计数据显示，中国小学阶段患抑郁症的儿童占10%以上，高中甚至可达到40%，抑郁症导致的后果很严重，非常需要家长重视。重要性很高。
对家长		适当缓解了家长当下的心理焦虑，让家长感到当下孩子学到了东西；让家长空出一些时间做自己的事。	★★	家长可以通过培养孩子学习自主性的方式，更有效地让自己获得空间，并真正缓解长期的育儿焦虑，所以重要性较低。	当孩子学习不主动、出现心理健康问题时，家长面临的困境会更大。	★★★	等孩子上了中学，很多家长要面对青春期、受到心理健康困扰或学习主动性很低的孩子，要解决问题可能并不容易。重要性高。
兼顾方案	综合来看，给小学一年级的孩子进行额外的学科辅导，弊大于利。给孩子更多自由时间，并不代表什么都不学。可以从孩子的兴趣出发，给孩子提供好的环境（比如，多样的书籍、玩具、户外活动、艺术材料），促使孩子在玩耍中学习知识，提高能力。

| 第 10 章 |

如何洞悉问题背后的复杂原因？

- 如何找到问题中的复杂因素，对症下药？
- 如何避免错误归因，陷入错误的思维方式？

单位领导交代大牛在两天内完成一份工作报告，完成后向大领导汇报。

时间紧、任务重，大牛想抓住这次机会给大领导留下好印象。但是这份报告对他来说并不是很简单的任务，他需要些时间寻找灵感。于是，大牛就情不自禁地刷起了朋友圈，又看了几个视频，读了几篇和工作无关的文章。意识到自己在浪费时间后，他非常自责，决定回家后继续加班，把白天耽搁的时间补回来。但晚上打开电脑后，依然没什么灵感。他对着屏幕发了会儿呆，又忍不住刷起了手机，最后什么都没写出来。

第二天，在提交报告时间将近的压力下，大牛加速完成了一半工作，但对质量不太满意。他不得不和领导说，自己还需要一到两天时间。

工作效率低，迟迟进入不了工作状态，这种事情不是第一次发生了。

大牛对自己非常失望，感觉糟透了。他很想改变这种状态，但应该从哪儿入手呢？

本质洞察

改变的行动，源于对原因的洞察。需要搞清楚大牛为何拖延，才能对症下药，找到解决方案。

大牛为何会拖延呢？我们可能马上就会想到一些原因。比如，大牛的自制力太差，总忍不住刷手机——或许大牛也正是这样归因，才会感觉如此糟糕、自责。

这个原因看似很合理，但这就是全部了吗？这个思考过程有什么问题？

第一个问题是：找到的可能不是深层原因。为什么会自制力差？背后是不是有什么更深层的心理原因呢？这就需要继续深挖。

第二个问题是：思考不够全面，忽略了其他一些可能的重要原因。比如，大牛是不是不了解、不认可报告本身的价值？又或者公司的激励机制是不是有问题？等等。

被忽略的原因也可能非常关键。只有深入、全面地分析原因，在此基础上锁定重要原因，才可能带来实质的改变。

那么，应该怎么分析问题背后的原因？

解决方案

探究问题背后的原因，简单来说有两个步骤。

第一步：提出假设。导致出现某个现象的原因可能有哪些？

运用结构化归因法，结构化地、全面地寻找可能的原因。很多原因都可能导致眼前的问题，先把各种可能提出来，即"提出假设"。此时的原因是理论上存在的解释。这些解释中，哪个或者哪些才是真实的原因？

第二步：验证假设。在一些相对简单的场景中，对照当事人的实际情况，我们能相对快速地判断出真实存在的原因是什么；在另一些场合，则有可能需要应用控制变量的思维方式，找到真正的原因。

在这一章中，我们主要介绍第一个步骤，提出假设——如何尽可能清晰、全面、深入地找出现象背后可能的原因。

下一章，我们将会介绍如何使用控制变量的思维方式验证假设。

用结构化归因法思考问题，往往需要同步绘制一张树状图。在画图时，推荐大家使用画图软件，当然你也可以在纸上手绘。

使用结构化归因法的时候有两个要点：第一，运用结构化的分析框架，确保没有遗漏，即"想得广"；第二，追问深层原因，可以追问 2—5 个

"为什么",即"**想得深**"。

1. 想得广

在分析人的某些行为时,最常用的一个框架,是"**知能愿 + 内外因**"。

> 💡 **知能愿 + 内外因**
>
> 知能愿,是指认知(知不知道)、能力(能不能够)、意愿(愿不愿意)。当某人没有做某件事时,可能是他不知(不知道要做这件事),也可能是他不能(他知道要做,但以他的能力做不到这件事),还可能是不愿(他知道要做,也有能力做,但不愿意做)。相应地,如果某人能做成某件事,往往也是因为这三点同时具备:他知道要做,有能力做,也愿意做。
>
> 在知能愿每一个要素下面,又可以继续讨论内外因。
>
> 内因是指和个人有关的因素,外因是指外部因素。比如,家庭、学校、职业和社会环境。

在此基础上,我们还可以灵活使用其他的分析框架帮助我们思考。

这一分析框架具体应该如何应用?基于此,我们就结合"为什么工作效率低"这个例子来分析一下。(见下表)

学会思考：用批判性思维做出更好的判断

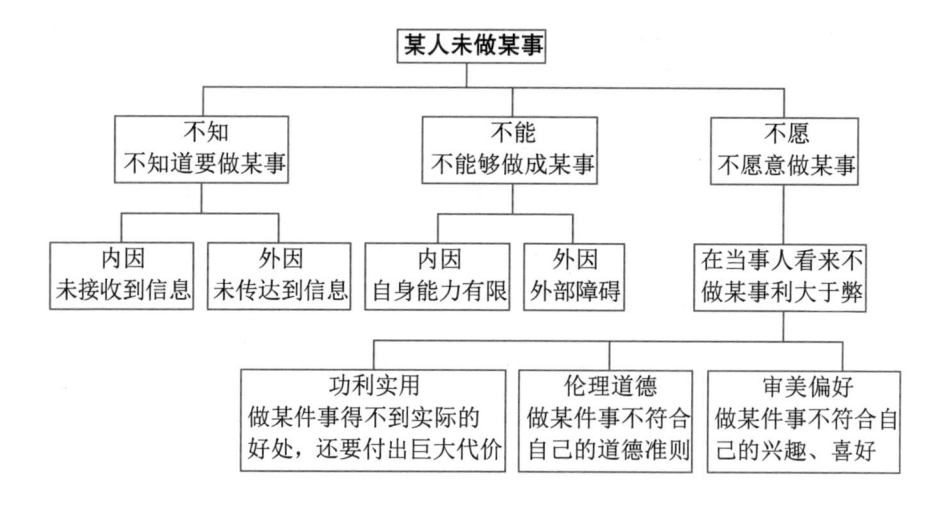

```
                      某人未做某事
         ┌───────────────┼───────────────┐
        不知             不能             不愿
     不知道要做某事   不能够做成某事    不愿意做某事
      ┌────┴────┐    ┌────┴────┐         │
     内因       外因  内因       外因   在当事人看来不
  未接收到信息 未传达到信息 自身能力有限 外部障碍 做某事利大于弊
                                    ┌──────┼──────┐
                                  功利实用  伦理道德  审美偏好
                                 做某件事得到 做某件事不符合 做某件事不符合自
                                 不到实际的  自己的道德准则 己的兴趣、喜好
                                 好处，还要付
                                 出巨大代价
```

（1）认知层面

一个人不知道自己需要完成的工作究竟是什么——例如不清楚自己的工作职责、任务要求，或者不确定相应的交付流程、工作时限，自然很难按时、保质地完成工作。

连这些基本的要求都不知道，一定是当事人的问题吗？

进一步追问，为什么不知道，又有两方面可能的原因：

内因：当事人自身的问题，例如缺乏沟通能力、理解能力不足、领导交代任务时开小差，导致无法搞清楚自己的工作任务究竟是什么。

外因：可能是公司的流程、机制有问题，比如，权责不清、缺乏沟通机制、缺乏明确的交付流程等。

（2）能力层面

明确知道自己的任务、时限，就是不能按时完成。这也有内外两方面可能的原因：

内因：个人能力不足，导致工作无法按时完成。比如，某个业务问题超出自己的能力范围，无法完成。

外因：可能客观上有阻碍高效工作的障碍。比如，家庭环境，照顾老人、孩子的负担比较重，甚至不得不占用工作时间；又如职业环境，可能同事或上司制造工作障碍，办公环境不适宜等（嘈杂、在家办公缺乏独立办公空间）。

（3）意愿层面

知道工作任务，也有能力完成，那么是不是自己内心充满抵触、不愿完成这一工作任务？

愿意或不愿意做某事，需要站在当事人的角度，思考他眼中的利弊究竟是什么。往往是因为在他看来利大于弊或弊大于利，他才会愿意或不愿意做某事。

内心抵触某项工作任务，很有可能是在当事人眼中，完成这项工作任务弊大于利。具体也可以从功利实用、伦理道德、审美偏好三个方面来审视。

在功利实用层面，如果这项任务对当事人的业绩考核没什么帮助，甚至需要占用自己的休息时间来完成，又没有额外的补助或奖金——当事人很可能就没有动力去做。

在伦理道德层面，很可能存在价值取向不匹配的问题。比如，当事人特别看重社会公正，这项任务却让他做过分夸大其词的产品营销，也会让人产生抵触心理。

在审美偏好层面，如果一个人对工作内容缺乏兴趣，或是工作本身无聊、琐碎，当事人无法在完成这项工作任务时获得愉悦感或成就感，就会痛苦不堪，抵触这项工作。

这三个层面的分析，可见下表。

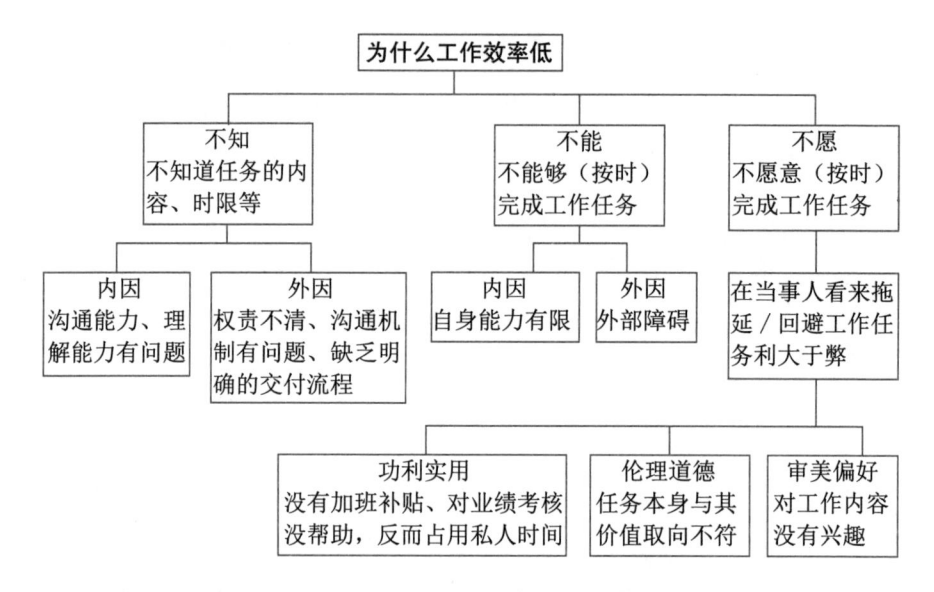

```
                    为什么工作效率低
          ┌──────────────┼──────────────┐
         不知            不能            不愿
      不知道任务的内    不能够（按时）   不愿意（按时）
        容、时限等      完成工作任务     完成工作任务
      ┌─────┴─────┐   ┌────┴────┐           │
      内因       外因   内因      外因    在当事人看来拖
    沟通能力、理 权责不清、沟通机 自身能力有限 外部障碍  延/回避工作任
    解能力有问题 制有问题、缺乏明                        务利大于弊
                确的交付流程          ┌──────────┼──────────┐
                                    功利实用      伦理道德     审美偏好
                                  没有加班补贴、对业绩考核 任务本身与其 对工作内容
                                  没帮助，反而占用私人时间 价值取向不符 没有兴趣
```

大牛属于哪种情况？这需要结合他的具体情况进行分析。

在这个案例中，他并非不知道工作任务是什么（不是不知）；

工作任务对他而言有一定难度，但以他的能力依然可以完成，且客观上并没有什么障碍（不是不能）。

看上去，他似乎有强烈的意愿，想要好好完成这项任务给领导留下好印象——也就是按时完成这项工作任务会给他带来的好处。但转念一想，他内心是否对于这份报告的内容完全不感兴趣、写作的过程让他备感痛苦？也或许这份有一定挑战性的工作，给他制造了过多的压力和恐惧，如害怕完不成任务让领导失望、害怕承认自己能力不足、害怕周围人对他有不好的评价？

如果是这样，拖延有可能成了一种**防御机制**，让大牛短暂地远离焦虑、恐慌、自我怀疑（即拖延会带来好处）——即便他在理性上知道拖延、逃避并没有用，但心理本能总会优先考虑当下的感受。

2. 想得深

我们通过结构化的分析框架，找到了大牛拖延工作的原因很可能是"不愿"——拖延给他带来的暂时性的好处，在内心的天平上占据了上风。

分析到这里还没有停止，需要继续追问，探究更深层的原因。

为什么大牛会如此害怕自己无法很好地完成工作任务？

可能他对自己有很高的期待，同时又过于依赖外部的评价来确定自身的价值。

他为什么对自己的期待如此之高，还如此看重外部评价？

这可能和他的成长经历、家庭教育有关。可能他的父母在大牛童年时对他过于苛刻，提出较高的要求和期待，让他很少感到无条件被父母疼爱。

大牛父母为什么对他如此苛刻？

这就需要考虑大牛父母所受到的家庭教育和时代的影响。

上面的追问呈现的是一个可能的例子。但通过层层追问，我们会挖掘到自己内心更深处。这样的思考，也能让我们知道如何寻求解药。

一开始，大牛可能只看到问题最表层的原因：拖延，就是自制力太差。他会对自己非常失望、极度自责。（"我怎么就控制不住自己刷手机呢？"）这种自责、愧疚，又带来更重的焦虑情绪，让他在面对工作时，内心更加痛苦，从而更想逃避、拖延。

但当他了解到拖延背后更深层次的原因后，可能会更理解、接受和善待自己，而非简单地自我攻击。他可能会理解自己父母的局限性，不会将愤怒简单转嫁给原生家庭。大牛更需要解决的是自己的消极情绪，他要学会调整预期，更积极地接纳自我、关怀自我，必要时寻求专业心理咨询的支持，这样才有可能真正解决自己拖延的问题。

学会思考：用批判性思维做出更好的判断

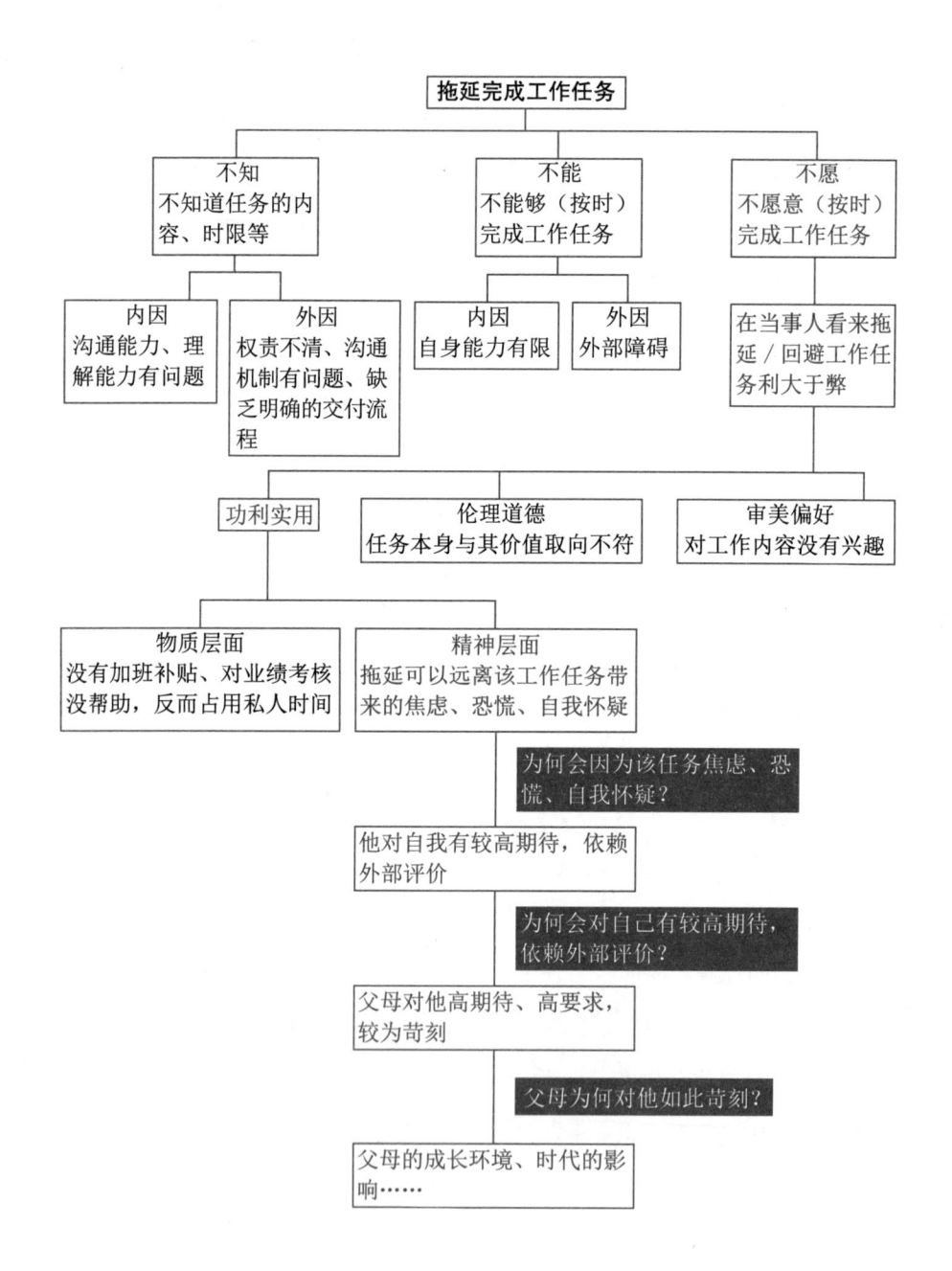

```
                          拖延完成工作任务
        ┌─────────────────────┼─────────────────────┐
       不知                    不能                   不愿
   不知道任务的内            不能够（按时）          不愿意（按时）
   容、时限等               完成工作任务            完成工作任务
    ┌────┴────┐            ┌────┴────┐                │
   内因       外因          内因       外因        在当事人看来拖
 沟通能力、理  权责不清、沟通  自身能力有限  外部障碍   延／回避工作任
 解能力有问题  机制有问题、缺                        务利大于弊
             乏明确的交付流
             程
        ┌──────────────┼──────────────┐
      功利实用         伦理道德          审美偏好
                  任务本身与其价值取向不符  对工作内容没有兴趣
        ┌──────────────┤
      物质层面         精神层面
   没有加班补贴、对业绩考核  拖延可以远离该工作任务带
   没帮助，反而占用私人时间  来的焦虑、恐慌、自我怀疑
                          │
                    ▓为何会因为该任务焦虑、恐▓
                    ▓慌、自我怀疑？▓
                          │
                    他对自我有较高期待，依赖
                    外部评价
                          │
                    ▓为何会对自己有较高期待，▓
                    ▓依赖外部评价？▓
                          │
                    父母对他高期待、高要求，
                    较为苛刻
                          │
                    ▓父母为何对他如此苛刻？▓
                          │
                    父母的成长环境、时代的影
                    响……
```

应用场景

内因和外因的分析框架普遍适用于各类分析原因的场景;"知能愿"分析框架一般适用于分析"为什么某人未做某事"的问题。

这两个框架的应用场景非常广泛。既可以应用于日常生活中的问题分析,也可以引导我们剖析一些相对复杂的公共问题、专业问题。两者结合所画出的树状图,就像一张地图,每个具体的案例都可以用这张地图作为指引,用以剖析和筛查个体行为背后有哪些可能被忽略的因素,进而更有针对性地寻求解决方案。

在这里,我们就日常生活问题和公共问题各举一例,学习如何灵活使用两个分析框架及一些其他常见的框架,并在此基础上层层追问,帮助我们想得广,想得深。

场景 1

有的孩子上课会说话、发呆、做与上课无关的事,很难遵守基本的课堂纪律。为什么会出现这种情况?很多老师或家长简单归因为孩子太调皮、不认真、不听话,甚至采取体罚措施让孩子"长记性"。但这可能忽略了很多更重要的原因,往往不能帮孩子改掉问题行为。

为什么孩子不能遵守纪律?下页这张图用结构化归因框架展示了可能的原因。

(1)认知层面

哪些方面的认知缺乏,会导致学生不遵守课堂纪律呢?

学生会不会不知道课堂纪律的存在,不知道上课的时候有一些行为禁令?更进一步提问,为什么不知道这些纪律?内因可能是他记不住这些规则,或者理解能力有缺陷;外因可能是老师、家长并没有系统细致地解释过课堂上都有哪些规则。

学会思考：用批判性思维做出更好的判断

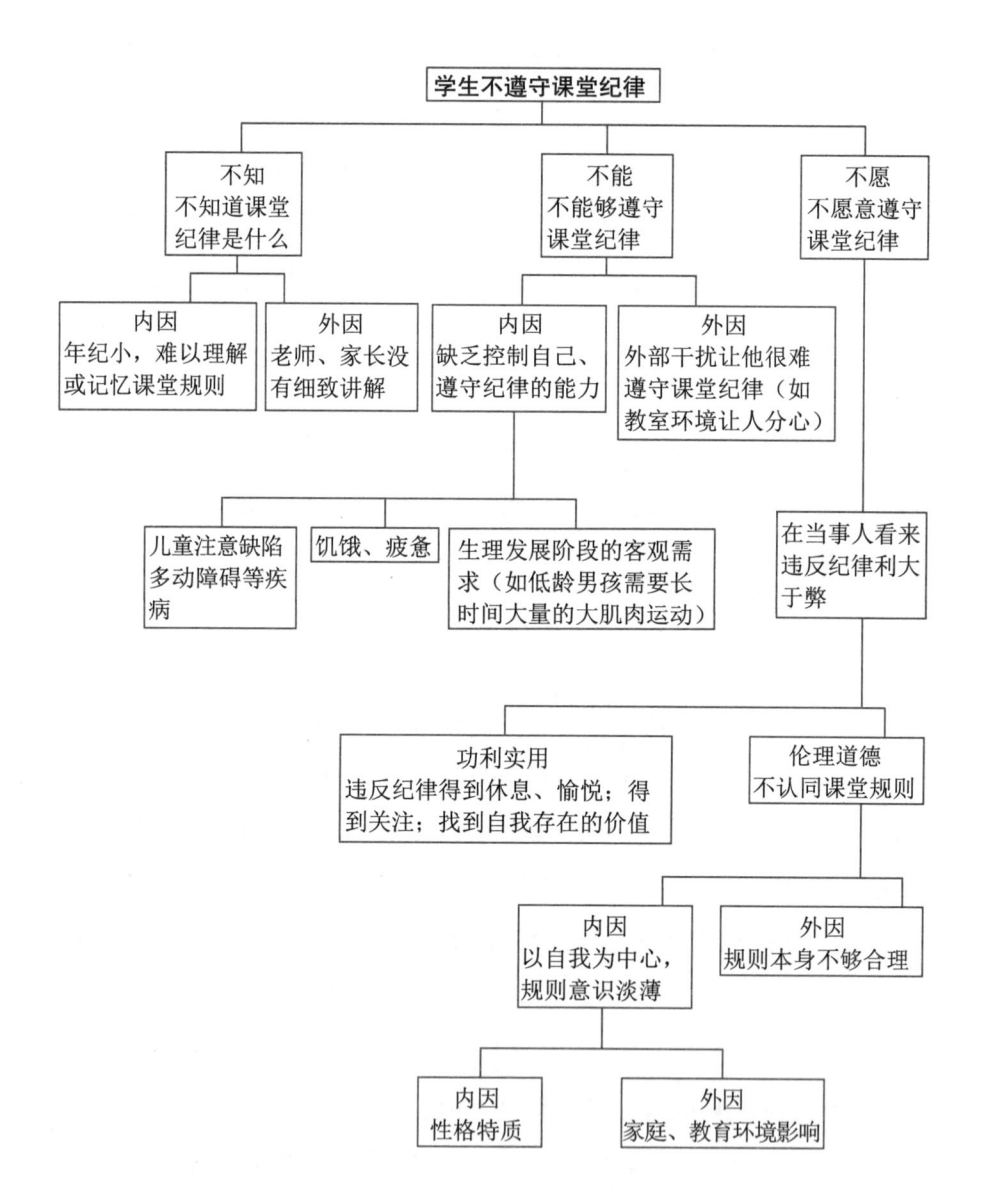

```
                           学生不遵守课堂纪律
         ┌──────────────────────┼──────────────────────┐
       不知                    不能                    不愿
   不知道课堂              不能够遵守               不愿意遵守
   纪律是什么              课堂纪律                 课堂纪律
    ┌────┴────┐           ┌────┴────┐                  │
   内因      外因        内因        外因                │
 年纪小，  老师、家长没  缺乏控制自己、 外部干扰让他很难         │
 难以理解  有细致讲解    遵守纪律的能力 遵守课堂纪律（如        │
 或记忆课堂规则                        教室环境让人分心）      │
                  ┌────────┼────────┐                    │
              儿童注意缺陷  饥饿、疲惫  生理发展阶段的客观需   在当事人看来
              多动障碍等疾             求（如低龄男孩需要长   违反纪律利大
              病                       时间大量的大肌肉运动） 于弊
                                            ┌─────────────┴─────────────┐
                                          功利实用                   伦理道德
                                      违反纪律得到休息、愉悦；得     不认同课堂规则
                                      到关注；找到自我存在的价值
                                                              ┌────────┴────────┐
                                                            内因              外因
                                                         以自我为中心，     规则本身不够合理
                                                         规则意识淡薄
                                                         ┌────┴────┐
                                                        内因      外因
                                                      性格特质  家庭、教育环境影响
```

（2）能力层面

孩子是不是没有能力遵守课堂纪律？想遵守，但缺乏自我控制、遵守纪律的能力。

那为何很难控制自己？会不会是因为身体存在某些疾病？比如，儿童注意缺陷多动障碍、抽动障碍、自闭症谱系障碍等；或者没有疾病，但是出现了饥饿、疲惫的情况，很难控制自己的行为专心听课；又或者因为生长发育阶段的特征，尤其是低龄男孩，本身就需要长时间大量的肌肉运动。

在此基础上，还可以继续追问内外因。

例如，为什么会出现儿童注意缺陷多动障碍？内因上，可能有先天遗传因素；外因上，是不是摄入了过多的铅等，诱发了多动症。

又如，即使没达到病理的程度，为什么很多学生会难以集中注意力？除了内因，在外因上，脑科学研究显示，处于过度压力下的孩子不太容易集中注意力学习。比如，当学生遭受校园欺凌、家庭暴力、父母离异分居、父母进监狱、父母过世或者在外地工作、家庭十分贫困等情况，孩子的注意力大多数都集中在自己如何生存上，无法分配更多的注意力给其他事情。

为什么他们的家庭会发生这样的情况呢？背后可能就有更为复杂的社会、经济、教育等各方面原因。

（3）意愿层面

学生不是不知道规则，也不是控制不住自己，而是主观上不愿意遵守课堂秩序。那么，为什么会不愿意遵守呢？

可能从价值观上（即伦理道德层面），他就不认同这一规则或者秩序，觉得规则是没必要的或不合理的。这有可能是规则本身确实缺乏合理性（外因），也有可能是由于学生本人的规则意识淡薄（内因）。至于他为何规则意识淡薄，背后又有诸多内外因。内因可能与他的人格特质有关；外因则可

203

能是受到成长环境的影响：如在家庭中可能家长本身就不遵守规则，或者不重视规则的重要性；在学校里，可能老师也不遵守规定，用双重标准要求孩子；从同伴环境来看，可能有学生们普遍都不遵守带来的从众效应等。

从功利实用角度看，孩子可能可以通过这些违反纪律的行为让自己获得休息和娱乐，获得大家的关注、获得在班级的地位，或者能从对老师权力的反抗中，找到自我存在的价值。孩子为何如此渴望获得关注？既有可能是因为他的某些性格特质（内因），也有可能是因为在成长中遭到漠视、缺乏父母老师的充分关注和肯定（外因）。

当我们看到这些复杂的可能的原因时，就不要过于苛责孩子，而是需要仔细询问、沟通，从最可能的原因入手，给孩子提供帮助和支持。

场景 2

在第 2 章中，我们使用了"四步法"分析贫困地区儿童辍学问题。

为什么贫困地区儿童会辍学？只是因为贫困吗？还有什么其他可能的原因？

（1）认知层面

不知道教育的重要性。进一步追问，这些学生或家长为什么会不知道？是因为信息闭塞，缺乏相应的宣教，还是因为类似的宣教缺乏说服力、吸引力，让他们不再相信教育可以改变命运？

（2）能力层面

知道教育的重要性，却无法接受教育。这就涉及客观存在的障碍，比如，家庭层面的贫困或家人的阻拦（外因）。家人为何会阻拦孩子入学？有可能是受"读书无用论"的影响，或重男轻女，不让女孩读书。学校层面，有可能因为教育资源不足、分布不均，学生上学路途过远；还有一种可能是学校拒收，比如，一些残障儿童普遍面临着入学的困难。这背后有观念上的问题（偏见、歧视），也有客观条件的障碍（如没有无障碍设施，缺乏融合教育的条件）。

有可能是因为学生自身的学习困难（内因）学不下去（知道要学、想学，但学不下去）。这里同样可以追问，为什么会产生学习困难？是因为自身的能力有缺陷——如有智力障碍、注意力障碍、阅读障碍，或是基础知识薄弱（内因），还是因为教学质量差（外因：不是自己学不好，而是老师教不好）？

（3）意愿层面

知道教育的重要性，也能继续上学，却不愿意去学校。这就需要站在学生角度思考，如果辍学会给他带来哪些利弊。

一方面，可能学校的课堂学习压力大、枯燥无趣，学生面临校园欺凌，师生关系恶劣，校园生活单调乏味、条件太差……这些因素都会削弱学生继续上学的动力；另一方面，城市中有大量低端岗位吸纳低龄、低技术的打工者，以及城市生活的丰富多彩又在切实地吸引着学生。

只有考虑不同层面的深层次原因，公共政策的制定者或是公益行动的参与者，才能找到更有针对性的干预方式。

如果只是简单地认为学生辍学是因为贫穷，那么就会认为只要给贫困地区捐钱、建学校，政府大力投资，加强贫困地区的基础教育就能解决问题。但当我们看到学生辍学很可能是因为学不下去或厌学（厌倦学校、不愿去上学），则需要更加复杂的解决方案：优化贫困地区的师资，改革教学方式，给贫困地区带去更高质量、更多元化的教学资源……只有对症下药，干预才可能有效。

这三个层面的分析，可见下表。

学会思考：用批判性思维做出更好的判断

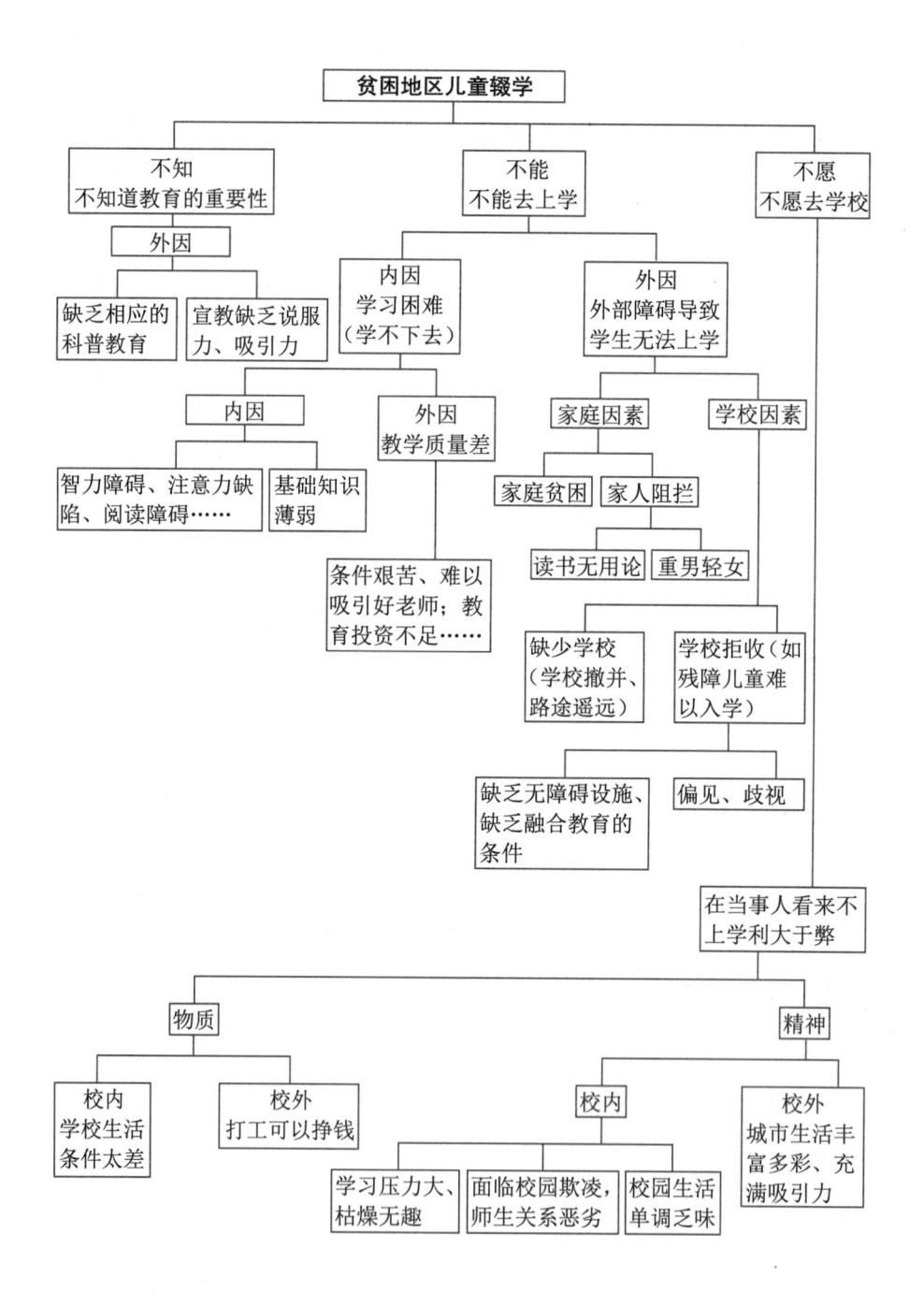

```
                         贫困地区儿童辍学
        ┌───────────────────┼───────────────────┐
      不知                  不能                 不愿
   不知道教育的重要性      不能去上学            不愿去学校
        │              ┌─────┴─────┐               │
       外因           内因          外因
                   学习困难       外部障碍导致
                  （学不下去）    学生无法上学
   ┌────┴────┐    ┌────┴────┐    ┌────┴────┐
 缺乏相应的  宣教缺乏说服   内因      外因     家庭因素  学校因素
 科普教育    力、吸引力  教学质量差            
                       ┌──┴──┐              ┌──┴──┐
                    智力障碍、注意力缺  基础知识   家庭贫困  家人阻拦
                    陷、阅读障碍……    薄弱
                                                 │        │
                              条件艰苦、难以            读书无用论  重男轻女
                              吸引好老师；教
                              育投资不足……         缺少学校    学校拒收（如
                                                （学校撤并、  残障儿童难
                                                 路途遥远）   以入学）

                                                 缺乏无障碍设施、  偏见、歧视
                                                 缺乏融合教育的
                                                 条件

                                                         在当事人看来不
                                                         上学利大于弊
                                              ┌──────────┴──────────┐
                                             物质                  精神
                                         ┌────┴────┐          ┌────┴────┐
                                        校内      校外         校内      校外
                                     学校生活  打工可以挣钱              城市生活丰
                                     条件太差                            富多彩、充
                                                                        满吸引力
                                                 ┌────┬────┐
                                             学习压力大，面临校园欺凌，校园生活
                                             枯燥无趣   师生关系恶劣  单调乏味
```

206

常见问题

1. 单因谬误

表面现象背后通常都有复杂的原因。

人在思考问题时，往往倾向于将复杂问题简单化，以寻求更高的可控性和认知上的安全感。**在归因时，认为某个现象是由某个表面的、单独的原因造成的，忽略了它可能是由一系列复杂原因共同造成的，即是一种单因谬误。**

如果孩子学习成绩不好，很多家长就容易归因为"孩子学习态度不好""不认真、不专心"。但真正的原因可能包含着更重要的因素。比如，学习内容缺乏趣味性；学习内容对孩子来说太难；老师的教学方式比较传统，缺乏互动；老师和家长强调考试排名、家庭内发生冲突或孩子和同学发生冲突，导致学生感到巨大的心理压力；考试内容和形式可能不能体现孩子的综合能力……

如果忽略这些更重要的因素，反复批评孩子"学习态度不端正"，甚至因此惩罚孩子，孩子就可能觉得委屈、无助，感到压力，甚至可能产生厌学情绪，从而导致学习成绩反而更差，问题得不到解决。

2. 错误的归因倾向

人在归因的时候常常有一些自己也难以察觉的倾向，即会不由自主地为自己开脱，或让他人"背锅"。这种归因倾向让人"严以待人，宽以待己"，不但不公允，也不利于建立良好的人际关系，更会让人无法看到复杂的真相，难以解决问题。

下面两类归因倾向最常见。

第一，面对别人的错误或自己的成功，容易内归因。内归因，就是把原因主要归为个体内在的因素。

以考上名校为例，有人认为是因为自己学习很努力；而另一个同学没考上大学，主要是因为他学习不努力。这种解释忽略了可能的、或许更为重要的外在因素：家庭教育、学校教育的资源差异等。如果意识到这些外因，精英群体更能意识到教育环境的重要性，更愿意参与到促进教育公平的行动和倡导中。

类似的情况可能发生在职场上，某位男性获得职场晋升，可能归因于自己能力很强，但忽略了很多重要的外部因素：妻子尽力照顾家庭，甚至放下自己的事业，让他得以把几乎全部精力投入到工作上；他刚好遇到行业和机构快速发展的机遇，又运气好赶上一个好项目等。如果意识到这些外因，他可能会更重视女性在家庭事务上的贡献，更愿意公平地分担家务责任；他可能也会因此对自己未来的职业发展有更强的风险意识，而非盲目自信。

家庭关系中，某位妻子觉得丈夫不善于表达感情，可能归因于丈夫不够爱自己，忽略了很多重要的外部因素：丈夫从小长大的家庭中，父辈可能也不善于表达感情等。如果意识到这些外因，这位女性可能就会对伴侣多一些理解、包容和帮助。

第二，面对别人的成就或自己的失败，容易外归因。外归因，就是把原因主要归为外在的因素。

例如，很多人会将自己迟到归因于堵车，忽略了自己的预判不足。明明知道某个时间点容易堵车，却不提前准备。

很多人把自己脾气不好归因于受到父母的影响，忽略了每个人都有自主的选择权，可以选择学习管理自己的情绪。

一些家长把给孩子报很多课外班、将自己"鸡娃"的行动及内心的焦虑归因于外部环境的影响，周围的家长都这么做、社会风气如此，却忽略了自己作为父母，有责任了解并重视孩子的感受和需要，保护孩子的心理健康。

很多人看到某位家长拒绝"鸡娃"，为孩子寻求个性化的教育方式时，可能归因为这个家庭条件好、有底气，和自己不一样，而忽略了这位家长自身的因素，他可能学习了很多育儿知识，用很大的勇气去面对环境的压力。

很多人看到某个年轻人放弃高薪厚职，选择自己感兴趣的工作，可能归因为这位年轻人是富二代，或者年龄小没有家庭负担，而忽略了他可能并没有你想象中那么好的背景、那么多的储蓄，他可能需要做很多努力、承受很多压力才能做出这个选择。

当人们面对自己的失败时，勇于看到自己的责任，才更有可能发生积极的改变；当人们看待他人的成就时，多理解他人的努力、勇气，才能学习别人身上的闪光点。

当然，和上述两种归因倾向相反的情况也是普遍存在的。比如，把自己的成功都归于外因，把自己的失败都归于内因；把别人的成功都归于内因，失败都归于外因。"不配得感""冒牌者综合征"就是这样的归因，这在自卑的人群中非常常见。

3. 忽略外因中社会结构的问题

很多现象形成的原因中都有外因，很多个体困境形成的原因中都有社会结构性的因素。这是很容易被忽略的。

以全职妈妈的困境为例，为什么全职妈妈难以回归职场？人们可能会很快归因于某个妈妈缺乏与时俱进、持续学习的意识和能力，过于专注于家庭、育儿，与社会脱节、技能过时，很难再回到职场、融入社会。

但这些归因，显然忽略了广泛存在的职场歧视。因为人们默认女性会更多地承担照料家庭、养育子女的责任；女性在求职时和男性天然地处在不平等的位置上。特别是一些高强度、高竞争性的岗位，常常直接拒绝女性进入。这样的"母职惩罚",直接阻碍了全职妈妈回归职场。

某个妈妈为什么会技能过时,难以更新自己的职业知识技能?根本的原因,恐怕不是这个妈妈自身缺乏学习能力,而是在家庭、社会上得不到支持,让她困于家务、育儿而无法抽身。为什么得不到支持?恐怕也不仅仅是因为她的丈夫不够体贴、不愿分担家庭责任,也包括"男主外、女主内"的社会规训直接主导了家庭内部的角色分工;过度竞争的职场文化也让"主外"的男性难以兼顾家庭,同时社会化托育服务的滞后,让"主内"的女性在家庭中孤立无援。

看到这些社会结构性因素,我们才能更好地理解个体面临的困境,更有同理心地看到问题的复杂性;只有更好地解决很多社会结构性的问题,才能够帮助更多的人解决问题,改善生活处境。

4. 将"不愿"都归为"不能"

什么时候是"不愿意"做某件事,什么时候是"没有能力"做某件事,这两个问题很容易被混淆。这两个问题都蕴含着更为复杂的哲学命题:人是否有真正的"自由意志",能够真正自愿地决定做或不做某事?迫于某些客观条件而不得不做出的选择,究竟是"不能"还是"不愿",或许很难有一个标准的区分方式。但**人们思考问题时,容易将一些"不愿意"当成"不能够"**,因为这样可以为自己免责。

很多人做事常常会拖延,不断拖延的大牛觉得自己是"没有能力"控制住自己刷手机,而忽视了每次拿起手机的决定都是自发做出的——他更需要审视自己内心的驱动力源于何处,自己拿起手机时到底在回避什么。

再看某些企业向河流排放污染物的行为,一家企业声称自己"不得不"向河里排污,因为处理污染物的成本很高。其实这家企业是"不愿意"清理污染物,不愿意承担相应的成本,企业主把利润和扩大企业规模看得比环保护和企业社会责任更重要。

总结

面对一个现象，在"为什么"层面，需要找到现象背后可能的原因，在此基础上再判断哪些是真实的原因。

如何找到现象背后可能的原因？可以使用结构化归因法，它能帮助我们分析得全面、深入、结构清晰。结构化归因法有以下两个步骤：

（1）运用结构化的分析框架，最常用的是"知能愿+内外因"，先分为不知、不能、不愿，每一层再分为内因、外因。

（2）通过追问"为什么"，寻找更深层的原因。

练一练

阿芒感到自己的职场发展已经停滞：他的职级已经3年没有调整了。年底，他也没听到会升职加薪的消息。

为什么阿芒无法获得职场晋升？如果你是他的朋友，你会怎么帮助他分析？使用思维导图，全面、深入分析这个问题背后可能的原因有哪些。（请尽量按照书中介绍的框架，至少列出5个可能的原因）

▶ 练习讲解

使用"知能愿+内外因"，绘制一张筛查分析的地图，一一对照，就会发现当事人属于哪种情况。具体讲解见下表。

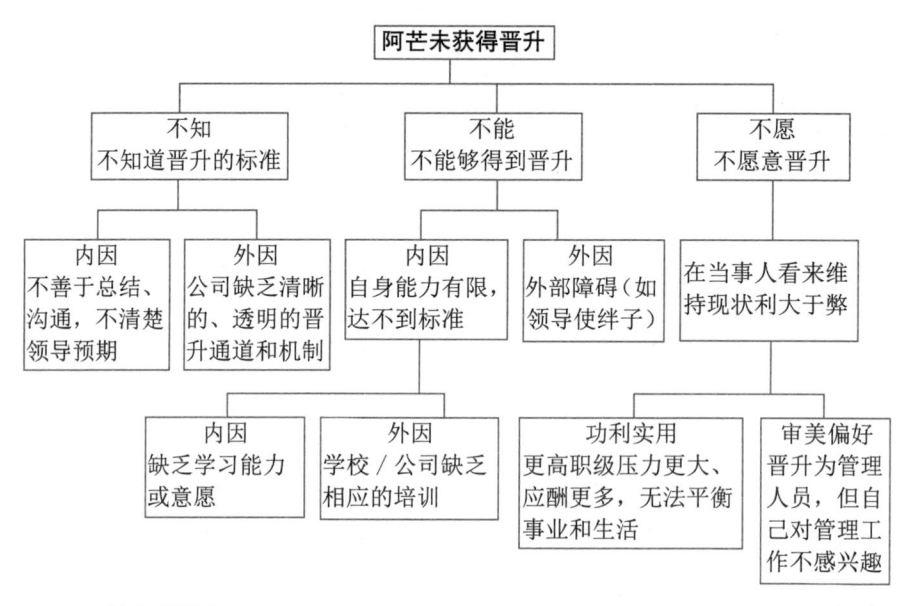

```
                        ┌─────────────────┐
                        │  阿芒未获得晋升  │
                        └─────────────────┘
            ┌──────────────────┼──────────────────┐
         ┌──────┐           ┌──────┐           ┌──────┐
         │ 不知 │           │ 不能 │           │ 不愿 │
         │不知道│           │不能够│           │不愿意│
         │晋升的│           │得到晋│           │ 晋升 │
         │ 标准 │           │  升  │           │      │
         └──────┘           └──────┘           └──────┘
         ┌──┴──┐            ┌──┴──┐               │
       ┌───┐ ┌───┐        ┌───┐ ┌───┐      ┌─────────────┐
       │内因│ │外因│       │内因│ │外因│     │在当事人看来维│
       │不善│ │公司│       │自身│ │外部│     │持现状利大于弊│
       │于总│ │缺乏│       │能力│ │障碍│     └─────────────┘
       │结、│ │清晰│       │有限│ │(如 │            │
       │沟通│ │的、│       │达不│ │领导│       ┌────┴────┐
       │，不│ │透明│       │到标│ │使绊│    ┌──────┐ ┌──────┐
       │清楚│ │的晋│       │ 准 │ │子)│    │功利实用│ │审美偏好│
       │领导│ │升通│       └────┘ └────┘    │更高职级│ │晋升为管│
       │预期│ │道和│                         │压力更大│ │理人员，│
       └────┘ │机制│                         │，应酬更│ │但自己对│
              └────┘                         │多，无法│ │管理工作│
                       ┌───┴───┐             │平衡事业│ │不感兴趣│
                     ┌────┐ ┌────┐           │和生活 │ │       │
                     │内因│ │外因│           └──────┘ └──────┘
                     │缺乏│ │学校│
                     │学习│ │/公│
                     │能力│ │司缺│
                     │或意│ │乏相│
                     │ 愿 │ │应的│
                     │    │ │培训│
                     └────┘ └────┘
```

1. 认知层面

不知道晋升的标准。

内因可能是阿芒自己不善于总结归纳，或者沟通理解能力有缺陷，无法领会到领导对下属的预期。

外因可能是公司缺乏清晰的、透明的晋升通道和机制。

2. 能力层面

知道晋升的标准，却得不到晋升机会。

内因是当事人本人缺乏获得晋升需要的相关能力，比如，领导力、沟通能力、决策能力、创造力，或者相应的业务能力等。缺乏某种能力，既有他本人的学习意愿或能力的问题，也有学校教育或公司培训机制的问题。

外因是指某些阻碍他晋升的外部障碍。比如，决定他是否能晋升的领导和他有矛盾，不让他晋升等。

3. 意愿层面

明明知道晋升的标准，也有能力得到晋升，但自己不愿意晋升。

怎么会有人不想晋升呢？阿芒不也正在因无法晋升而困扰吗？

但如果分析一个人内心更深层次的诉求，可能会发现晋升并不是他真正想要的东西，从而在行为上也有意识或无意识地对有助于晋升的事情有所回避、拖延。

例如，有可能当事人自己对管理工作不感兴趣（审美偏好）；也有可能更高的职级意味着更长的工作时间、更大的工作压力、更多的出差应酬，而当事人希望有更多自由时间发展自己的兴趣爱好或照顾家庭（功利实用）。

考虑到未获晋升背后各种可能的原因，一一对照筛查，才有可能给他人提出真正可靠的建议，或找到行动的方向。

| 第 11 章 |

如何找到导致问题的关键因素?

- 自己提出的原因是不是问题背后真正的原因?
- 通过结构化归因找到诸多可能的原因后,如何判断哪一个或哪几个比较关键?

最近，阿芒抱怨自己有点儿发胖，大牛给他推荐了一款减肥药，说里面含有一种叫左旋肉碱的物质，可以运输、燃烧脂肪，达到减肥的效果。

阿芒对减肥药不太感兴趣。但大牛接着说：“我最近也在减肥，吃了这药十几天后体重就下降了很多，减肥效果特别棒。我还能骗你不成？”

如果你是阿芒，大牛的话会不会让你想要试一试？毕竟大牛是不会欺骗你的，他确实瘦下来了。

本质洞察

这款减肥药是否真的有用？

这个问题其实是在问，大牛最近瘦下来真的是因为吃了这款减肥药吗？问题的本质是建立事物间的因果关系。

因果关系，是指一个现象或事件（A 现象），会导致或促成另一个现象或事件（B 现象）。

下雨了，雨水落在你身上导致衣服湿了，下雨和衣服湿了这两个现象之间，就构成了因果关系。这是简单直接的、能用肉眼观测到的物理因果关系。现实生活中的诸多现象之间的因果机制往往很复杂，**不能因为两件事前一后发生，就直接在二者间建立起因果关系。**

大牛吃了减肥药后体重下降，可能是减肥药中的左旋肉碱的作用，也可能是受到其他因素影响。上一章介绍的结构化归因法可以帮助我们用结构化的方式提出其他的可能性。还有哪些可能的原因会让大牛的体重下降？可能是摄入少了——规律生活后不吃夜宵，每顿饭减量或改变了饮食结构；也可能是消耗多了——健身、连续加班熬夜、情绪问题导致失眠，或患了某些会让体重下降的疾病。

如果大牛在吃减肥药的过程中也节食、健身，那到底是什么因素导致了他体重下降？或者说减肥药对他减重到底有没有起作用？我们通过结构化归因法找到的一系列可能的原因中，哪一个是关键？

解决方案

要判断 A 现象和 B 现象之间是否构成因果关系，可以问一个关键问题：**如果没有 A，那么 B 还会不会像现在这样发生变化？**

如果没有 A，B 还是会发生一样的变化，那就说明 A 没有发挥作用；如果没有 A，B 就不发生这样的变化了，那就说明 A 是原因之一。

假设大牛吃减肥药前体重是 60 千克，吃药一个月后是 55 千克。同时，想象在一模一样的平行时空里，大牛一个月前的体重也是 60 千克。在这个平行时空中的一个月里，他的生活还和真实世界一样，同样健身、节食，唯一的不同是不吃减肥药。

我们来对比一下两个时空里的大牛一个月后的体重是否有差别。如果两个时空中的体重都从 60 千克变成了 55 千克，那就说明减肥药没有发挥作用。因为即便大牛不吃减肥药，靠着健身、节食等其他因素，同样减了 5 千克。减肥药的药效为零。

但如果在不吃减肥药的平行时空，一个月后大牛的体重是 58 千克，那就说明减肥药是有用的——吃药让大牛在真实世界多减去了 3 千克。

平行时空可以让我们去比照两段几乎完全一样的经历，唯一的差别是有没有吃减肥药。这时，对比两个时空中的最终体重，可以帮助我们判断吃减肥药和体重之间有没有因果关系。（具体分析见下表）

真实生活：吃药	平行时空：不吃药	结论
两个时空中其他条件保持一致，如锻炼强度、工作强度、饮食状况等		
一个月前	一个月后	一个月前	一个月后	
60千克	55千克	60千克	55千克	无药效
			58千克	有药效

这是判断因果关系的原理。但是在现实生活中我们没法真的变出一个这样的平行时空。

那么，在现实生活中，我们可以怎么做？

1. 对照组实验法

科学家发明了"对照组实验法"。

例如，想要判断大牛服用的药有没有效果，科学家就随机分出两组各种情况都很相似的患者。假设两组人的各方面条件是一致的，区别在于一组吃药，一组不吃药，这就产生了和平行时空一样的效果。在一定时间后，对照两组人的体重有没有差异。

关于左旋肉碱，澳大利亚墨尔本皇家工学院的研究人员在2000年就进行过对照组实验。他们把36名中度肥胖的妇女随机分成两组。一组每天口服左旋肉碱，另一组服用作为安慰剂的糖丸（即以为自己也吃了药丸，心理上和另外一组是一样的）。8周后，科学家发现两组人的体重和脂肪量的变化并没有什么区别。这说明，在这个实验中，左旋肉碱的减肥药效无法被证实。2023年，美国国立卫生研究院（NIH）对左旋肉碱的减肥效果进行了总结和更新：业界有部分实验研究显示左旋肉碱补充药剂可能对减肥有一定作用，但整体还需要更大范围的研究才能进一步判断是否有因果关系。

学会思考：用批判性思维做出更好的判断

实验组吃药后	（其他条件尽量不变的）对照组不吃药后	结论
体重减轻了 N%	体重也减轻了 N%	不能证明减肥药有效

对照组实验最关键的部分是，要尽量让两组人的各种情况接近一致，只保持吃药和不吃药的区别。通常科学家会采取以下做法：

（1）抽取随机的大样本

在广泛的人群中大样本量地随机抽取实验对象，并将他们随机分配到吃药组和不吃药组。

为什么要强调随机？因为在随机的情况下，一个老年人或者一个年轻人进入实验组和进入对照组的概率是一样的。当然，也有可能在随机抽取的情况下，某组的年轻人偏多。这个时候就需要依靠增加样本量的方法来减少这种误差。就好像是扔硬币实验，扔 10 次，可能正反面的比例是 1∶9，但是扔成百上千次，这个比例就会越来越趋近于 5∶5。随机抽取实验对象也是如此，样本量越大，对照组和实验组里的人在各方面的特质就越容易趋近，越不容易出现某种类型的人特别多的情况。

如果样本不够随机，有可能会出现其他一些干扰实验的因素。比如，假想分配到吃药组的肥胖者，都是在一家专科医院找到的病人，他们出院后来参加实验。那就会存在一种可能性：这些肥胖者大都是因为治疗某种疾病、服用了某种药物才肥胖的。那过了一段时间，即使他们体重减轻了，也可能是停止治疗的结果，而不是减肥药物导致体重下降。

（2）双盲实验

被实验的两组对象，不知道自己在哪个组，每个人都以为自己吃的是减肥药。但实际上不吃药组的人，吃的是作为安慰剂的糖丸。如果不吃药组知道自己吃的是安慰剂而不是减肥药，可能会降低减肥的心理预期，这种心理因素可能影响减肥效果。

不仅仅实验对象不能知道自己在哪一组，实验的具体操作人员也不能知道。不然他们更容易对吃减肥药的那一组产生期待，这种期待也会对这组被试者产生更强的心理暗示和影响。

> **预期效应实验**
>
> 最能展现实验者预期效应是多么微妙与惊人的实验之一，是20世纪60年代由美国心理学家罗伯特·罗森塔尔（Robert Rosenthal）所做的实验。
>
> 一群心理学学生被告知他们正在上一节关于如何进行动物实验，并重复实验结果的实操课程。学生们对两组大鼠进行实验，比较它们在迷宫中认路的表现。学生们被告知第一组大鼠被特殊培育，拥有出众的空间感；另一组大鼠则没有经过特殊培育。果不其然，两组大鼠的表现有差别。被预设了空间感更好的那组大鼠，走迷宫的成绩就比另一组好。
>
> 然而，实际上两组大鼠在走迷宫的能力上并没有什么差别。它们来自同样的大鼠品系，只是被随机分为两组。
>
> 让学生先有了对大鼠实验结果的预期，就导致学生用不同的方式对待它们，从而最终影响大鼠的实际表现。

被实验对象和实验研究人员的心理预期，都可能影响实验效果。一个严谨、科学的实验往往是"双盲"实验：**被实验对象和实验者都不知道实验组和对照组的分派。**

随机、大样本量、双盲，是现代实验非常重要的几个防止混淆因素的手段。此外，科学家也会在可控的范围内尽量剔除不相关因素的干扰。例如，科学家会给两组被试对象都安排适度的、相同程度的运动锻炼，避免某一组运动过多而影响实验结果。

因此，观察一个对照组实验时，除了要观察两组间 A 现象变化了以后 B 现象是否也不同，还要观察在 A 现象以外，两组的其他条件是否趋于相同。越趋于相同，意味着实验对其他可能的干扰因素控制得越好，这个因果实验的可靠性越高。

2. 准实验

现实生活中，并不是所有对因果关系的验证都能设计成一个实验。来看下面的例子。

> 在互联网上，有不少文章和视频都在吐槽，很多大学生找不到工作，学历几乎等于废纸。
>
> 网友评论："不如躺平，直接找个送外卖的工作！"
>
> 大牛感叹："真是三十年河东，三十年河西啊，学历也快没用了。"

这样一个简单的场景，也是在分析判断因果关系：一个人的学历（受教育程度）会不会影响他的收入。

在现实生活中，这个问题没有办法随便地做随机对照组实验。因为不同于科学家可以决定给不给被实验者吃药，我们不能随机抽出两群人，不允许其中一群人上大学，破格让另一群人全都上大学，几年后对比两者的收入差距。这既是违反法律、违反伦理的，也是无法在现实生活中进行操作的。

这个时候该怎么办呢？

同样地，也是要借用对照组实验的思路，在现实中找出受教育程度高的人群和受教育程度低的人群，尽量让他们其他方面的条件一样，对比两者的收入差别。如果两群人其他条件都一样，受教育程度高的人的收入高于受教育程度低的人，那么教育对收入就有正面的作用。这种方法被称为准实验法。社会学家们通过统计分析的专业软件和方法来进行准实验，对于普通读者而言，理解其原理即可。

准实验的关键点在于，让两组人在受教育程度的差异之外，其他方面尽可能一样，排除干扰因素。（具体分析见下表）

实验组：受教育程度高	其他条件不变的对照组：受教育程度低	结论
收入为 N	收入小于 N	教育有作用

在教育与收入这个"准实验"中，有哪些干扰因素呢？教育程度高的那一组，会不会自带什么其他条件，容易让人收入更高呢？

也许，有些人的家庭背景本身就特别好，不仅让他们接受了更多更好的教育，也给他们带来了更多人脉，这些人脉资源在找工作、做业务等环节给他们带来了实际的好处，帮助他们提高了现实收入。这时候，收入高就不一定是因为受教育程度高，也可能是好的家庭背景导致的。还有可能，有些人可能天生智商高，他们可能在教育体系中如鱼得水，赢得应试的竞争获得更高的学历，在职场上也能游刃有余，获得更高收入。这时候，真正影响收入的因素可能是先天条件，而不是后天的受教育程度。因此，我们就要选家庭背景相近、智商相近的人做研究对象，再去观察教育和收入有没有相关性。

在尽可能地排除各种干扰因素后，实验研究的两组对象各方面越相似，如果不同的受教育程度仍然会显现出不同的工作收入，我们就越可能认为受教育程度和工作收入之间存在因果关系。

国外有经济学家在研究教育和收入关系时，会选择一起长大的同卵双胞胎作为研究对象。在这种情况下，他们的先天智商和家庭背景是非常相似的。结果仍然会发现教育对收入的正面影响。

主流经济学界的大量研究认为，教育对收入是有影响的，一般认为教育年限每增长一年，净收入会对应增加一定百分比。

此外，沿用"对照组实验法"的思路，我们也可以多问一句：如果有一个平行时空，这部分受教育程度高但收入低的人群，一开始就不接受高等教育，在经济形势同样不好的大背景下，收入是否会比现在更低？

因此，当看到网络上的"读书无用论"时，不能看到一部分大学毕业生没有获得高收入或者存在失业的状况，就简单相信教育真的对收入不再有重要影响，否则就会犯下"以偏概全"的谬误。我们更应该相信更为严谨的社会学研究，看到教育和收入之间的整体关联，而不是根据个案或者一时的经济形势去推测。

应用场景

你可能会觉得这样的对照组实验法或准实验法，是在自然科学或社会科学研究中才会用到的方法。但是，如果我们在日常生活中也有这样的意识，不仅能避免被误导，也能形成更严谨、更有说服力的观点。

1. 信息输入

在信息输入的场景下，使用"平行时空"或者"对照实验"的思路、方法，可以让我们更科学、谨慎地对待生活中的一些因果判断。

讲一个典型的例子，一些文章建议家长多培养孩子"延迟满足"的能力。所谓延迟满足，是指放弃眼前立即可获得的奖赏，目的是为了获得以后才实现的奖赏。

为什么要让孩子学会延迟满足？一个经常被援引的论据是"棉花糖实

验"。这个实验发现，一个能够坚持延迟满足的孩子——能坚持 15 分钟不吃面前的糖来获得第二块糖，未来的发展相比于那些无法坚持延迟满足的孩子更好。

那么，这个实验及其结论是否有说服力？延迟满足的这种能力（先出现的 A 现象），是成功（后出现的 B 现象）的原因之一吗？

这时，就需要有意识地检查在这个对照实验里，延迟满足和不延迟满足的孩子，在其他方面是否基本一样，有没有干扰因素。

有的富裕家庭的孩子，对糖并不是很渴求，他可能能相对轻易地抵御住眼下棉花糖带来的诱惑。但富裕家庭的孩子，也可能因为家庭资源的支持，在未来的发展上可能更成功。换句话说，他的成功可能并不是延迟满足带来的，而是富裕的家境带来的。

于是，在一项新的实验中，研究者们有意识地控制住家庭环境这个变量。他们发现，当孩子的家庭收入差不多时，尤其是母亲都拥有大学学历的情况下，孩子面对棉花糖能否延迟满足和后来是否成功并没有什么关联。这体现出科学研究的复杂性，对于延迟满足和儿童未来发展的关系，科学领域尚没有被普遍认可的结论。批判性思维也要求我们保持开放心态，广泛搜集证据，认识到问题的复杂性，为修正观点做准备。

有位家长说，小孩子就是不能夸，上次考试进步了一点儿，夸了夸，结果这次成绩就一落千丈了。

在这里，我们看到家长在先发生的"夸奖"（A 现象）和后发生的"成绩退步"（B 现象）之间建立起了因果关系。

但是，这真的成立吗？上次考试和这次考试，除了是否有夸奖，其他条件都相同吗？

其实，有多种干扰因素都会影响孩子的成绩，比如孩子当下的身体状况、心理压力，考卷的难度等。一些心理学家通过对照组实验的方法，研表扬和夸奖的作用。心理学家赫洛克（Hurlock）曾经将学生随机分为几组，其中有受表扬组和受批评组，受表扬组每次完成一定的任务后，研究人员就会对他们进行表扬；受批评组则反之。实验结果显示受表扬组的表现优于受批评组，并呈现越来越好的趋势。

心理学家罗森塔尔则在一所小学里随机抽取了十几名学生，并私下告诉老师们这些学生将大有可为。老师们受到这样的暗示后，不自觉地更多鼓励和支持这些学生。结果过了一段时间后，这部分学生比其他学生显示出更大的进步。

也有心理学家进一步研究何种形式的表扬和夸奖更有效果。心理学家卡罗尔·德韦克通过实验认为，被夸聪明的孩子，为了保持自己的聪明形象，容易回避更具挑战性的任务，也更难承受失败的挫折；而被夸努力的孩子，对挑战更有掌控感，面对失败更有成长型思维。

所以，合理的夸奖也许能促进孩子更好的表现。如果家长只是简单根据一次或几次成绩下滑，就推出"夸奖导致退步"的结论，不再夸奖孩子或改为批评孩子，有可能对孩子的心理和成绩产生更大的负面影响。

同样地，许多公共政策的讨论背后，也隐藏着对因果关系的暗示。

例如，媒体报道称××政策颁行后经济增长速度放缓——这似乎是将该政策视作经济增长放缓的原因（之一）。但这样的表述，实际上只能表明A现象（××政策颁行）和B现象（经济增长速度放缓）的先后关系，无法证明因果关系。要证明因果关系，需要观察在其他因素都不变的情况下，如果没有采取这个政策，经济是不是就不会放缓。

在现实中，我们如何寻找诸多因素保持一致的情况来进行对比呢？一个方法是寻找相似的历史时期，或者相似国家的情况进行对照，并且研究其中可能的因果机制。

在现实中，××政策颁行后经济放缓，可能是全球经济的影响导致的，如果没有这个政策，经济就可能退步得更厉害。这告诉我们，凭直觉进行的因果判断，有可能和实际研究结果相反，因此更需要使用对照实验的思路去检验。

2. 信息输出

在信息输出的场景中，我们也可以采用上面的对照组实验法或准实验法，来分析验证生活或工作中出现的问题，寻找真正的原因。

例如，你觉得孩子最近实在太淘气了（先出现的 A 现象），搞得自己经常生气（后出现的 B 现象）。将自己的情绪失控归咎于孩子——但两者之间真的有因果关系吗？

我们可以去寻找"对照组"——孩子不那么淘气的时候，看看自己是不是也总生气。如果经过回忆，发现孩子不淘气的时候，其实自己也很容易发脾气，也就是说 A 现象（孩子淘气）发生变化的时候，B 现象（你发脾气）其实没变，那么我们就不能说两者构成因果关系。因此，你就不能直接把生气的原因归到孩子头上。

假如孩子不淘气时你就不生气，淘气时你就容易发脾气，也就是 A 现象出现时，B 现象也会出现。那么你也需要考虑，孩子淘气和不淘气的两类情境下，其他条件是否保持了一致，会不会有别的干扰因素才导致你生气。例如，可能最近你的工作压力变大了，借着孩子淘气的机会去发泄心中的压力。比起给孩子贴上"淘气"的标签，或斥责、惩戒孩子，你自己更应该调整工作节奏、调节工作压力。或许经过调整，你会发现即使孩子淘气，自己可能也不会生气。

同样地，当我们在工作中需要解决一些棘手问题时，也可以通过对照实验的思路找到问题的关键原因。

以某件产品的销量不佳为例，我们通过用户调研等方式，提出了几个可能的原因。那么，我们怎么进一步验证哪个原因才是最关键的？

我们可以在第一次测试中部分投放外观设计被调整的产品，在第二次测试中部分投放性能被调整的产品，在第三次测试中部分投放宣传包装被调整的产品，然后与原产品的销售转化率进行 a/b 组对比，这样就能发现哪个因素对销量有影响，哪个因素影响的程度更大。需要注意的是，我们需要保持每个测试只变化一个因素，而其他条件保持不变。如果我们同时调整产品外观和性能，当产品的销售转化率发生变化时，我们就无法区分这究竟是外观还是性能所带来的影响。

注意事项

1. 不要把现象之间的时间先后关系直接等同于因果关系

生活中，我们很容易认为一前一后发生的现象构成了因果关系。

一个年轻人去寺庙烧香，祈求自己能通过考试，当他真的通过考试了，可能误以为成功的主要原因是去寺庙烧香。"拜锦鲤"之后遇到好事，"眼皮跳"之后遇到坏事，都是非常典型的归因谬误。

2. 不要把两个现象频繁地先后出现直接等同于因果关系

有时我们遇到的不是个别现象的偶然先后出现，而是两个现象总是紧密地联系在一起，频繁地共同出现。如果出现多例孩子打疫苗后患上某种疾病的新闻，那么，我们能不能直接说是疫苗导致了这种疾病？

由于我们无法直接排除引发疾病的其他因素，因此仍然要去看对照实验或者参照对照实验收集的数据。可以去查一查资料，看看在没有推广这种疫苗的类似时期，或者在没有推广这种疫苗的类似国家或地区，是不是每年也有这么多比例的孩子患这种疾病？总之，想要证明因果关系，需要我们有更深入的对照数据和对因果机制的研究。

3. 不要直接把个别反例用于推翻因果关系

我们经常可以听到一些观点，比如"体罚不利于孩子身心健康发展""抽烟导致肺癌"，有的人会反驳："我就是被打大的，现在不是发展得很好吗？""我爷爷就是个烟枪，也没得肺癌呀？"

由于个体的差异，有的人天生韧性很强，有的人天生不易得癌症，体罚、尼古丁的影响可能会因为个体特质而弱化。因此，科学家会用更大的样本量来做准实验，通过更大的样本量，了解实验组里被体罚、抽烟导致的心理问题和健康问题，会不会比对照组里没有被体罚、没有抽烟的人群更严重。

4. 注意控制变量，排除干扰因素

在进行对照组实验或者准实验时，需要尽可能地排除其他干扰因素，即控制变量。

如果要测试的是 A 现象变化是否导致 B 现象也发生变化，要注意的是，尽量只让 A 现象发生变化，避免在这个过程中可能影响结果的其他现象同时发生变化，否则就无法较为精确地验证 A 现象和 B 现象是否构成因果关系。

总结

我们以为的原因未必就是真正的原因。探索因果关系，首先需要避免只凭直观感受就做出判断。

每当遇到需要进行判断的场景时，我们可以多问一句：虽然 A 现象后是 B 现象，那么如果没有 A 现象，B 现象也会出现吗？是否有对照实验支撑因果判断的结论？

每当看到一些似乎经过对照实验得出的结论时，我们也要有意识地检查两组对象的其他情况是否相似，是否有未被排除的干扰因素。

必要时，我们可以根据现实中的具体状况使用这张"因果分析表"，来

帮助我们理清思路，进行理性判断。

在 A 条件下	其他条件不变的平行时空/对照组，没有 A	结论
结果是 B	结果还是 B	A 不是原因
结果是 B	结果 B 变化了	A 是原因之一

只有找到问题背后真正的原因，我们才有可能找到真正有效的应对方案。

当然，随机对照组实验（及准实验）的方法有其局限性，在现实生活中，我们无法把对照组打造成一个其他条件完全不变的平行时空。许多研究者也在不断完善、反思这种实验方法。除了定量的实验，定性的逻辑研究、个案研究，也都是因果关系判断中非常重要的方法。

在进行因果判断时，也要注意区分"原因"和"背景条件"。比如，我今天出门发生了车祸，如果我不出门，肯定就不会有这场交通事故。但这里"我出门"是一个常规的背景条件，而不是导致车祸的原因。

本章为读者提供了一个因果关系的基础入门视角，希望能够帮助大家避免简单归因，提升因果判断的准确率。

从下一章开始，我们将进入"怎么办"环节，探究问题最终的解决方案。

练一练

1. 在一次教育论坛发言中，一位发言者指出，研究显示在美国的大学入学考试（SAT）中，学习了 4 年以上艺术（含音乐）课程的考生，比那些学习艺术（含音乐）课程的时间少于半年的考生，在阅读成绩平均分、数学成绩平均分和写作成绩平均分上，分别高出 54 分、51 分和 59 分。

因此，他认为，艺术（含音乐）课程能促进 SAT 考试成绩的提高。

你如何看待这位发言人的观点？

2.爸爸给小桃报了同学科的两个在线培训班，想从中选一个更适合小桃的。这两个培训班一个在周五晚上，一个在周日早上。周五晚上爸爸加班，不能赶回来陪小桃上课，看上课视频回放时发现小桃上课积极举手，状态很好。周日早上爸爸陪小桃上课，老师有点口音，一节课下来发现小桃不喜欢举手，状态不好。于是，爸爸认为周日老师的口音让孩子无法适应，需要换老师或者只选择周五的课程。

你同意小桃爸爸对因果关系的判断吗？

▶ 练习讲解

1.我们该如何看待这位发言人的观点？
使用"因果分析表"，看看理想中的对照组实验是怎样的。

实验组：长期学习了艺术课程	对照组：没有长期学习艺术课程	结论
两组其他条件保持一致，如家庭经济条件、父母的文化水平、学生自身的学习能力、毅力等		
分数为 N	分数小于或大于 N	艺术课程对分数有作用
分数为 N	分数等于 N	艺术课程对分数无作用

发言者的发言中，对照组的分数确实低于实验组。但是要得出"艺术课程对分数有作用"的结论，还有一个重要的前提，那就是**两组学生的其他条**

件保持一致。可以针对发言人的观点进一步提出疑问，以帮助我们判断他的结论是否站得住脚。

发言人提到的长期学习艺术课程和没有长期学习艺术课程的两组学生，是否使用了大样本随机双盲实验，保证两组学生在学习艺术课程之外的条件一致？

如果是使用准实验的方式得出的结论，进行对比的两组学生的其他条件是否保持了一致？例如，那些长期上艺术课的孩子，可能就出生在经济条件较好的家庭，也更有能力购买各种教辅图书或参加各种线上线下培训，因此他们的成绩更好；重视艺术的家庭，可能家长本身文化素养高，对学生学业有更多潜移默化的正面影响。又如，能坚持长期学习艺术的孩子，可能本身就是有毅力的孩子，同时这种品质也让他们的成绩更好。再如，那些有余力用一部分时间学艺术类课程的学生，本身可能学习能力就很强，这也让他们的 SAT 分数更高……所以，在这些可能的干扰因素没有被排除的情况下，我们不能轻易地断言因果关系。

2. 小桃爸爸对因果关系的判断正确吗？

爸爸在对照两门课程时，看到了周日老师的口音不如周五老师（A 现象），以及孩子周日的课堂表现不如周五的课堂表现（B 现象），因此直接将一前一后两个现象之间的关系，当成了因果关系。

A、B 之间究竟有没有因果关系？先使用"因果分析表"，虚拟一个理想的对照组实验。（见下表）

实验组：老师有口音	其他条件不变的对照组：老师没口音	结论
孩子不积极	孩子也不积极	口音不影响孩子的态度
孩子不积极	孩子更积极了	口音影响孩子的态度

根据爸爸的观察，小桃确实是在老师有口音时不再积极举手，但要得出这是老师的口音导致的结果，同样需要保证周五、周日两次上课的其他条件一致。

事实上，有不少因素可能影响孩子在周五和周日出现不同的表现。例如，可能是周日上午爸爸的陪伴导致孩子不敢在家长面前说话；可能是周日一早起床没有睡醒或因周末不能外出玩而生气等因素，影响了孩子的状态；可能是周五和周日上课内容不一样，一个孩子感兴趣，一个孩子不太感兴趣；又或者两次上课内容是一样的，第二次再上实在提不起兴趣……

如果这些干扰因素没有被排除，我们就很难下结论说小桃状态不好是老师口音导致的，因此直接要求换老师，或许不是一个明智的做法。

| 第 12 章 |

如何找到更多解决问题的方案?

- 面对问题，如何思考、寻找解决方案？
- 如何评估不同的解决方案，从中找出最优的行动路径？

老桃的孩子出生后，他的父母从老家过来帮忙照顾孩子。原来宽敞明亮的两居室，瞬间变得拥挤杂乱。

老桃和爱人认为，应该买一套大三居。这意味着他们需要支付高昂的首付款，未来每个月也将负担高额的房贷。老桃和爱人列出了"开源节流"的方案：加更多的班、取消每年的家庭旅游、退掉健身房年卡、日常开销记账、每日咖啡这样的开销能省则省……

为了住进大三居，他们所做的这一切值得吗？老桃也为此感到很纠结。

本质洞察

我们可以理解老桃的纠结。对于是否应该购买一套大三居——老桃可以用第 9 章学到的权衡利弊法，列出这样做的好处和坏处，通过审视自己的价值观，思考这些好处和坏处的重要性，再进行决定。

但是，在"房子不够住"这个难题中，换房是唯一的选择吗？

在权衡换房利弊、思考如何"开源节流"前，或许老桃可以换一种思考问题的方式：先找到更多的解决方案，从中挑选相对更好的方案付诸行动。如果没有用系统的方法列出多种方案进行筛选，只是采用大脑中直觉跳出来的方案，我们很容易让思维受限，解决问题的效果也将受到影响。

那么，老桃该如何找到更多解决问题的方案，并从中选择最优方案呢？

解决方案

我们可以使用【目标－手段】的分析框架，构建一个考虑更充分、全面的论证，推出最后的解决方案。

使用【目标－手段】框架分析问题，有如下三步骤：

目标： 通过追问，发现真正的目标；

手段： 围绕目标，使用结构化的方法，尽可能列出更多的手段；

评估： 评估每个手段，挑出最优的手段或者手段组合。

1.【目标】：发现真正的目标

在思考问题的解决手段时，我们要做的第一件事就是追问自己——我这么做是为了什么？否则，我们很可能因为错误的目标或者浅层的目标而缘木求鱼。当目标看似很明显时，一定要有意识地追问：**这真的是我的目标吗？它服务于什么，背后有更深层次的目标吗？** 老桃换房的案例，分析如下：

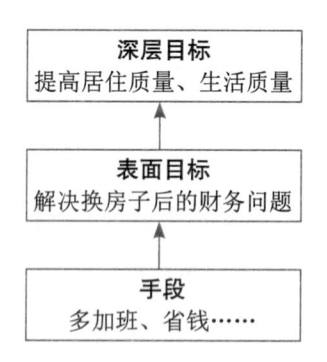

```
┌─────────────────────┐
│      深层目标        │
│ 提高居住质量、生活质量 │
└─────────────────────┘
           ↑
┌─────────────────────┐
│      表面目标        │
│  解决换房子后的财务问题 │
└─────────────────────┘
           ↑
┌─────────────────────┐
│        手段          │
│    多加班、省钱……    │
└─────────────────────┘
```

当老桃夫妻俩绞尽脑汁想各种多赚钱、少花钱的方法来解决首付和房贷的问题时，其实已经把目标局限在"解决换房后的财务负担"的问题上。但是，这真的是他们的目标吗？他们为什么要换房？换房本身并不是目标，最终是服务于提高居住质量这个目标。更具体地说，是为每个家庭成员提供舒适的生活空间，不再拥挤杂乱。

当我们重新定位目标后就会发现，其实有很多方法可以提高居住质量。老桃和爱人并不一定只能过多加班、少享受的生活。

2.【手段】：通过结构化的方法，尽可能列出更多的手段

找到真正的目标，就为分析打下了坚实的地基。接下来，我们要寻找的是能实现目标的最优手段。

我们需要先列出尽可能多的手段，以便从中挑出最优选项。如果陷在某个固定思维中，我们就很可能和最好的手段失之交臂。

想象一场 4×100 米的短跑接力赛：50 米的跑道，每班派出 4 名同学，每一棒接力的同学需要跑一个来回再把接力棒交给下一名同学。这时，第二棒跑回来准备交棒的时候，负责第三棒的同学还没接着棒，就脚底一滑摔倒在地。我们可能会预期第三棒先爬起来、再捡棒起跑。但此时还有其他解决问题的方案吗？如果此时第四棒的同学直接捡棒，顶替第三棒的位置，是否更有可能节省时间，赢得这场比赛？

因此，**寻找更多解决问题的手段是非常重要的一环**。

如何寻找更多的手段？一种方法是头脑风暴——自己或者团队，尽可能发散思维，写出所有能想到的手段。也可以向朋友、专家请教，或者去网络和数据库中检索资料。这都可能给我们带来启发。

还有一种非常重要的方法，就是通过结构化的思考，按照一定的分类规则，尽可能全面地推演出可能的手段（在这个过程中可以先不评价手段的优劣）。在第 14 章中，我们还会详细介绍结构化思考的原则。简单来说，就是分出的各类别之间彼此没有重叠，加总起来能覆盖全局，"不重不漏"。

学会思考：用批判性思维做出更好的判断

回到老桃的例子中，老桃夫妇的目标是提高居住质量和人均居住面积。

人均居住面积 = 总面积 ÷ 人口数

想要提高人均居住面积，可以考虑如何扩大总面积，以及如何减少人口数。（具体分析见下表）

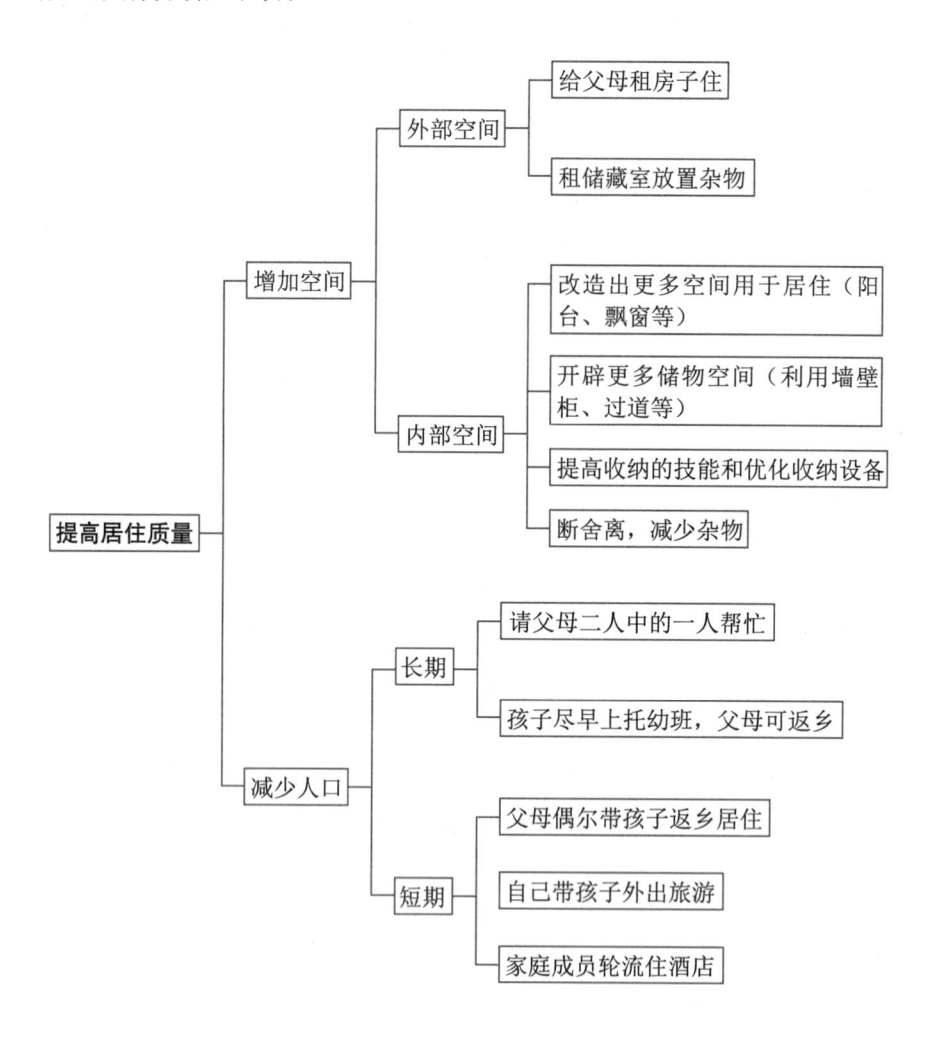

提高居住质量
- 增加空间
  - 外部空间
    - 给父母租房子住
    - 租储藏室放置杂物
  - 内部空间
    - 改造出更多空间用于居住（阳台、飘窗等）
    - 开辟更多储物空间（利用墙壁柜、过道等）
    - 提高收纳的技能和优化收纳设备
    - 断舍离，减少杂物
- 减少人口
  - 长期
    - 请父母二人中的一人帮忙
    - 孩子尽早上托幼班，父母可返乡
  - 短期
    - 父母偶尔带孩子返乡居住
    - 自己带孩子外出旅游
    - 家庭成员轮流住酒店

我们再逐项分析一下。扩大总面积，可以有以下两种方式。

（1）从外部增加空间：除了购买空间（买一套更大的三居室），也可以租用空间。既可以给人租——在家附近为父母租一套房；也可以给物租——租用一个储物间放置家中杂物。

（2）从内部增加空间：可以考虑改变空间用途，以开辟更多空间用于居住——改造飘窗、阳台、搭建隔层等；也可以考虑增加储物空间以腾挪空间供人居住、活动——利用墙面、过道等空间开辟新的储藏空间；也可以考虑压缩物品占用空间以增加人的使用空间，加强收纳（学习更科学的收纳分类方法，配备更实用的收纳柜盒），断舍离，减少杂物……

减少人口数：从长期来看，可以考虑父母二人只请一人来帮忙；可以让孩子尽早上托幼班。从短期来看，可以偶尔请父母带孩子回老家居住一段时间，或者自己带孩子外出旅游，或者家庭成员可以轮流住一下酒店。

3.【评估】：评估每个手段，挑出最优的手段或者手段组合

尽可能全面地列出手段后，我们就可以对每个手段或者手段组合的成本收益进行评估，从中挑选出最优选项。

我们可以使用多种框架对手段进行评估。可以简单用"好处""坏处"进行评估，即对每个手段的利弊进行权衡；也可以用更加结构化的方式，从某一手段的有效性、可行性、负面性、必要性等不同角度评估其利弊。当手段的选择涉及多个复杂因素、多个利益相关方时，可以用我们在下一章介绍的"赋值法"来评估选择。

在老桃一家提高人均居住面积这一难题中，我们以其中的三个手段为例，分析每个手段的好处或坏处。下页表的分析思路可供参考。

学会思考：用批判性思维做出更好的判断

目标：提高人均居住面积，提高居住质量、生活质量					
手段	好处	重要性	坏处	重要性
只请父母中的一方，或者双方轮流来帮忙带孩子	• 快速达成目标		• 父母之间缺乏陪伴和相互支持	
改造空间	• 一定程度上达成目标		• 设计师的设计费用、施工改造费用 • 施工产生的噪声和环境污染 • 可能需要暂时找临时居住房屋	
换三居室	• 有效达成目标		• 更加沉重的首付和房贷压力 • 工作负担加重，生活质量下降 • 用较长时间看房 • 办理买卖房屋手续 • 需要布置新房子等	
结论				

手段1：只请父母中的一方，或者双方轮流来帮忙带孩子

好处：迅速让家庭人均居住面积增加。

坏处：会让父母被迫分离，无法共同生活，缺少陪伴和互相支持。对此，有的家庭可能会接受，有的家庭难以接受。

手段2：改造空间

好处：一定程度上增加使用面积。

坏处：会有设计师的设计费用、施工改造费用、施工产生的噪声和环境污染等，有可能让幼儿暂时无法居住，需要另找临时居住房屋。

手段 3：换三居室

好处：明显提高人均居住面积。

坏处：会有更加沉重的首付和房贷压力（可能导致工作负担加重和生活质量下降，与提高生活质量的深层目标背道而驰），需要用较长时间看房、办理买卖房屋手续、布置新房子等。

每个家庭可以根据自己的实际情况，判断每个手段对自己有哪些好处、坏处，以及各个好处、坏处的重要性，找出好处最多最重要、坏处最少最不重要的手段或者手段的组合。

应用场景

【目标—手段】的思维框架，在生活、工作和公共讨论中都可以广泛地应用。当我们因"该不该为了×××（目标）而做某事（手段）"而纠结时，我们可以用这一框架帮助自己梳理思路；我们需要为解决某一问题提出具体解决方案时，使用这一框架深入分析，能够提高决策质量。

1. 信息输入：评估他人的要求、建议

在工作和公共讨论中，一些出于管理考虑所提出的举措，往往都可以用【目标—手段】的思维框架对其合理性加以审视。

例如，"为了培养集体观念（目标）而要求学生统一着装（手段）""为了捕捞入侵鱼类（目标）而抽干公园湖水（手段）""为了提高销量（目标）而对员工设定某一 KPI（手段）"。

我们来具体分析一个案例：

有学校在课堂上引入"智慧课堂行为管理系统"。学校在教室

学会思考：用批判性思维做出更好的判断

内安装摄像头，系统每隔30秒会进行一次扫描，针对学生们阅读、举手、书写、起立、听讲、趴桌子等行为并结合面部表情，分析出学生们在课堂上的状态。如果不专注的行为达到一定的负分值，系统就会向任课老师的显示屏推送提醒。

你如何看待学校采取的这一措施？

（1）评估目标

我们需要追问，引入这套管理系统的目标是什么？

浅层目标是让老师实时了解学生的状态。

了解学生的状态，又是为了什么？——更深层次的目标是让学生上课更加专注。

这可能是一个具有说服力的、合理的目标。

（2）评估手段

该管理系统是不是一个让学生上课更加专注的好手段？

在这里，不妨使用有效性、可行性、负面性、必要性等指标更结构化地审视这一手段。

有效性：评估的是这一手段能否有效地达成目标，让学生上课更专注。这里的"有效"涉及两层：首先，该套系统本身对动作、表情的分析是否科学、准确，是否能有效识别出学生走神的状态；其次，就算系统本身的准确性、科学性没问题，能够让老师有效监控学生状态，但当一个学生处于老师每时每刻的关注中时，是否更能集中注意力？这需要进一步的实证研究去证明其效果。

可行性：评估的是学校能不能实行、落实该手段。这与该套系统本身的定价和学校的预算有关。如果系统过于昂贵，超过学校能负担的程度，这一手段就不可行。

| 第 12 章 | 如何找到更多解决问题的方案？

负面性：评估的是这一手段会带来什么坏处。换位思考，成年人的面部如果长期处于监控之中，需要每时每刻被机器分析自己有没有认真工作，这些人很可能会感到非常压抑，这也是对个体隐私和自由的极大侵犯。有心理学家提出，有些学校用智能系统监控学生，学生往往会有一些心理方面的反应。此外，就算学校能够负担该套系统的费用，是否会压缩其他方面的经费？这可能带来其他的负面效应。

必要性：当某一手段具有极大的负面性，但却是达成目的之必须，往往能加强采纳该手段的说服力。但若并非必须，还有其他更优手段可选，则该手段也不再具有吸引力。但要注意，这里的必要性，应该是基于理性和证据推理出的，权威的机构或人要求必须实施的手段，不一定真的必要。

从了解学生状态来看，教师站在讲台上，台下学生的学习状态悉数纳入眼中。学生们听没听懂、觉得课程有没有意思，哪些知识点反馈积极，哪些讲法不受欢迎，老师通过和学生的目光接触，也可以掌握十之八九，是否真的有必要高价引入如此智能的系统？从让学生上课更专注的角度，则需要结构化归因，思考有哪些因素让学生不够专注，进而提出其他可能解决问题的方案。从老师的课程设计角度来看，内容方面可以加强课程内容的趣味性、思维的挑战性、和学生生活连接的实用性；从课程形式方面来看，可以用游戏化、小组合作、项目任务、师生互动等方法提高吸引力；从学生角度来看，要积极投入课堂需要具备一些身体条件，避免过多的课后作业影响睡眠，允许学生用比较放松的姿态听课而不需要在课堂上完全正襟危坐；从精神角度来看，老师可以给学生更多的鼓励、肯定，和学生建立起更强的师生情感纽带。

综上所述，这一手段的有效性待证实、负面性较大、必要性不足，恐怕并不是一个好手段。下表的分析思路可供参考。

目标： 让学生上课更加专注	目标合理与否？	☑ 合理 ☐ 不合理
手段： 引入"智慧课堂行为管理系统"，监控分析学生的动作、表情	有效性	☐ 有效 ☐ 无效 ☑ 不确定
	可行性	☑ 可行 ☐ 不可行 ☐ 不确定
	负面性	• 增加心理压力 • 挤压校园经费
	必要性	☐ 必要 ☑ 不必要
结论		☐ 认可 ☐ 部分认可 ☑ 不认可

2. 信息输出

（1）思考自己该不该为了某个目标而做某事

当我们在生活中遇到"该不该做某件事"的难题时，可以使用第 9 章学习的权衡利弊法，帮助我们看清利弊。

如果我们是在解决某个特定难题的语境下，思考该不该采取某种手段，【目标—手段】的框架能帮助我们更结构化、更多维度地看到利弊。

例如，天气热了，身边的朋友纷纷开始减肥，大牛也开始减肥。为了实现减肥的目标，他下定决心每天只吃两顿饭，起晚了就不吃早饭，吃了早饭就不吃晚饭。

如果你是大牛，你会这么做吗？

我们可以使用权衡利弊的框架，列出节食的好处和坏处加以权衡。

如果使用以下的【目标—手段】框架，可能会看得更加清晰全面。

目标：减肥	目标合理与否？	☑ 合理（出于健康考虑） ☐ 不合理（盲目跟风）
手段： 一天吃两顿饭	有效性	☐ 有效 ☑ 无效 ☐ 不确定
	可行性	☑ 可行 ☐ 不可行 ☐ 不确定
	负面性	• 引发健康问题（如胆囊炎） • 因为饥饿难以集中注意力
	必要性	☐ 必要 ☑ 不必要
结论		☐ 认可 ☐ 部分认可 ☑ 不认可

首先，节食的目标是什么？真的需要把减肥当成自己的目标吗？大牛又是为了什么去减肥？如果经过医生检查，大牛确实存在肥胖或者高血脂等问题，那么减肥是一个促进健康的必要手段。但是，如果大牛并不肥胖或者是不存在医生要求减肥的情况，他只是无意识地服从主流审美观，认为身材就是要瘦到某种程度、塞进某件收腰的衣服才是好的，甚至只是为了取悦他人，那么"减肥"目标的合理性，就需要更多的审视和反思。

当大牛根据自己的身体状况，确定了"减肥"是一个合理的目标后，是不是就应该选择"一天吃两顿饭"的节食手段？

有效性：节食在短时间内或许真的能减轻体重，但长期过度节食，机体长期处于饥饿状态，进食时身体反而会自发储备能量，摄入食物更容易转化为脂肪，导致体重反弹。营养学专家一般建议一日三餐比较合理，一部分人群如果能规律地一日两餐、适当加餐，可能也能达到健康且控制摄入的效果。但大牛的两餐时间非常不规律，效果堪忧。

负面性：长期不吃早饭可能引发胆囊炎等问题，有的人不吃晚饭则容易因为饥饿而无法集中注意力。

必要性：考虑到少吃一餐的负面性，这是否是减肥的必要手段？比起少吃一餐，优化饮食结构、降低热量摄入、加强体育锻炼可能是更有效、负面性又少的手段。

（2）思考自己应该如何解决某个问题

我们来看这样一个场景：一位客户（外国人）很着急地问阿芒："可以请你帮一个忙吗？非常紧急。我现在在广州的一家酒店，由于突发状况，马上要去香港机场，搭乘晚上的航班飞往泰国曼谷。你看能不能尽快帮我订一下从广州到中国香港的高铁票？非常感谢！"

阿芒答应下来后，马上打开订票网站准备订购，但是发现合适时间的票没有了，他焦急地不断刷新网页抢票……

如果你是阿芒，这个时候会怎么做？是请同事帮自己一起刷票，还是用抢票软件？

当我们面对一些具体问题，之前设想的解决方案遇到阻碍时，不如稍微按下暂停键，使用【目标—手段】的框架来分析是否有其他方案。

在阿芒的例子中，我们可以进一步追问，阿芒订高铁票的深层目标是什么？显然是为了送客户去香港。那送客户去香港的目标是什么？是为了去曼谷。去曼谷是为了什么？具体的工作任务可不可以改成远程处理，比如电话会议，或者让他人代为处理等？可以根据阿芒和客户关系的远近，决定是不是要进一步探究这背后的信息。

假设客户的工作必须本人到曼谷才能完成，那么这里的目标，就是要实现他从广州到泰国的位置移动。

为了实现这个目标，只有目前的"从广州坐高铁到中国香港，再飞往曼谷"这个手段吗？其实可以结构化地列出很多别的手段：从城市上来说，可以从广州直接到曼谷，可以从广州到中国香港再到曼谷，还可以从广州到深圳再到曼谷……乘坐的交通工具上，在每个节点之间，有飞机、火车、汽车、大巴、轮船等多种交通工具。

接下来，比较一下各手段的好处和坏处。广州直飞曼谷的效率最高，但可能涉及变更中国香港机票的费用；广州包车或飞往香港机场，从香港出发的机票还能派上用场，但是时间可能更长或费用可能更高。阿芒可以先暂停刷高铁票，尽快和客户沟通，找出一个更好的备选方案。

【目标-手段】这个工具，有一些步骤虽然看起来效率没有那么高，但是如果我们在平常的工作和生活中多追问目标，多想替代手段，就会慢慢习惯成自然，即使遇到一些紧急情况，也能很快反应过来，达到更好的效果。

注意事项

1. 避免锚定效应

锚定效应是指人们在做决策时，思维往往会被最先得到的信息所束缚，就像有一个沉入海底的锚，把你的思维固定在某处。这是在设定目标时尤其要注意的，要避免固有思维的局限。

有这样一个例子：

> 在斯坦福大学的创业课上，蒂娜·齐莉格（Tina Seelig）教授给每个小组布置了一项任务，要求他们在两个小时内赚到尽可能多的钱，同时给了每组5美元的启动资金，在下一周的课上，每个小

组要向全班同学汇报自己的成果。有的同学说拿这5美元去买彩票，另外几个比较普遍的做法是先用这5美元去买材料，然后帮别人洗车或者开个果汁摊。

你会想出什么样的办法，尽可能地多赚钱呢？

令人意外的是，挣到较多钱的几个小组，全都没有用这5美元。有一组发现，大学城的一些餐厅在周末总是要排大长队，于是他们通过提前预订和拿号的方法，把号卖给不愿排队的客人。

最厉害的一组，赚到了650美金，他们是怎么做到的呢？

原来，斯坦福大学作为一所世界名校，许多公司希望进入学校招人。这个小组意识到他们最宝贵的资源不是5美元，而是他们在下周课堂上的3分钟展示时间。于是，这个小组把课上的3分钟以650美元的价格卖给了一家公司，让他们进入课堂进行宣讲。

这两组同学都没有被5美元的思维限制。当我们拿到这项任务时可以追问：我们的目标是为了使用这5美元，还是为了多赚钱？如果深层目标是为了多赚钱，还可以找到哪些成本不高于5美元，甚至不用金钱成本的方法？跳出框架去观察自己身边可以变现的资源，才有可能找到不同寻常的方案。

人在工作中同样可能受限于常规的思维。比如，律师为当事人提供法律援助，第一个想到的往往是到法院提起诉讼以帮助当事人。其实，为了实现保护当事人权利这一深层目标，行政投诉、媒体曝光等，都是法律工作者可以运用的有效手段。

2. 避免完美主义

许多人有完美主义的倾向，发现一个方案有几点缺陷，就马上否决这个方案。有的人在大学选择社团、课外活动以提高自己的综合素质时，看到辩论协会，觉得对抗性好强不适合自己，不选；看到模拟联合国活动，觉得对英文要求太高，不选；看到学科竞赛活动，觉得占用时间太多、压力太大，不选……在找工作时，觉得民营企业工作太辛苦，排除；觉得回老家就业太无趣，排除……因为一个方案是不完美的，就直接否定它，会导致我们忽略许多潜在的可能。现实生活中很少有真正完美的方案，我们在决策时要做的是选出最佳方案。在此之前，我们需要尽最大可能把各种选项列出来，而不是在刚开始做判断时，就不断地自我限制、自我删除。

当然，有些情况可以一票否决，比如涉及根本价值观、道德是非的问题。设想一下，一份工作收入很高，但是要求你去欺诈别人，那可以直接否决这个工作机会。但很多时候，一些我们认为应该一票否决的缺点，经过再思考后会发现其实没有那么严重，它只会减少这个选项的分值，但不会让这个选项变成零分或负分。

有位朋友在买房时险些被完美主义给耽误了。他曾经看过一套房子，觉得日照不足就否决了。过了段时间，中介告诉他，那套房子的楼下有套户型一模一样的房屋准备出售，因为房主急需用钱，所以价格会低一些。他直接回复中介说，算了吧，楼上的日照少，楼下不是更少吗？但家人还是决定去看一眼。结果，因为价格优惠的力度很大，他重新综合思考后，认为即使日照稍少，这套房子的性价比也是目前各备选房子中最高的。最后，他顺利地买下了这套房子，他觉得这是一个非常满意的选择。

3. 避免沉没成本陷阱

沉没成本陷阱，是指念念不忘那些已经付出的成本，并且让这种已经不可改变、不可回收的成本继续影响后面的决策。

诺贝尔经济学奖获得者约瑟夫·斯蒂格利茨（Joseph Stiglitz）曾用一个生活中的例子来说明什么是沉没成本：假如你花 7 美元买了一张电影票，看了半个小时后，你觉得影片糟透了。你会离开电影院还是留下来？

很多人会选择继续把电影看完，因为电影票的钱已经花了，还浪费了半个小时坐在这里。但是，我们在做这个决定时，需要考虑的是，我们来看电影的目标究竟是什么：是为了看完电影，还是为了让自己获得高质量的休息和娱乐？

如果是后者，那我们就要分析是坐在这里继续看电影的好处更大，还是离开去做别的事情好处更大。如果我们判断电影最后还可能有大反转，也许值得坚持下去；但是如果我们已经断定电影是粗制滥造的，那么离开就能够避免继续浪费更多时间。此刻，我们就应当忽略那 7 美元，忽略已经花了的那半个小时，因为那是沉没成本，不是好处。无论选择离开电影院还是选择留下来，钱都不会再回来，时间也不会再回来。

沉没成本陷阱在工作和生活中屡见不鲜。比如，一个项目已经走进死胡同，明显无法带来好处了，但是因为之前为这个项目投入了巨大的人力物力，有些人还要咬牙坚持推进这个项目。一对情侣可能在价值观上的分歧已经很严重了，一直走下去对彼此都是弊远大于利，可就因为已经在一起许多年，觉得如果分手就浪费了之前的那些时光，于是继续在一起。其实那些已经投入的成本、已经过去的时光，无论采取哪种决策，都不可能再收回了。我们要做的是向前看，向未来看，客观地评价不同方案在未来可能带来的利弊。

总结

在行动的时候，我们很容易认为行动力最重要，本能地迅速把脑海里第一时间浮现出来的解决方案付诸行动。但使用【目标—手段】工具，可以让我们磨刀不误砍柴工，达到事半功倍的效果。具体分析表如下：

目标: 更深层次的目标:	目标合理与否?	☐ 合理 ☐ 不合理
手段	有效性	☐ 有效 ☐ 无效 ☐ 不确定
	可行性	☐ 可行 ☐ 不可行 ☐ 不确定
	负面性	• •
	必要性	☐ 必要 ☐ 不必要
结论		☐ 认可 ☐ 部分认可 ☐ 不认可

第一步，找到目标，追问：这个目标是真正的目标吗？它是否服务于更深层的目标？这样的目标合理吗？

第二步，围绕目标，用结构化思考等方法，尽可能列出更多的手段。

第三步，评估各个手段的好处和坏处，包括是否能有效实现目标，带来什么样的负面效应等，从中选择最好的单个手段或者手段的组合。

虽然这个过程看似比马上行动慢了很多，但只要勤加练习，把模型内化到自己的思考方式中，解决问题和实现目标的效率就会得到极大的提升。

当决策涉及更多需要考虑的因素、更多利益相关方时，我们还可以尝试用量化的方式让自己的思考更全面客观。下一章我们将介绍"赋值法"。

学会思考：用批判性思维做出更好的判断

练一练

1. 假设你在一家咨询公司工作。某国坐火车的人越来越少了，该国铁路公司希望增加客流，提升乘客坐火车的体验，请你把某快线的车厢内部重新设计和改进一下。

你会用哪些方式改造车厢内部，更好地吸引乘客？

2. 阿芒在家休息的时候，楼上总是有小朋友跑来跑去，产生的噪声让他感觉很不适。他多次和邻居交涉要求小朋友安静一点，不要跑了。但邻居表示小孩子在家的时候不可能静止不动，且年纪太小很难管教，没法达到阿芒理想中的安静状态。阿芒非常郁闷，在网上求助：有什么办法能让幼儿园的小孩不乱跑乱跳？

（1）作为普通网友，你会怎么回复、帮助阿芒？

（2）一位网友提出，可以买一台"震楼机"（贴在天花板上向楼上发出巨大震动和噪声的机器），只要楼上有响声就可使用震楼机。你觉得这个方案如何？

▶ 练习讲解

1. 我们很容易把客户提出的目标当成最终目标。但是可以追问：提高铁路车厢的乘坐体验，真的是客户的终极目标吗？客户的终极目标，是要提高乘客乘坐火车的意愿，增加客流量和收入。围绕这个目标，我们可以提供更多的解决方案供客户挑选，如果只单纯地思考车厢内部的设计方案，其实也就局限住了我们的思维。

为了达成"提高乘客乘坐火车的意愿"这一目标，我们可以结构化地梳理可能的手段。（见下表）

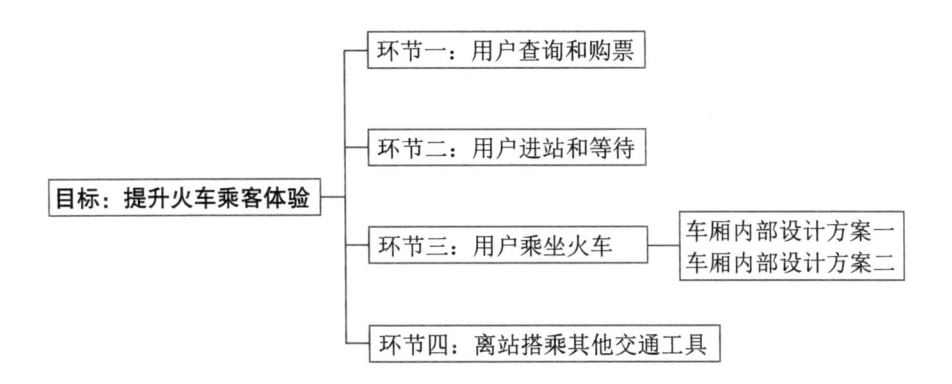

| 第 12 章 | 如何找到更多解决问题的方案？

```
                        ┌─ 环节一：用户查询和购票
                        │
                        ├─ 环节二：用户进站和等待
                        │
目标：提升火车乘客体验 ──┤                         ┌─ 车厢内部设计方案一
                        ├─ 环节三：用户乘坐火车 ───┤
                        │                         └─ 车厢内部设计方案二
                        │
                        └─ 环节四：离站搭乘其他交通工具
```

按时间顺序梳理一下，把乘客乘坐火车时要经历的步骤列出来，包括用户如何更方便地了解线路和时间表，更便捷地进站，更快找到月台，更舒服地乘坐，以及到达终点后如何无缝与其他交通工具衔接，等等。

结构化的思考方法迫使我们不断拓展想法，不仅把生活经验提炼并完整地整合出来，有时甚至会让我们注意到之前未观察到的方面，产生新的创意。

列出了可能的手段后，我们可以根据资源和预算，调研每一个环节的优化可能带来的好处，以及对应的成本，判断优先采取的手段。

2.1 在阿芒这个案例里，他的目标似乎是让楼上的小孩不要乱跑乱跳。那他为什么想要楼上的小孩不要乱跑乱跳？背后更深层次的目标是，在家时不被过度的噪声打扰。

以此为目标，可以结构化地提出多种方案。

让孩子不要跑跳：制止孩子跑跳（如和邻居沟通、物业投诉、报警等方式）；赠送可以吸引孩子长时间安静玩耍的玩具。

孩子跑跳但没有噪声：送孩子防噪声袜；赠送或要求邻居铺上地垫。

孩子跑跳有噪声，但听不见：购置降噪耳机、耳塞。

这些方式中哪个更好？

2.2 网友提出的"震楼机"方案，即希望通过骚扰对方的方式来制止孩子跑跳。这一方案如何呢？我们也可以使用【目标—手段】评估表来分析：

目标： 制止孩子跑跳 **更深层次的目标：** 在家时不被 过度的噪声打扰	目标 合理与否？	☑ 合理 ☐ 不合理
手段： 使用震楼机	有效性	☐ 有效 ☑ 无效 ☐ 不确定
	可行性	☐ 可行 ☐ 不可行 ☑ 不确定
	负面性	• 恶化邻里关系，可能会有邻居以其他形式报复 • 涉嫌违法，可能需要赔偿当事人的损失 • 殃及无辜，给更多邻居带来困扰 • 制造的噪声也干扰自己的生活
	必要性	☐ 必要 ☑ 不必要
结论		☐ 认可 ☐ 部分认可 ☑ 不认可

有效性：震楼机制造巨大噪声，很多人不胜其扰，甚至不得不选择搬走，在外租房居住，或被迫"求和"；但如果自己的最终目标是想要安静的休息环境，使用震楼机的过程反而会制造更多噪声，自己也无法安静生活。

可行性：目前通过合法渠道难以买到这样的机器，但在网络上仍能找到一些卖家。

负面性：恶化邻里关系，可能会有邻居以其他形式报复；涉嫌违法，可能需要赔偿当事人的损失；殃及无辜，给更多邻居带来困扰；制造的噪声也干扰自己的生活。

必要性：并非必要手段。

| 第13章 |

如何在决策中兼顾复杂因素?

- 当决策需要考虑的因素有很多时，如何更理性地做决定？
- 当多人参与决策时，如何更加公允地进行决策？

老桃一家正面临一个重大问题需要决策。

老桃夫妻和两个孩子在北京生活，经济压力挺大。老桃在互联网行业工作，工作忙碌，几乎没有时间陪伴家人。虽然北京教育资源比较多，但考上名校并不容易，孩子们屡屡表示学习压力太大。妻子接受不了北京交通的拥堵状况，上班通勤时间太长让她备感疲惫。北京气候环境也不适宜孩子长时间户外运动。

妻子提出意见，希望能换个城市生活，杭州、广州或者成都，自己都愿意。但老桃觉得在北京生活习惯了，也不了解其他城市的情况。虽然他对北京也有诸多不满，也不排斥去别的城市，但总有很多担心：教育不够好、工作不好找、工资水平会下降……

老桃一家要不要换个城市生活？

在生活中，你也面临过类似的复杂且重要的决策吗？遇到这样的问题，应该怎么思考？

本质洞察

老桃家要做的决策，面临很多挑战。

首先，决策涉及诸多复杂因素。不同城市的工作机会、生活环境或经济成本都不一样，一般而言在任何城市生活都有利有弊，要综合考虑不同因素。

其次，决策涉及不同的人，夫妻、孩子，可能还有老人，每个人可能都有不同的想法，难以达成共识。在一些家庭中，丈夫主导了家庭中的重要决策，忽略了妻子、孩子和老人的想法，这往往给许多家庭矛盾埋下隐患。

再次，很多人其实并不那么了解自己，尤其是价值观层面。这意味着很多人并没有想清楚，生活中的哪些方面对自己来说是真正重要的，而哪些东西是可以舍弃的——即便在外人看来非常重要。同时，在面临选择时，人们可能也不是那么了解各个选项的利弊。在老桃家选择生活城市的例子中，他们对各个城市的印象都很浅显，并不了解在当地生活的真实情况。

最后，可能会有很多亲戚朋友给老桃夫妻提供意见；老桃夫妻可能也会看到不同的帖子或周围朋友的例子，有的人离开北京觉得生活质量大大提升，有的人离开后却后悔了。这些意见和例子会再次干扰他们的决策。

那么，面对这么多挑战，我们该如何在人生的重要关口做出理性而审慎的决定呢？

解决方案

在这类场景中，我们可以尝试使用**赋值法**进行分析。

简单来说，赋值法就是在面临一个决策时，列出影响决策的因素，考虑每个因素的重要性后，逐个分析备选方案，评估其在每个因素上的具体表现，将整个分析过程量化，计算加权分数，最终选出得分最高的方案。

做决策时使用赋值法的优势：

• 将决策过程需要考虑的因素显性化；

• 平等地考虑每个决策参与者的观点，避免陷入以自我为中心的争执；

• 给人们机会去深入思考，理解哪些影响因素更重要，深入了解每个备选方案的不同面向，促进人们的反思与沟通；

• 把每个因素和备选项量化，将一些模糊的感受变得具体、可衡量，避免在决策时被不相关的信息左右，让整个过程更加理性，决策的结果更加公平。

使用赋值法做决策，具体有三个步骤：

1. 列举因素：列举决策过程中需要考虑的各种因素。"赋值表"的横轴是供评估的选项（即可供选择的手段），纵轴是需要考虑的因素（即希望达成的目标）。

2. 决定权重：根据每个因素对决策者的重要性来分配权重，总权重为100%。

3. 赋值评分：针对每个备选方案，为每个因素打分，进行赋值；计算每个备选方案的加权总分，选择得分最高的方案。

1. 列举因素

回到老桃家的例子。选择哪个城市，需要考虑哪些因素呢？

（1）人际环境
- 亲友
- 社会资源

（2）职业环境
- 收入水平
- 职业发展
- 工作压力与时长

（3）外部环境
- 社会环境：教育、医疗、文化、城市规划
- 自然环境：空气质量、气候、绿化
- 经济环境：房价、物价

（4）其他

- 搬家的复杂性
- 适应新环境的困难程度
- ……

列出考虑因素的难点在于，参与决策的人要尽量考虑全面，这需要我们对相关议题有一定的理解。

2. 决定权重

下面要做的是，给每个因素分配权重。

有时，决策是个人化的，由决策者主观决定权重如何分配——老桃家选择城市时的权重分配。这需要我们对自己的价值观和需求有所洞察与反思，思考每个因素是不是重要、有多重要。越重要的因素，被分配的权重越大。各个因素分配的权重加起来应该是100%。

有时，是多人参与决策——老桃家选择城市的案例，参与者包括夫妻二人，孩子也应有一定程度的话语权。在这种情况下，每个人都需要根据自己的情况分配权重，最终每个因素的权重可能是每个人分配权重的平均值，这也能避免"谁的想法更重要"的矛盾。如果某位领导、专家，或者某个成员在决策问题时有更大的话语权、想法更重要，也可以给其赋予更高的权重。

有时，权重如何分配有可以参照的标准。在行业比赛的评奖标准中，可能是基于行业和这个比赛多年来的专业积累制定的，每个评委可能都会提出意见，但不能完全决定评选标准。

在老桃家选择城市的例子中。参与决策的夫妻二人可以借助这个过程深入讨论和反思：自己的主观感受是什么、价值观是什么？如果从众多因素中，选择自己最看重的3—5项，那会是什么？

在思考和讨论的过程中，我们要注意下面几点。

（1）尽量选出最重要的因素，或为不同因素的重要性排序，避免权重过于分散

如果给每一项都分配5%—7%的权重，各个因素的差别不大，每个备选城市的得分可能就差不多，体现不出差异。

（2）考虑每个因素的可替代性

哪些因素是无法被替代的？

可能一开始老桃觉得社会资源（人脉）很重要，但离开北京是否就意味着自己积累的人脉没有用了？能不能通过出差、网络、电话等方式和这些人保持联系？来到新的城市，自己是否有能力、有资源再次建立起人脉网络？如果可以的话，社会资源可能影响不大，甚至有可能在决策时根本不会考虑这个因素。

一开始老桃可能觉得医疗资源很重要。但现在需要经常使用医疗资源吗？如果家人本来就有慢性病或重大疾病，医疗资源就是一个很重要的考虑；但如果家人都很健康、年纪较轻，那备选城市的医疗资源可能都能满足日常需求，医疗资源有可能也不太重要，决策时不用太多考虑。

（3）不要忽略一些习以为常的因素

之前老桃可能没正视过自己工作压力大、工作时间长的问题，觉得行业里每个人都这样。但是，他正好可以借着这个决策的机会审视自己的生活状况、身体状况和内心的感受。他可能发现很多家庭矛盾、问题之所以出现，正是因为工作压力太大、工作时间太长。老桃可以想象一下，如果有更多时间可以抛开工作和家人相处，那是不是自己向往的生活状态。老桃可能由此发现，工作压力和工作时长对自己来说其实是特别重要的考虑因素，只是常常被忽略。意识到这一点，老桃就可能会给这一项分配比较高的权重。

最后，将老桃夫妻二人在每一个因素上的权重加总后再平分，就可以得出这些因素最终的权重。

下面给出了一个对城市打分的权重计算表。

	影响因素	丈夫权重 A	妻子权重 B	最终权重（A+B）/2
人际环境	亲友		15%	7.5%
	社会资源	15%		7.5%
职业环境	收入水平	15%		7.5%
	职业发展	20%		10%
	工作压力与时长		20%	10%
外部环境－社会环境	教育	20%	15%	17.5%
	医疗			0
	文化			0
	城市规划		10%	5%
外部环境－自然环境	空气质量		10%	5%
	气候			0
	绿化		15%	7.5%
外部环境－经济环境	房价	20%		10%
	物价	5%	15%	10%
其他	搬家复杂性			0
	适应新环境困难度	5%		2.5%
总和		100%	100%	100%

（注：各项打分为虚拟分数）

3. 赋值评分

给每个备选城市打分，需要我们了解每个城市的具体情况。每一项满分可以是 10 分。如果某一项的权重为 0，也可以不给这一项打分。

这里要注意以下三件事：

（1）尽量破除偏见，多了解事实信息

例如，在职业发展、收入这两个方面，每个城市能得多少分？

一些行业内的数据、排名，对评分就很有参考意义。如果在互联网行业工作，就有行业机构发布过分城市、分岗位类型的平均薪酬数据，可以根据不同城市的平均薪酬水平为它们打分。

老桃也可以通过统计局的相关公开数据，帮助自己判断某个城市的职业发展前景。

当然，老桃也可以找到在这些城市生活过的人聊一聊。不过需要注意的是个人意见虽然有参考价值，但也要警惕其中可能存在的偏见。

（2）对于有利因素，分越高越好；对于不利因素，分越低越好

例如，工作压力和时长是个需要考虑的因素，人们一般更喜欢压力不那么大、时长合理的工作。所以一座城市如果工作压力普遍较大，那这一项的得分就低；如果工作压力普遍不大，工作环境比较友好，这一项的得分就高。

物价也是个需要考虑的因素，物价越高，城市得分越低。

空气质量也需要考虑，空气质量越好，城市得分越高。

（3）结合自己的实际情况打分

例如，北京的教育资源可能最丰富，但要给北京的教育打多少分，还要考虑孩子在北京能就读什么样的学校。这不仅关系到北京的教育政策，还关系到当事人家庭的具体情况。

打完分后，就可以计算每个备选方案的加权总分，选择得分最高的方案了。例如，把城市甲的每一项得分，乘以这一项的权重，再把得到的分数相加，得出城市甲的总分。（见下表）

	影响因素	最终权重（A+B）/2	城市甲	城市乙	城市丙
人际环境	亲友	7.5%	10	7	6
	社会资源	7.5%	9	6	6
职业环境	收入水平	7.5%	9	8	6
	职业发展	10%	8	8	6
	工作压力和时长	10%	4	6	8
外部环境－社会环境	教育	17.5%	7	8	8
	医疗	0	—	—	—
	文化	0	—	—	—
	城市规划	5%	8	6	8
外部环境－自然环境	空气质量	5%	5	8	5
	气候	0	—	—	—
	绿化/公共绿地	7.5%	5	8	7
外部环境－经济环境	房价	10%	5	7	9
	物价	10%	5	7	9
其他	搬家复杂性	0	—	—	—
	适应新环境困难度	2.5%	9	6	6
总和		100%	6.775	7.225	7.275

（注：各项打分为虚拟分数）

老桃夫妻可以选择得分最高的丙城市。但如果最后乙和丙的分数差距非常有限，也可以再问问自己的内心，或者去这两座城市实地看看，回来再决定。

应用场景

赋值法在职场和专业领域有广泛的应用。例如，招聘时评价应聘者，给机构、项目进行排名或评奖，生活中选产品、选城市、选房子、选学校等。总之，面对有多个备选方案的复杂决策，赋值法常常能帮助你选出最优的方案。

下面，我们来看看现实中具体的例子。

1. 机构或项目排名

你可能听说过世界范围内的大学排行榜。这排名是怎么算出来的？其实，很多时候使用的也是赋值法。

有一个给大学排名的机构叫泰晤士高等教育（Times Higher Education）。这个机构表示，2024年在对大学进行排名的时候，它们主要考虑五个因素：

- 学习环境，重要性占 29.5%；
- 研究环境，重要性占 29%；
- 研究质量，重要性占 30%；
- 国际化程度，重要性占 7.5%；
- 行业应用，重要性占 4%。

排名也会给出每所学校在研究、学习等主要方面的具体分数，可以看到每所学校在哪个方面更加擅长。

每一个因素的分数还有更细致的计算指标。例如，怎么判断学习环境的好坏？进一步分成五个方面，分别是教学声誉度（15%）、师生比（4.5%）、博士与本科生比例（2%）、博士与教员比例（5.5%）和机构收入（2.5%）。

针对每一项指标，如师生比达到怎样一个数值，就可以得到几分，还有更细致的标准。有了评分标准，就可以针对参与排名的世界范围内的每一所大学，围绕上面的五个因素分别打分，用单项分数乘以这个因素的权重，加总起来就能得到每一所大学的综合得分。最终按照评分从高到低排序，也就是大学的排名。

2. 教师给论文评分

大学老师怎么判断论文应该得多少分？一个常见的做法也是考虑该论文涉及哪些不同方面，分别给予权重或分数。

举个例子，美国康奈尔大学某学科的老师和助教会从六个方面为论文评分。分别是：基础信息、论文组织、核心观点、批判性思考、对结论的解释、引用文献。其中占比最多的是批判性思考，在100分中占40分。

每一项又会细分成不同的档次，不同档次对应着具体的描述。例如，什么情况下学生论文在批判性思考这一项上可以得到30分以上。评分的人需要根据具体情况，为学生的论文打分。

这种量化的评分方式有很多优点。学生会更清楚高质量的论文应该符合哪些标准，可以带着更明确的学习目标来训练自己的研究和写作能力；批改论文的老师有更明确的指引，可以尽量让论文的得分更公允。

3. 评价员工或面试候选人

员工工作表现如何？哪位候选人更适合这个职位？

这些问题在很多机构都是由少数领导或面试官凭个人经验判定。这些领导或面试官可能确实经验丰富，也是比较了解员工的人，或是应聘者未来的岗位负责人。但这样做可能有很多问题：主观评价难免掺杂个人好恶或不相关的评价因素，让其他员工觉得不公平；当不同的面试官意见不一致时，可能难以协调；评价的标准不公开透明，员工可能不知道该如何进步和改变。

我们可以用赋值法,把岗位需要的知识、能力和品质列出来,根据重要性分配权重,对不同能力做出细化的指引,让决策者给候选人打分。这种评价人员的机制往往更加细致、公允和透明。

下面是评价某些岗位员工或候选人时可以参考的一些标准。

	影响因素	权重	某员工得分
知识	关于专业		
	关于行业		
	关于机构		
能力	硬技能业务能力		
	软技能 思维和决策能力		
	软技能 创新能力		
	软技能 沟通能力		
	软技能 合作能力		
	软技能 学习能力		
品质	主动性		
	责任感		
	诚信度		
合计			

注意事项

1. 对影响因素考虑不周

我们容易列出自己最熟悉的影响因素,但可能考虑得不全面,或是列出的影响因素太宽泛，需要进一步拆分细化。面试时，我们可能被某个候选人的沟通表达能力吸引，但是没有去了解对方的合作能力。

要想考虑全面，我们可以提高自己结构化思考的能力。在下一章，我们将进一步介绍如何进行结构化的思考和表达。

此外，网络的观点、文章，周围人的意见建议，也能帮助我们看到一些被忽略的方面，让我们的考虑更周全。

2. 权重分配不当

在现实生活中，人们很容易给每个影响因素分配差不多的权重，觉得每个方面都重要。

但如果我们更理解决策面对的问题的本质、更理解自身或机构的价值观念，就更能区分出哪些更重要，这样才能把各个备选方案或者因素区分开。

例如，给论文评分时，教师给批判性思考赋予 40% 的权重，远高于并列排第二位的论文组织、核心观点和对结论的解释。之所以这样划分权重，是因为教师认为批判性思考在论文写作中是最关键的，最能体现出不同论文的质量差异。

面对个人职业和生活的决策，我们需要了解自己的价值观：什么对我们是重要的？有多重要？

面对公共领域或职场的决策，我们需要理解决策的本质，知道好的决策背后最重要的影响因素是什么。

3. 缺乏评分的细化标准

在评价某个面试候选人时，如果思维能力这项的满分是 5 分，那我们给候选人打 4 分、3 分、2 分、1 分的相应标准是什么？

面对个人决策，我们的打分很主观是可以理解的。但如果我们要参与制定机构或行业的某项评价标准，就需要对不同分数等级做出细致的描述，为参与决策的人打分做出更具体的指引，让分数背后也有理据的支撑。

很多国家教育部门颁布的教学目标，包含了评价学生时细化的标准。例如，中国的分学科课程标准，有时会针对一些具体的知识点或能力点，划分出三种水平，具体描述水平低、中、高分别要求学生掌握到什么程度。

有了这样细化的标准，决策者打的分数往往更加公允，避免了打分宽严程度不一，或者过于受到偏见和不理性因素的影响。同时，被评价的候选人也能更清楚自己的优劣，了解分数背后的依据，也有了更明确的进步方向。

总结

赋值法是把决策过程量化的一种方法，常常用于评估项目、机构或个人面临的选择，让评估更加公允和专业化。面对生活或工作中的重大选择时，我们也可以使用赋值法。尤其当选择涉及好几个成员时，赋值法往往能让决策更加公允，让大家更理解彼此的决策思路，避免无休止的争论。

我们列出决策时需要考虑的不同影响因素，根据重要性为每个影响因素分配权重，再为每个备选方案打分，将各项分数加总后，选择综合分数最高的备选方案。（见下表）

学会思考：用批判性思维做出更好的判断

影响因素	决策人1权重A	决策人2权重B	最终权重(A+B)/2	选择1	选择2	选择3
总和	100%	100%	100%			

想要让赋值法发挥更大的效用，我们需要更全面地考虑影响因素，理解不同影响因素的价值，对每个影响因素的评分等级做出更详细的描述，为打分提供指引。这个思考和分析的过程，也是帮助我们了解决策本身、了解价值观念的过程。

练一练

今年你有旅行计划吗？会选择哪个旅行地？试着用赋值法分析几个备选的目的地吧。

如果你没有旅行计划，可以尝试用下面四个地方做备选的旅行地，练习如何分析。备选旅行地：四川成都、安徽黄山、海南三亚，以及泰国清迈。

1.【列举因素】当考虑出游目的地时，你会考虑哪些因素？

2.【决定权重】每个因素的权重是多少？是否涉及多个人共同决策？每个人的决策权是否一样？

3.【赋值评分】针对每个因素,你相应地打多少分?计算一下,每个备选旅行地综合得分是多少?最终你会选择去哪里旅行?

用一张大表把用赋值法打分的过程展现出来吧!

▶ 练习讲解

实际生活中,如果参与者对去哪里旅行的争议并不大,那未必需要使用赋值法。它往往更适合分析一些重要的或专业领域的选择。但如果参与者对去哪儿旅行难以达成共识,赋值法就是一个可以使用的有效思维工具。

下面是一些注意事项。

在思考哪些是"考虑因素"的时候,尽量做到"不重不漏"。把可能涉及的因素都列出来,哪怕某个因素最终被分配的权重是零,也说明你考虑过这个因素;检查一下各个因素的概念是否清晰,之间是否有重复。当然,最终这些考虑因素中,你真正看重、赋予权重的,可能只是其中几个。

在给不同旅行地打分的时候,需要尽可能全面地获取信息。例如,某个旅行地的人文价值有多大?可能需要参考:是否为世界文化遗产、国家或地方评级、旅行达人的评价、网友或朋友的评价等。总之,尽量用客观而全面的信息帮助你打分。(见下表)

学会思考：用批判性思维做出更好的判断

	考虑因素	旅行者甲的权重	旅行者乙的权重	平均权重	目的地 A	目的地 B	……	目的地 N
旅行地原生特征	自然价值							
	人文价值							
	购物价值							
	亲友资源							
	气候条件							
旅游服务（硬件）	住宿条件							
	餐饮条件							
	交通条件							
旅游服务（软件）	服务质量							
	语言环境							
	拥挤程度							
	安全性							
成本	时间成本							
	经济成本							
合计		100%	100%	100%				

| 第 14 章 |

如何逻辑清晰地表达观点？

- 当我们的脑海里已经有了一定的观点或想法,如何清晰、有逻辑地将其表达出来?

在前面的章节里，我们已经详细讨论了面对不同类型的问题时该如何分析论证、得出自己的观点。那么，在已经有了一定的观点或想法后，我们该如何将其清晰地、有逻辑地表达出来呢？

来看看大牛做的一场产品汇报：

> 我们新推出的课程产品，销量挺不理想的。第一个阶段的销量才1000多份。好多环节都有问题。推出时机不好，春节后推出来，策划时想当然地觉得过完年大家都会积极来上课，但其实过完年后很多人出现假期综合征，都不想上班、学习。再加上那段时间我们的服务器也不怎么稳定，后台看到好多人下单了但支付不成功。我觉得这个课程本身的内容还是挺好的。类似的课程，差不多的内容，其他平台上能卖上万份。这么一比，我们这次销售简直更是要检讨了。哦，对了，我觉得讲课老师的讲述方式可能也有点问题，他说话比较啰唆，还带点口音，录了好多遍，感觉还是像在念稿子，所以从试听到最终购买的转换比例上看，这个课也比其他课要低。其他的……嗯……我再想一下吧……

是不是觉得这段话里提到的各种问题特别多，让人感觉毫无头绪？如果你是大牛的领导或同事，你是什么样的感受？你自己说话的时候，会不会也是这样呢？

本质洞察

做汇报的大牛，并不是没有想法、观点。他的这段汇报提供了大量有价值的信息，但为什么这段话让人感觉毫无头绪？

问题在于，他的表达缺乏清晰的逻辑，不分层次，抓不住重点。**在清晰简洁的表达背后，一定是清晰的逻辑。**

解决方案

这时，大牛需要的是一种金字塔式的表达或者思考方式——它能轻松帮助我们清晰表达，并且抓住问题的关键。

什么叫金字塔式的表达方式？这个概念最初是由麦肯锡咨询公司的咨询顾问芭芭拉·明托（Barbara Minto）提出的。她将金字塔式的表达方式提炼总结成了《金字塔原理》(*The Minto Pyramid Principle*)。金字塔式的表达方式和我们在第4章讲到的论证的基本结构，其实是相通的。简单来说，**就是从理由到结论，层层递进、逻辑清晰地呈现自己的论证过程。**

当提炼他人的观点时，需要抓住对方的论证结构，识别出理由和结论；如果是阐述自己的观点，要有意识地将自己的论证结构清晰地展示出来。

具体而言：

1. 开始就亮明你的结论

不要讲一堆故事、案例，让对方不断去猜你想要表达什么。

在表达时，可以使用这样的句式：

"我的观点是……，我之所以这样认为，是因为……"

2. 分层分类提供理由

很多时候，一个论证会有好几个理由共同支撑一个结论，其中的某个理由可能还要寻找进一步的证据、理由来支撑它。

如果用一张图将不同理由之间的关系表达出来，就有可能形成一个金字塔：**在这个金字塔的顶端，是最终结论，即核心观点；第二层，是支撑核心观点的几个理由；第三层，是分别支撑理由的证据，也就是更进一步的理由。**当然，接下来还可能有第四层、第五层。（见下图）

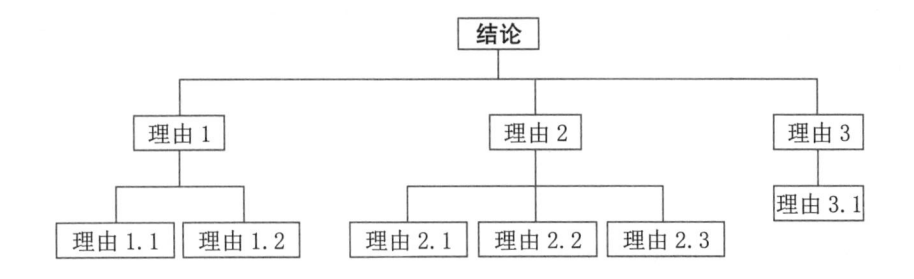

```
                    结论
        ┌────────────┼────────────┐
      理由1         理由2         理由3
      ┌─┴─┐      ┌───┼───┐         │
   理由1.1 理由1.2 理由2.1 理由2.2 理由2.3  理由3.1
```

纵向来看，上一层是对下一层的概括总结，是基于下一层的信息提出的一个明确观点；下一层是支撑上一层的理由、证据。

横向来看，每一组的理由集中表达同一个意思。

横向的理由1、理由2、理由3之间，又有两种可能的关系。

第一种关系，这三个理由之间是并列的关系。每一个理由都对结论构成直接的支撑，结合在一起，让支撑力度更强。

例如：

> 我觉得这家餐厅挺好的。首先，价格亲民，人均五六十元吃得还挺体面；其次，味道不错，基本上闭着眼睛点餐都还挺好吃的；再次，用餐环境好，装修风格是我很喜欢的。

价格、味道、环境三个方面是并列的。只说价格和味道，也能支撑对这家餐厅感觉还不错的评价。发言者还可以继续说出第四、第五条理由，给出的理由越多，这家餐厅好的结论就越有力。

第二种关系，三个理由之间是相加的关系。理由1加上理由2和理由3，共同推出结论。

例如：

苏格拉底一定会死。因为人都会死，而苏格拉底是人。

在这个非常经典的论证里，如果只有一个单独的理由——苏格拉底是人，就不能推出"苏格拉底会死"的结论，一定要加上另一个理由——人都会死，才能推出"苏格拉底会死"的结论。

这样一个金字塔式的论证结构，反映到书面或者口头的表达上会是什么样的？

这需要我们有意识地用这样的句式来表达：

关于这个问题，我的观点是……

我之所以这样认为，有三个理由：

第一……关于这一点，我有两方面证据。首先……其次……

第二……

第三……关于这一点，我有两方面顾虑。一方面……另一方面……

总之，我认为……

不管是写作还是说话，要习惯性地多用提示词：第一，第二，第三；首先，其次，再次；一方面，另一方面。将每一层之间的逻辑关系清晰地展示出来。

那我们来看看，使用金字塔式的表达方式将上面的工作汇报重新梳理一番，会是什么样子呢？

在这段话中，大牛表达了什么观点？

有两个结论。

第一个结论，大牛对新产品的销售情况做了个评价，即在"怎么样"层面，评价这次销售不理想。

这是他开篇就给出的结论。为什么说销售不理想？支撑这个结论的理由是什么？

在这段话中，他给出了一个横向的参照标准：类似的课程，差不多的内容，其他平台的销量高得多。

紧接着，大牛表达了第二个结论，是在"为什么"层面，分析销售不理想背后的原因。

大牛认为，多个环节都出现了差错。在汇报中，他提到了三个层面的原因：推广时机、销售平台、老师的讲述方式。每个层面，他提出相应的证据证明他的观点。

将他这段汇报的逻辑重新梳理之后，就会呈现出如下这样一个金字塔。

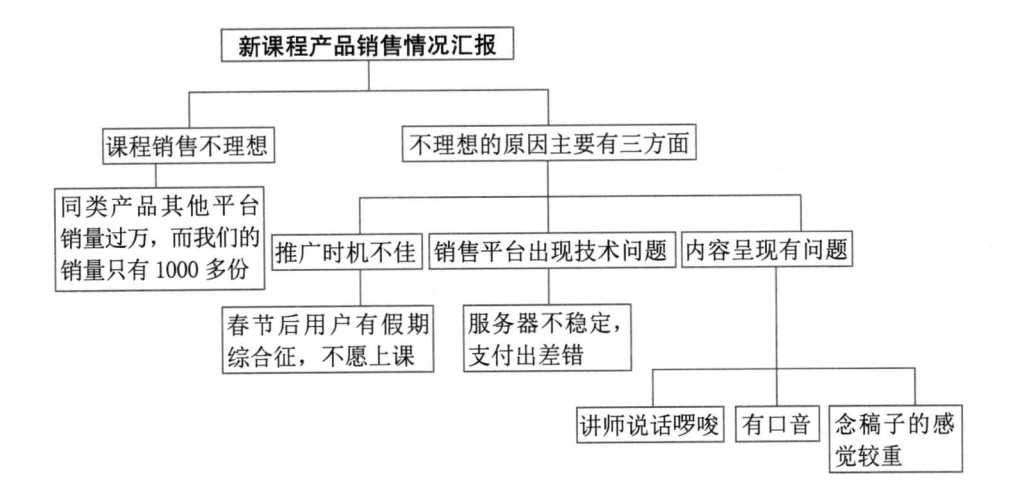

```
                    新课程产品销售情况汇报
              ┌──────────────┴──────────────┐
         课程销售不理想              不理想的原因主要有三方面
         ┌────────┐        ┌────────┬────────┬────────┐
    同类产品其他平台    推广时机不佳  销售平台出现技术问题  内容呈现有问题
    销量过万，而我们的      │            │         ┌────┼────┐
    销量只有1000多份   春节后用户有假期  服务器不稳定，  讲师说话啰唆 有口音 念稿子的感
                     综合征，不愿上课  支付出差错                      觉较重
```

> 学会思考：用批判性思维做出更好的判断

现在，我们就可以试试对照着这样一个图，用语言或文字将内在逻辑展示出来：

我今天的汇报有两方面内容。我先简单汇报下新课程产品的基本销售情况，总的来说不理想。然后，我会详细分析销售不理想的原因。

之所以说这次的销售不理想，是因为从横向对比来看，类似的课程，差不多的内容，其他平台上是上万份的销量，而我们目前的一期销量只有1000多份。

出现这种销售不理想的情况，我认为问题出在推广时机、销售平台和内容呈现方式三个方面。

第一，推广时机不佳。课程是春节后推出来的，用户多处在假期综合征状态，其实是不想上班、学习的，但前期策划时我们想当然地认为过完年大家都会积极上课。

第二，销售平台出现技术问题。那段时间我们销售平台服务器不稳定，后台看到好多人下单了但支付不成功。

第三，讲课老师的讲述方式需要提升。他说话比较啰唆，带口音，念稿子的感觉较重，所以从试听到最终购买的转换比例上看，这个课也比其他课要低。

这就是我要汇报的情况，谢谢。

如果你是听众，听到这样的报告，是否会对大牛另眼相看？如果你每一次当众发言都如此精练、清晰，是否会在职场上得到更多肯定？

应用场景

金字塔式的表达，适用于口头或书面表达的任何场合。不管是写论文、写报告、作报告还是其他场合，都可以使用。

除此之外，如果遇到一个表达不怎么清晰的人跟你对话，也可以应用"金字塔"来掌控谈话节奏。在这个过程中，需要注意你的语气，用对方能接受的方式，适当地打断并提问：

- 所以，您想表达的结论，或者说最终观点是什么？
- 您为什么这样说呢？您的理由是什么？
- 好，我们先说说第一个层面。您为什么这么说呢？您有哪几方面的证据？
- 我明白了，那我们继续说第二个层面。
- 好，那最后一个层面又是什么？
- 好，我可以最后和您再确认一下您的核心观点吗？

用这样的方式，不仅能帮助对方把观点表达清楚，还能让你自然而然地理解对方的逻辑，知道应该如何分析、从何回应。

注意事项

一定要注意，**不要以为说话时加上"第一""第二""第三"，表达就一定是有条理的**。

例如：

我们要注意身体健康。第一，做好饮食管理，要吃得健康；第二，少吃油腻辛辣的食物；第三，坚持运动。

学会思考：用批判性思维做出更好的判断

在生活中，听到有人这么说话会不会觉得很难受？第一和第二表达的是同样的内容，为什么不放在同一点里说？而且，吃得健康、坚持运动就够了吗？定期体检、作息规律，这些也很重要。尽管用了"第一""第二""第三"，但有重复、遗漏，依然会让人感觉很混乱。

真正有条理、有逻辑的表述，应该是"不重不漏"的，即应该符合MECE原则。

1. 什么是 MECE 原则？

MECE 原则，是著名咨询公司麦肯锡提出的黄金法则之一，简单来说，就是八个字：相互独立，完全穷尽。

> **MECE 原则**
>
> • ME 代表各部分之间相互独立（Mutually Exclusive），有排他性，没有重叠。
>
> • CE 代表所有部分加起来，会完全穷尽（Collectively Exhaustive），没有遗漏。

当我们使用 MECE 原则来对事物、信息进行分类，按类别依次阐述表达时，就很可能会有更清晰明了的思路。

例如：

王老师是个特别负责任的数学老师。他希望针对不同学生的学习情况，分类设定学习目标、布置作业，实行分层教学。

他应该如何对学生进行分类呢？

（1）第一种分类法

根据开学时的数学测试，把全班同学分成数学考试及格的和不及格的。

及格、不及格之间没有重合，所有人都被囊括其中——这就符合 MECE（不重不漏）的原则。这样分类后，他可以把不及格的学生留下来，给他们补习，更有针对性地训练，帮助他们提高成绩。

（2）第二种分类法

假如王老师按照考试成绩将学生这样分类：

- 90—100 分——优；
- 61—79 分——中；
- 60 分以下——不及格。

王老师把全班学生分了三档，给每一档的学生布置不同难度的作业。这个分类存在一个问题，那就是不符合"完全穷尽"（CE）这一条，80—89 分的学生被遗漏了。在这个场景下，相当于老师彻底忽略了那些成绩中上的孩子。

补齐 80—89 分这一档，这一分类才符合 MECE（不重不漏）原则。

（3）第三种分类法

假如王老师突然又冒出来一个想法，觉得"兴趣"也是一个重要的考量因素，会影响学生的学习表现。对于那些对数学没兴趣的孩子，需要采取一些针对性的教学方法，激发他们的兴趣，让他们觉得学数学充满乐趣。于是，他把分层教学的分类变成了：

- 考试及格的学生；
- 考试不及格的学生；
- 对数学没有兴趣的学生。

这个分类有个明显的问题，那就是出现了重合，不符合"相互独立"（ME）的原则。一个学生可能考试及格，但他对数学没有兴趣。那分组学习时，该把他分到哪一组？

一旦分类不符合"相互独立"的原则，就会造成逻辑上的混乱，也给被分类的对象造成困惑。

如果王老师觉得考试成绩和兴趣都是特别重要的考量因素，他可以用这样的矩阵，把学生分成四类：

不及格，有兴趣	及格，有兴趣
不及格，没兴趣	及格，没兴趣

针对每一个类别，他要采用的教学方式是不一样的。

例如，成绩优异又有兴趣的孩子，往往在数学方面非常有发展潜力，给他们布置一些更有挑战性的学习内容，可以帮助他们更快成长。成绩不及格但对数学学习有兴趣的学生，可能是没有掌握好方法，老师需要侧重在学习方法上给予指导。成绩不及格又没兴趣的学生是老师应重点关注的对象，既要激发他们的学习兴趣，又要帮助他们掌握良好的学习方法。

符合 MECE 原则，才能帮助我们更好地分类，在此基础上再去分析问题、解决问题。

2. 如何用 MECE 原则分类

MECE 的原理听起来简单，但是实践中要真的实现"不重不漏"并不容易。这里有几个技巧帮助我们尽可能实现用 MECE 原则分类：

（1）二分法

二分法很像写反义词。

按考试成绩，把参加考试的学生分类：一类是及格的，另一类就是不及格的；

把单位的员工进行分类：一类是管理者，另一类就是被管理者；

做用户调研，把用户分类：一类是满意的用户，另一类就是不满意的用户。

在二分法下，两类事物构成全部，相互独立，就一定符合 MECE 原则。

（2）两步法

二分法虽然简单，但在日常生活中往往不够用。

例如，如果我们把单位员工分类的目的是分类管理、定岗定酬，那只区分管理者和被管理者肯定不够。我们需要更为细化地进行分类，例如依照职级分、岗位职责分、部门分等。

很多时候，现实生活中涉及的分类比二分法更复杂。当我们要将某一个事物分成两类以上且同时确保符合 MECE 原则时，可以按照以下两步走。

第一步：每一维度只选择一个分类标准（一致性）

对于要分类的事物，按照分类的目的，选择一个统一的标准分类。

例如老师给学生分类的例子，目的是提高学习成绩、提升学习效果，要么按成绩分，要么按兴趣分。这能保证每一个部分之间不出现重合，彼此都相互排斥。

如果认为几个不同的分类标准对达成目标都有意义，**可以同时使用两个维度的分类，搭建一个 2×2 的象限图或者矩阵。但需要注意的是，每个维度的分类标准要保持一致，分别放在纵轴和横轴上，千万不能混在一起。**

用两个维度搭建一个象限图的分类方式，在生活中很实用。例如，根据"重要""紧急"这样两个不同的维度，把手头的事务划分成四个部分，能够有效帮助我们决定如何安排自己有限的精力、时间。（见下图）

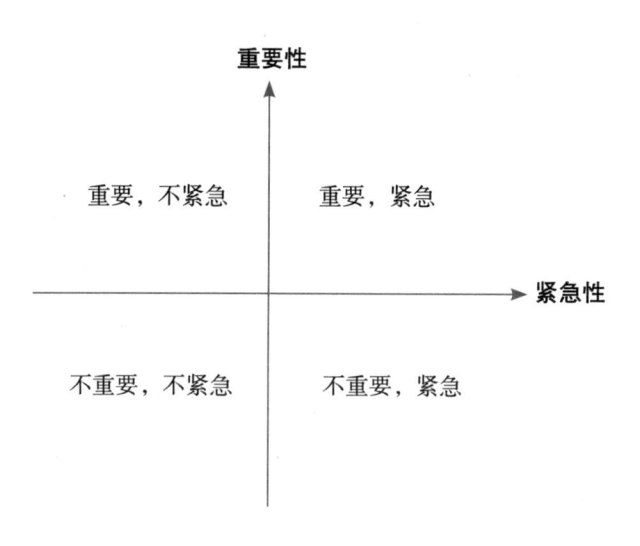

```
            重要性
             ▲
             │
   重要，不紧急 │  重要，紧急
             │
─────────────┼─────────────▶ 紧急性
             │
  不重要，不紧急│  不重要，紧急
             │
```

要画出这样的象限图，需要找到两个维度的、有意义的分类标准，在每个维度内按简单的二分法做出区分。如果内部的区分比两个更多，也可以画成矩阵。

例如，将学习成绩和学习兴趣相结合，将学生分成以下八类：

	有兴趣	没兴趣
优：90—100 分		
良：80—89 分		
中：60—79 分		
不及格：0—59 分		

第二步：选择筛查顺序

选定标准后，需要选择呈现顺序。按照这个顺序，将所有的类别捋一遍，这样可以检查自己的分类有没有遗漏，以确保符合 MECE 原则。

例如，如果按照学生的考试成绩进行分类，就可以按照成绩从高到低的顺序捋一遍，从满分到不及格，看看有没有遗漏学生。

总结一下，分类两步法：**先确定分类标准，再选择筛选顺序。**

（3）善用分析框架

先确定分类标准，再选择筛选顺序——这两步合起来形成的一些经典的分类方式，就是我们经常说的"分析框架"。有时，我们觉得某人思考问题反应快、条理清晰，很有可能是因为他善用分析框架。

在日常生活中，有很多可以使用的分析框架。

例如：

【投入　产出】【供给　需求】

【收入　支出】【定性　定量】

【主观　客观】【输入　输出】

【攻击　防御】【内因　外因】

【生理　心理】【精神　物质】

【生产　消费】【个人　集体】

【空间　时间】……

一些传统的词语组合，也可能成为我们分析问题的框架。

例如：

【人　财　物】

【气体　液体　固体】

【海　陆　空】

【过去　现在　未来】

【事前　事中　事后】

【春　夏　秋　冬】

【东 西 南 北】

【喜 怒 哀 乐】

【衣 食 住 行 医 教 娱】

……

这样的分类，存在于我们日常生活中的各个角落。

在不同的专业领域内，还有一些更专业的分析框架。这些对前人经验的提炼总结，能帮助我们更快地找到分析思路。

像商业领域就有很多模型、框架，例如：

3C 模型：【Customer（市场顾客），Competitor（竞争对手），Corporation（公司本身）】。分析一家公司未来的发展前景，就可以依次从这三方面来看。

4P 模型：【Product（产品），Price（价格），Place（渠道），Promotion（促销）】。做市场营销的分析，往往就要分析这四个方面。

SWOT 模型：用来分析一家机构的发展态势。这个模型也是一个 2×2 的象限图。一个维度是分析内部环境或外部环境，另一个维度是分析好的或坏的影响。组合后，就能看到一家机构发展的优势、劣势、机会和威胁。

内部环境，好影响（优势，Strength）	内部环境，坏影响（劣势，Weakness）
外部环境，好影响（机会，Opportunity）	外部环境，坏影响（威胁，Threat）

PEST 模型：【Politics（政治），Economics（经济），Society（社会），Technology（技术）】。要分析一家企业所处的宏观环境，可以从这四方面来观察。

| 第14章 | 如何逻辑清晰地表达观点？

除了商业领域，每个专业领域都有各自非常经典的分析框架。

我们在阅读经典书籍、行业领域内的经典文章时，注意对方在"第一""第二""第三"的背后，到底有什么内在逻辑、用到了什么样的框架。注意积累各个领域的经典框架，并在现实生活中活学活用。

在积累框架这件事上，并不存在所谓的捷径。不是上一堂课、看一本书，就能学会多少个万能框架。重要的是日常生活和专业学习的积累。

如果用 MECE 原则再来审视本章开头大牛所做的工作汇报，我们还可以如何改进呢？

重点来看他对产品销售状况不佳的原因的分析：

> 出现这种销售不理想的情况，我认为问题出在推广时机、销售平台和内容呈现方式三个方面。
>
> 第一，推广时机不佳。春节后推出来的，用户多处在假期综合征状态，其实是不想上班、学习的，但前期策划想当然地认为过完年大家都会积极上课。
>
> 第二，销售平台出现技术问题。那段时间我们销售平台服务器不稳定，后台看到好多人下单了但支付不成功。
>
> 第三，讲课老师的讲述方式需要改进。他说话比较啰唆，带口音，念稿子的感觉重，所以从试听到最终购买的转换比例上看，这个课也比其他课要低。

大牛从推广时机、销售平台和内容呈现三个方面进行了分析。这三个方面符合 MECE 原则吗？怎样才能更符合 MECE 原则呢？

按照两步法：

第一步，确定分类标准——按照环节、步骤分类；

293

第二步，按照一门课程产品从生产到售出的顺序，将各个环节捋一遍，确认没有遗漏。

第一个环节是内容生产，包括内容设计和内容呈现两个方面。在这个环节中，汇报者的思路是全面的。他认为内容本身没问题，但呈现有问题。

当有内容后，需要在市场上销售，就存在售前、售中、售后三个阶段。

（1）售前

需要考虑推广宣传的时机（When）、推广宣传的渠道（Where）、推广宣传的具体形式（How）、推广宣传的内容（What）。

在这里，汇报者考虑到了推广时机的问题，春节后，用户还在假期综合征状态，不想上课。那推广渠道是不是通畅，推广形式是不是用户喜欢的、易于传播的，推广内容是否具有充分的吸引力、迎合了用户的需求——汇报者没有进行检查分析，很可能会遗漏一些重要的问题。

（2）售中

如果是线上自助购买的形式，就要考虑购买的流程是否顺畅。汇报者考虑到了这一点，发现销售时平台服务器有问题。

（3）售后

可以分成主动的售后服务和被动的售后服务。主动、被动——是一个符合 MECE 原则的分类。

前者是售后人员主动发现问题，主动和用户沟通；后者是有用户投诉、咨询时，售后人员要积极服务。汇报者并没有检查分析售后服务到底怎么样。

综上分析，一个更全面、更符合 MECE 原则的思考框架见下表：

```
                    新课程产品销售情况汇报
                    （符合MECE原则的思考框架）
                      ┌──────────┴──────────┐
                  课程销售不理想          检查生产销售各环节，
                                          确认问题出在哪里
                   ┌──────┴──────┐         ┌──────┴──────┐
               横向比较      纵向比较      生产          销售
               与同类产品其  与同平台同类
               他平台销量情  产品历史销量
               况比较        比较
                                         ┌──┴──┐    ┌────┼────┐
                                     内容设计 内容呈现 售前  售中  售后
                                                  ┌────┼────┬────┐    ┌──┴──┐
                                              推广时机 推广渠道 推广形式 推广内容 主动售 被动售
                                                                              后服务 后服务
```

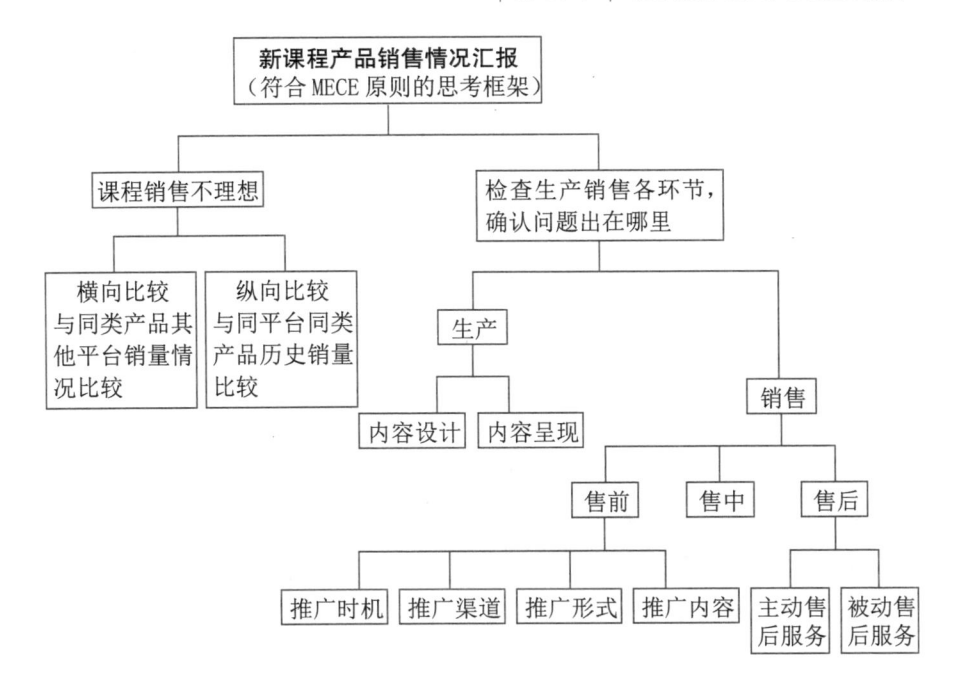

分层分类地梳理、检查各个环节的问题，能够让我们的思考更全面、充分。

3. 思考的原则和表达的原则

按照 MECE 原则，把产品销售过程中的细节列出来，是我们思考、分析问题的一个过程，能够确保思考全面、充分。

但在表达的时候，是不是要把细节依次全部讲出来？不一定。

例如，我们按照 MECE 原则把产品生产销售流程都检查了一遍，有些环节没有出现问题，那汇报时就不用再陈述这些没有问题的环节。

同时，在具体的场景中，要考虑听众的需求。听众最在意、最看重的究竟是什么，我们可以按照重要性，重新调整叙述的顺序；一些细枝末节的问题，尽管按照 MECE 原则也不应该遗漏，但我们可以根据具体的场景，选择放到最后说、简单说，甚至不说。

总结

使用金字塔式的表达方式：

1. 一开始就亮明你的结论
2. 分层分类提供你的理由

在日常生活中，我们可以有意识地用这样的句式来表达：

关于这个问题，我的观点是……

我之所以这样认为，有三个理由：

第一……关于这一点，我有两方面证据。首先……其次……

第二……

第三……关于这一点，我有两方面顾虑。一方面……另一方面……

总之，我认为……

采用金字塔式的表达方式时，要注意自己的"第一，第二、第三"的分类应尽量符合 MECE 原则，即"不重不漏"。

要实现用 MECE 原则分类，可以使用二分法或两步法：

二分法：寻找"反义词"。两类事物构成全部，相互独立，就一定符合 MECE 原则。

两步法：

- 第一步：每一维度只选择一个分类标准（一致性）；
- 第二步：选择一个筛查顺序。

在日常生活和专业学习中不断积累分析框架，可以帮助我们更清晰、更有逻辑地分析复杂问题。当然,随着批判性思维能力的增强,你也将更加清楚地看到每个框架的局限性。

练一练

1. 请重新梳理下面这段话,用"金字塔"结构把这段话重新表达一遍。

> 我觉得这个工作挺好的,你就下决心跳槽吧。这个工作,工资比你原来的高了不止40%吧。就是工作压力确实大了一些。你原来一个月税后能拿1万元?这税后怎么也有1.5万元。我看这岗位涨薪的潜力也挺大,过两年你升VP,还能再涨一倍。就是出差有点多,不知道你老婆会不会有意见。这公司还给你家属买保险,也给你买养老年金,多好。估计各种应酬也不少,对身体不太好,不过我看你平时都在跑步健身,多注意一点,问题也不大。我看做的事挺前沿挺有意思的,你也得跟着不断学习进修,成长、发展空间都挺大。总的来说,利大于弊,挺好的发展机会,别犹豫啦。

2. 以上这段话对一份工作的评估考虑到了哪些方面?你觉得是否符合MECE原则?当评价一份工作的好坏时,你觉得还有哪些需要考虑的因素?如何对这些因素进行分类,让它们符合MECE原则?

▶ 练习讲解

1. 金字塔式表达:

> 我觉得这个工作挺好的,你就下决心跳槽吧。
>
> 我们先看这个工作的好处。
>
> 第一,福利待遇好。首先,工资比你原来的高了不止40%。

学会思考：用批判性思维做出更好的判断

你原来一个月税后拿 1 万元，这税后怎么也有 1.5 万元。其次，这个岗位涨薪的潜力也挺大，过两年你升 VP，还能再涨一倍。再次，这公司还给你家属买保险，也给你买养老年金。

第二，工作内容前沿、有意思，需要你不断学习、进修，成长、发展空间都挺大。

我们再来看这个工作的弊端。

第一，工作压力大。

第二，出差有点多，不知道你老婆会不会有意见。

第三，各种应酬也不少，对身体不太好，不过我看你平时都在跑步健身，多注意一点，问题也不大。

总的来说，利大于弊，挺好的发展机会，别犹豫啦。

2. 如何用 MECE 原则评价一份工作？

我们在这里仅提供一个分类思路，可能还存在不太符合 MECE 原则的地方，仅供参考。（见下表）

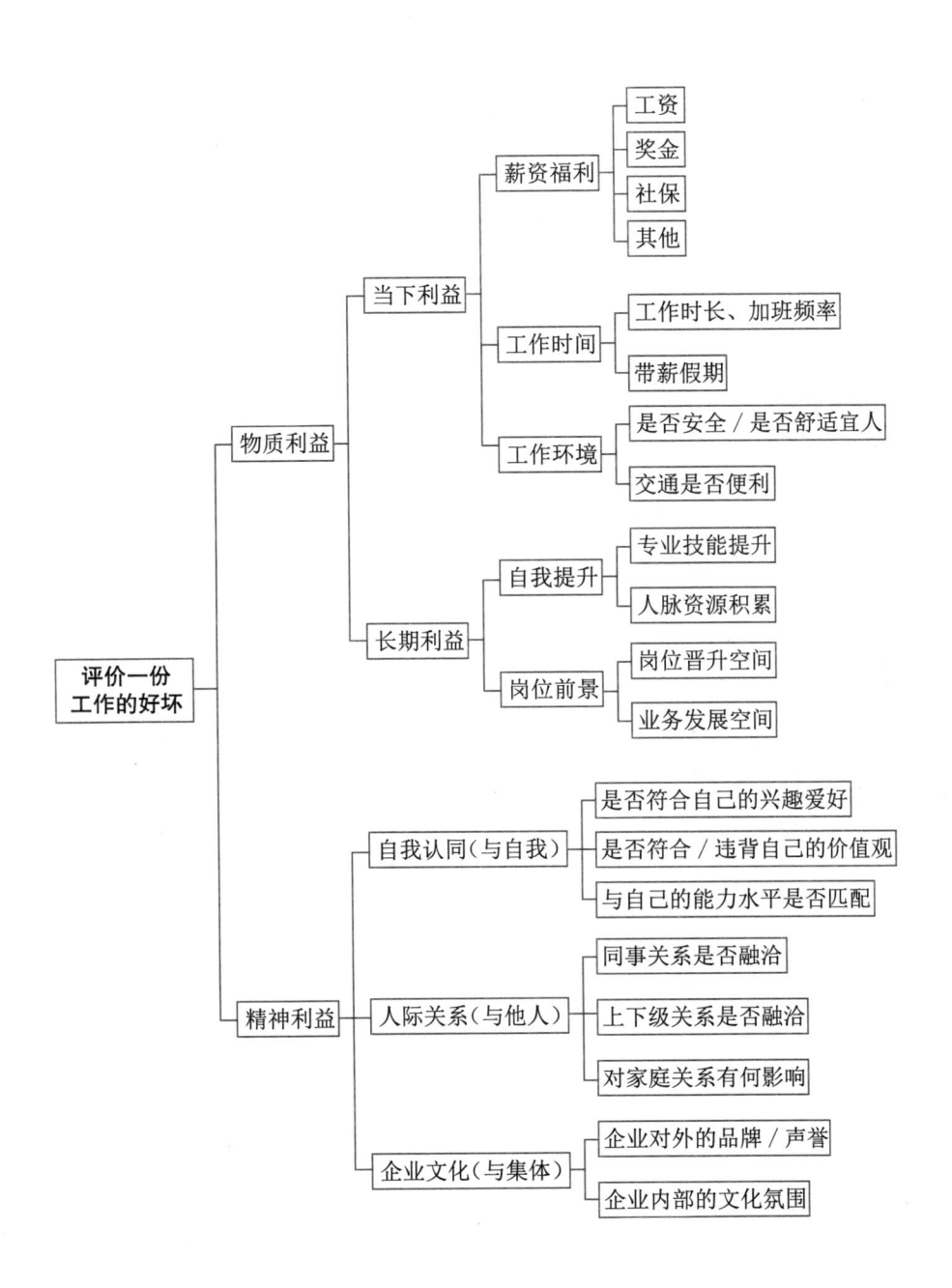

第 14 章 | 如何逻辑清晰地表达观点？

```
评价一份
工作的好坏
├── 物质利益
│   ├── 当下利益
│   │   ├── 薪资福利
│   │   │   ├── 工资
│   │   │   ├── 奖金
│   │   │   ├── 社保
│   │   │   └── 其他
│   │   ├── 工作时间
│   │   │   ├── 工作时长、加班频率
│   │   │   └── 带薪假期
│   │   └── 工作环境
│   │       ├── 是否安全/是否舒适宜人
│   │       └── 交通是否便利
│   └── 长期利益
│       ├── 自我提升
│       │   ├── 专业技能提升
│       │   └── 人脉资源积累
│       └── 岗位前景
│           ├── 岗位晋升空间
│           └── 业务发展空间
└── 精神利益
    ├── 自我认同（与自我）
    │   ├── 是否符合自己的兴趣爱好
    │   ├── 是否符合/违背自己的价值观
    │   └── 与自己的能力水平是否匹配
    ├── 人际关系（与他人）
    │   ├── 同事关系是否融洽
    │   ├── 上下级关系是否融洽
    │   └── 对家庭关系有何影响
    └── 企业文化（与集体）
        ├── 企业对外的品牌/声誉
        └── 企业内部的文化氛围
```

| 第15章 |

构筑理性、多元、良善的社会

- 本书介绍了诸多思考方法，我们应该如何整合应用？
- 如何持续地培养自己的批判性思维能力？

通过前面内容的学习，相信你已经掌握了不少独立思考的方法和分析框架。这些方法和框架彼此之间有什么联系？应该如何整合应用？

本书从第 2 章到第 14 章，为读者提供了一个搭建高质量论证的思路。

当我们开始思考或者分析一件事时，首先需要定位问题，即眼下要解决的问题位于哪个层面？不同的层面需要哪些信息？（第 2 章）

获取更多的信息是思考决策的基础。面对事实信息，我们需要考虑其真伪，需要培养信息源意识（第 3 章）。对于观点信息，需要准确理解对方的结论、看清论证结构（第 4 章），用 ARG 三大标准判断观点的论证质量（第 5 章），警惕充满逻辑谬误的、低质量的观点（第 6 章），只接受经过高质量论证的观点。

基于这些筛选后的信息，我们该如何建立自己的独立观点？

面对【是什么】层面的问题，警惕对事物片面地过度概括，基于全面的信息归纳，我们可以更好地洞察事物的规律。（第 7 章）

在对一些事物做出评价，即回应【怎么样】这个问题时，我们需要明确评价标准、寻找相应事实，理性对待不同标准所带来的观点差异（第 8 章），尽量全面地、多角度地权衡利弊（第 9 章），做出公允评价。

在探究问题背后的原因时，即思考【为什么】时，我们需要警惕错误归因，结构化地提出所有可能的原因（第 10 章），在必要时，运用实验法控制变量，思考导致问题的关键因素（第 11 章）。

在【怎么办】层面提出解决方案时，我们需要建立"目标—手段"的意识，厘清真正的目标，结构化地思考可能的手段（第 12 章），从不同维度权衡不同手段的利弊，必要时使用量化的赋值法，帮助自己决策思考（第

303

学会思考：用批判性思维做出更好的判断

13章）。

当我们对这一系列问题有了观点和想法后，运用清晰的金字塔结构，将思考不重不漏地表达出来，见下图。（第14章）

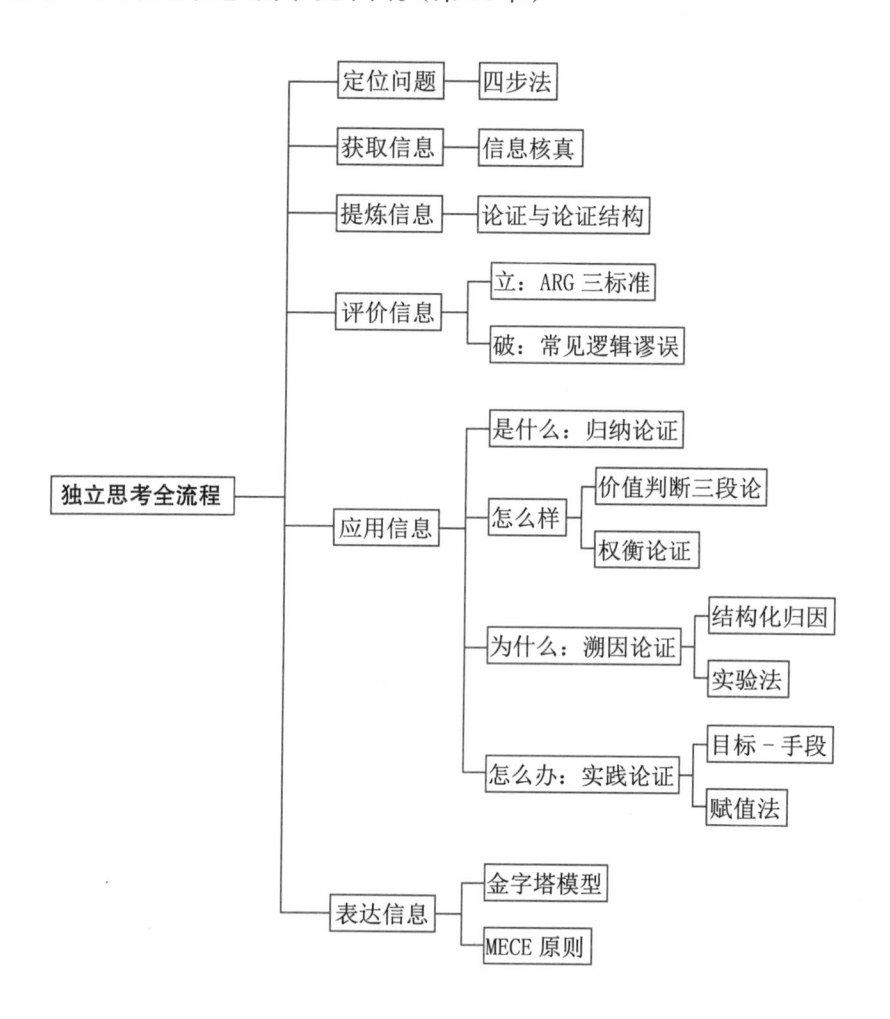

独立思考全流程
- 定位问题 — 四步法
- 获取信息 — 信息核真
- 提炼信息 — 论证与论证结构
- 评价信息
  - 立：ARG 三标准
  - 破：常见逻辑谬误
- 应用信息
  - 是什么：归纳论证
  - 怎么样
    - 价值判断三段论
    - 权衡论证
  - 为什么：溯因论证
    - 结构化归因
    - 实验法
  - 怎么办：实践论证
    - 目标－手段
    - 赋值法
- 表达信息
  - 金字塔模型
  - MECE 原则

这样的回顾或许让你觉得有些抽象。

让我们再次回到第2章那场混乱的职场讨论中，来看看如何用这些方法推进讨论、解决问题，具体分析见下表：

问题层次	已有信息
是什么 针对要讨论的现象，提供最基本的事实信息。	领导提供的信息：老客户兴旺公司没有续约，签约了对手公司。 但员工 C 对该信息的准确性提出质疑：到底有没有签约对手公司？是不是已经尘埃落定？
怎么样 评估这件事的影响、后果、意义，对这件事作出价值判断。	员工 A 觉得这是好事，终于摆脱了烦人的兴旺公司； 员工 B 对此非常忧心，认为失去了一个大单子。
为什么 负面评价：这个问题是怎么造成的？ 正面评价：它成功或令人欢喜、满意的原因是什么？	有可能与我们的服务无关：员工 A 揣测客户因为人情被带到其他公司。 有可能与我们的服务有关：员工 B 指出小王改文案，曾与客户产生矛盾。员工 C 认为内部与用户的对接沟通机制不够畅通。
怎么办 针对原因给出具体的解决措施。	带小王上门道歉；理顺沟通机制。

1. 是什么

在"是什么"层面，我们需要看看已有的信息是否足以支持讨论。

此时，可以使用 **4W+1H** 的框架帮助我们梳理已有信息。4W+1H 指什么呢？它包括：**WHO**（什么人），**WHEN**（什么时间），**WHERE**（在什么地方），**HOW**（以什么方式），**WHAT**（做了什么事情）。人物、时间、地点、方式、事件，这是"是什么"层面的五大要素。

紧扣住 4W+1H 提问分析，常常能把整个事情的脉络搞清楚。

在这场关于"老客户跑了"的讨论中，同事们对这件事的很多细节都不清楚。

WHEN：这件事是什么时候发生的？

WHAT：跟对手公司的合同到底签了还是没签？

这是首先需要弄清楚的内容，以确保所有人都获得了完整的信息。

如果我们讨论的是一个更普遍的现象，就需要由点及面，寻找相应的数据来描述这个现象。

例如，假设开会讨论的不只是一家公司没续签的问题，而是公司最近一年来丢失客户的问题。如果涉及的客户数量比较多，就需要你进行一定的统计归纳：总共丢了多少个客户？丢掉的客户有什么共同特征，又有什么差异？这将为我们后面的分析提供充分翔实的数据。

2. 怎么样

在"怎么样"层面，需要大家对丢掉合作客户这件事，有一个统一的价值判断，这究竟是好事还是坏事。如果确定这是一件糟糕的事，我们就要讨论应该采取什么措施避免这件事的发生。如果评价丢掉这个客户是件好事，那很有可能后面也就不用进一步讨论和行动了。

在会上，不少同事都从自己的角度出发，对丢客户的事快速做出了评价。那这些观点是否公允、全面、合理？

这时需要我们回到价值判断三段论：大前提，提出评价标准；小前提，提出相应的事实；再由大前提和小前提共同推出结论。

评价丢失客户的得失，主要是功利层面的权衡：评估这个客户带来的综合收益。成本大于收益，那就是亏本的项目，失去了这个客户，可能是件好事；如果综合来看收益大于成本，那就是盈利的项目，丢掉了这个客户就是损失。

当然，这是最简单的考量。在某些情况下，还需要考虑公司或团队平均的投入产出比，与之比较，判断投入精力和金钱服务该客户是不是一件划算的事情。

在讨论时，有的同事只盯着自己的付出以及和客户的沟通成本（"你们自己说说，干这行这么久，还遇到过更奇葩难搞的甲方吗"），有的同事只看到这个单子的总收入（"这是一个大单子啊"），这都是不充分的评论，没有厘清合理的大前提。

明确相应的小前提，需要我们在会上提供和标准相关的具体事实。例如，这个项目到底带来了多少收入？我们为这个项目到底投入了多少成本？公司或者团队在其他项目上的投入产出是什么样的？

通过寻求这两方面的信息，我们才可以充分权衡利弊，统一团队共识。否则，同事们就容易陷入各自的细节信息，无法全面思考，在丢客户这件事是好是坏上反复纠结。

3. 为什么

假设我们在第二个层面"怎么样"上达成了共识，认为丢掉这个客户是一件糟糕的事，那就进入了第三个层面，关于"为什么"的讨论。

许多人在分析原因时，很容易犯片面归因、简单归因的错误。就像在开头的讨论中，有的同事直接断言：丢客户都是自己一方的责任，没把客户服务好。但实际情况完全有可能像另一个同事说的：丢客户跟自己的服务没关系，是由于客户要做人情单，所以换了公司。

需要注意的是，这些说法都是同事们的观点。谁提出的观点更有说服力？我们要看他们是怎么论证的。

想要追溯一个现象背后的原因，我们就要使用溯因论证的框架，其中有两个关键：**大胆假设**、**小心求证**。

大胆假设： 把可能导致某一问题、某一现象的解释、原因都找出来。

小心求证： 逐一寻找证据，去证实或者证伪，最终确认到底是哪个或者哪几个原因导致了"怎么样"层面所分析的问题。

有哪些可能的原因导致客户离开？

第一步，用MECE原则结构化地把各种可能性提出来。例如，假如你是客户，在选择乙方的时候，你会考虑哪些因素？显然，主要是成本和收益。成本，既包括整个合作的经济成本——也就是报价，也包括时间成本——通常体现为效率、沟通成本。收益，则指项目产品的质量究竟如何，沟通服务态度如何，某些情况下，也需要考虑乙方带来的其他资源、长期利益。

在这些环节中，如果成本过高、收益过低，没有满足客户的需求，他们都有可能离开。

第二步，根据这些假设进行求证，分析哪些有证据支持，是真实的原因，哪些不是真实原因。例如，客户女儿准备去对手公司工作这个说法，有什么证据？说我们跟客户沟通成本过高，这方面有什么具体事例？客户就此提出过什么意见吗？

通过层层分析，我们可以找到主要的一个或多个原因。

4. 怎么办

面对【怎么办】这最后一个问题，我们要聚焦于问题的解决方案。

这一层的基本分析框架是三个关键词：**目标、手段、利弊**。

（1）目标

我们需要在开会时明确，讨论丢客户这件事的目标是什么。例如，第一个目标是挽回客户。第二个目标是从这次丢客户的事情中总结经验，避免以后再发生这样的事。

针对不同的目标，采取的手段是不同的。

如果经过讨论，大家认为这个客户还有挽回的余地，可能就需要先把目标统一：先尽可能挽回这个客户，然后再考虑总结经验。如果大家都认为这个客户已经不可挽回了，那目标主要就是总结经验。

（2）手段

如果目标确定为先挽回客户，第二步就需要讨论，挽回这个客户有哪些可行的手段。

这需要结合在第三层【为什么】中通过大胆假设和小心求证得出来的原因。例如，是因为小王工作态度不好，得罪了客户。那整个团队就要进行头脑风暴或运用结构化的思考方式，想一想用什么方式来消除这方面的消极影响，挽回客户。

我们可以从两个角度来思考：一是对已经发生的事情表达歉意，请求原谅。例如，可以让领导带着小王登门拜访，消除误会。二是预防未来再发生类似的事。例如，和小王谈话，让他充分意识到问题所在，改变工作态度；或者将小王调离这个项目。

（3）利弊

在这个环节，我们可以从可行性、有效性、负面性、必要性等角度再做一次利弊权衡，选择最佳行动方案。

例如，为避免以后再有因服务态度得罪客户的事发生，开除小王是否合适？从有效性上来讲，这样做可能会让客户满意。但如果小王是个不可多得的人才，开除他可能反而会给公司带来更大的损失，负面性上不得不慎重考虑。如果仅仅因为小王偶尔一次态度不佳就开除他，是否是一种过度的、不必要的处理方式？——必要性、合法性和企业人文关怀，也都是需要考虑的。不同角度的利弊权衡，有助于我们选择最佳的行动方案。

学会思考：用批判性思维做出更好的判断

在这个不断通过提问聚焦讨论的过程中，我们需要注意以下这些问题：

第一，在讨论的过程中，信息是不是准确？讨论、思考所依赖的信息是道听途说的"传言"，还是有明确的信息源？在这几轮对话里，同事们的发言充斥着各种不确切的"听说"："听说"客户和竞争对手签约了，"听说"客户老总的女儿入职了对手公司。如果连基础信息都不真实准确的话，会议也没有办法开下去。特别是如果有人不假思索就相信这些信息，讨论的方向可能就此跑偏。我们需要选择那些专业、中立、有信誉的信息源，并且主动向权威信息源求证。这是在第 3 章中强调的内容，是确保论证符合"可接受性"的重要动作。

第二，同事们在讨论的过程中，有没有出现概念的转换、话题的转移？大家在讨论中评价彼此观点时，有没有诉诸不相关的人身背景？例如在这场会议中，就有一段人身攻击：两个同事相互指责对方没资格发言（"你不就是个小设计师吗，领导在这儿轮不到你说话吧？""我看你一个管后台的，才最没有发言权吧？"）。这其实就犯了开会时的大忌，一旦开始论资排辈、诉诸人身，会议就没法开下去了。类似的问题，都是在论证时出现了"相关性"偏差。

第三，整个分析的过程中，大家有没有考虑到可能的反对意见或不同观点？在【怎么样】环节，只看到自己的投入或只看到客户带来的收益；在【为什么】环节，从最直接明显的因素入手，相互指责（例如一来就断言是小王态度不好导致丢客户），而忽略其他的可能性；讨论【怎么办】时，直接提出简单粗暴的方案（例如直接提出开除小王），缺乏对不同利弊的考虑（例如开除小王的负面性、必要性）或对不同方案的比较，这都会让论证在"**充分性**"上出现问题。

本书为读者提供了一个工具库。当讨论具体问题时，我们可以从这个工具库里选择相应的方法来帮助自己进行思考。

如何持续学习

恭喜你,当你读完本书时,你已经了解了批判性思维最主要的思考方法:论证。不过论证千变万化,还有很多论证类型在本书中没有涉及。而且了解不等于掌握,知道不等于做到。当合上本书后,我们仍然需要不断地学习和练习。至少,我们可以继续从三个方面自我精进。

1. 积累知识

本书分享的方法论,是思考的骨架。要让思考更有质量,还需要"血肉"。思考的"血肉"是知识。

只有知识的积累,没有方法论,我们的知识将无法被有效组织,无法真正内化为自己的思考、输出独立的观点和行动,甚至知识越多,头脑可能越混乱;但只有方法论,没有知识的积累,我们输出的往往只有空洞的观点。

那么,该如何积累知识?

还是那句古话:**读万卷书,行万里路**。

读万卷书,意思是坚持阅读。但阅读并不限于书籍,我们也可以利用日常碎片化的时间,从权威的专业媒体、有洞见的意见领袖、自媒体那里获取资讯。

阅读是获取知识的重要手段,也是我们与世界亲近的一种方式,但想要更深刻地认识我们所处的世界,将所学到的知识进一步内化,行万里路同样重要。行万里路,意味着我们要去更大的世界,开阔自己的眼界,与不同文化、不同价值观的人充分交流,吸收多元的资讯。

2. 刻意练习

本书每一章的最后,都会有一些小练习,帮助我们加深对方法论的理解。

但有限的练习远远不够。思维的养成和改变,只能在千百遍的练习中形成。训练思维有两个最高效的方法:写作和辩论。

写作是最好的思考方式之一。通过写作,我们可以把自己的思路梳理清楚、表达清楚。如果你很少写东西,不妨从现在开始练起来。准备一个小本子,有什么想法,及时写下来;或者开一个公众号、开一个博客,不贪求阅读量、转发率,只为练习自己的逻辑思考能力,和朋友分享自己的观点或想法。

辩论,需要我们把所思所想表达出来,需要缜密的思考与严谨的逻辑。一次次分析、反驳对方的观点,组织、输出自己的观点,就是对自己思维能力的加强训练。无论是在饭桌上和朋友们讨论,还是在网上和网友们辩论,都可以有意识地寻找那些我们感兴趣又充满争议的议题,试着和有不同观点的人一起讨论。在辩论的过程中,我们不仅要寻找证据、理由来支持自己的观点,还要思考那些持有相反观点的人是如何推出他们的结论的。通过反驳对方的观点,修正、限定自己的观点,让自己的结论更有说服力。重要的是,很多时候辩论的目的不是为了获胜,而是为了更好地思考。

但无论是写作还是辩论,我们都需要强调一点——**去功利化**。

或许你会说:"我又不是搞自媒体的,不是作家,不是记者,我干吗要写?跟人辩论有什么用?是能让我涨工资,还是能让我升职?"

也许都不能。

我们花时间写作、花时间辩论,这些努力很可能都不会直接变现,但我们能从中体验到思考的乐趣。更重要的是,我们要将这个过程看作一个刻意的练习。当我们写得够多、辩论得够多后,在那些可以直接变现的场合——写工作报告、做产品展示、进行商务谈判这一类的场合,我们才能游刃有余，才能做好充分的准备。

3. 保持开放的心态和说理的耐心

很多时候，我们不想和朋友或网友们辩论是源于一种"无从说理"的无力感。在"C计划"的在线课堂中，我们经常会听到学员们有类似的困惑：我学习了怎么更有逻辑、怎样讲理，可是我周围的人不讲逻辑，我再怎么跟他们讲理也讲不通啊。而且很多时候，讲逻辑、讲道理，就是不如讲金钱、讲关系、讲权力的效果那样直接。

这种无力感是真实的。

沟通对话是双方的事。说话的人试图以理服人，这要求听话的人也能听得懂道理，愿意就事论事，尊重逻辑事实，能够理性思考、妥协让步，承认自己可以"被说服"。我们还需要规则的维护者，保障不同的观点都有平等发声的空间，拒绝向那些诉诸暴力、诉诸武力而蛮不讲理的人妥协屈服。

但当这些条件都不具备时，我们是否就要放弃说理的努力？

一个世界是什么样，并不代表着它应该是什么样。**最基本的努力便是从自己做起**。我们与自己的孩子、伴侣、下属、同事讲话时，可以努力做到尊重对方，耐心倾听。很多时候，说理最终变成困局，并不是道理本身的问题，而是缺乏共情的姿态、沟通的技巧，道理还没说出口，就招致彼此的敌意与对立。**温柔而坚定地讲理，以最大的善意寻求底线共识，尊重多元差异，是我们每个人都需要做出的努力。**

改变自己，影响周围的人，乃至改变社会。

就像我们"C计划"的口号：**改变，始于思辨**。

后 记

1

有个段子说，一位教授问他的学生："你们对别的国家正在发生的饥荒有什么观点？"欧洲的学生问："饥荒，那是什么？"美国的学生说："别的国家，什么意思？"中国的学生则问："什么叫我的观点？"缺乏独立思考的能力——几乎成为一些人对中国人或者中国学生的刻板印象了。

如何才能具备自己的观点？

首先，需要具备一定的信息素养，知道谁是更可靠的信息源，判断甚至查证信息真伪，将高质量的信息作为自己推理论证的基础；其次，我们需要敏锐识别、排除论证中的诸多不相关因素，摒弃对权威、公众、传统的盲从，识别并控制自己的情绪，拒绝不相关的道德绑架，始终坚持就事论事；而要让自己的论证充分、全面，还要习惯从不同角度看问题，倾听反对意见，避免以偏概全，或者仅仅根据自身的有限经验妄下结论，要有意识地寻找更大样本、更全面的证据。

这种基于高质量的论证去明辨真伪是非、形成自己观点的能力，就是我们所说的批判性思维能力。这种能力，并不能随着知识的积累、年龄的增长天然习得，需要长期的刻意训练。但很多时候，这是传统教育中最容易被忽略的部分。独立思考能力的缺失，不仅仅停留在一个段子之中，而是如幽灵般笼罩在生活的方方面面。它是个人决策时的盲目从众；是人际交往中随处可见的标签、诛心，妄加干涉与指责；是无处不在的偏见与歧视，更是公共讨论时的无边谩骂、人身攻击和哗众取宠。

2016年7月,"C计划"成立了。"C计划"的C,是指Critical Thinking,批判性思维。我们想做的,便是通过一系列线上线下课程,帮助人们系统性地提升批判性思维能力。

周围的朋友听到我们关于"C计划"的构想,通常是两种反应。第一种反应,直呼我们做的这件事太有意义,"中国社会就缺这个!"而第二种反应,便是普遍的担忧:情怀和理想怎么当饭吃?批判性思维,这么"虚"的概念要怎么教?现在人都这么忙,谁会付费来上你们的课?成年人的思维方式怎么可能改变?什么样的学生家长和老师,会为批判性思维的课程买单?……

在创业之初,所有这些问题都是真实的挑战。

但不试试看,我们又怎么会知道答案在哪里呢?

2

怀着对未知的忐忑,我们发出第一期课程的招募启事。一个月时间,主攻四个思维谬误:错误归因、过度概括、非黑即白、立场先行——这其实是一条偏见形成的逻辑链。我们分享思维方法和分析框架,真正的旨意是要破解狭隘的刻板成见和身份暴力,倡导多元价值。

没想到的是,不过两个多小时,第一期130人班便迅速报满。

现在回头来看,我们当时是踩中了"知识付费"的浪潮。一时间各式各样的线上课程层出不穷,受众对于利用碎片时间线上学习有着极高的好奇心和期待值,线上社群非常活跃。我们最初的一批学员里,有大学生、研究生、初入职场的年轻人,也有家长、教师。后来,他们中的不少人成为我们的志愿者、助教,甚至"C计划"的员工、长期合作的伙伴。我们总会感激最初这批学员的宽容和支持,是他们不断给我们鼓励和反馈,帮助我们优化

后　记

流程、打磨内容，陪伴"C计划"一步步走向成熟。

两年时间里，我们结合专业书籍和中国社会的现实语境，基于大量日常生活应用场景，研发出一整套方法论课程，从如何识别思维谬误、破除偏见、打破歧视，到提升信息素养、构建高质量的论证、结构化地思考和表达。与此同时，我们也为企业员工、乡村教师、公益组织的工作人员提供针对性的线下工作坊，结合不同群体生活、工作中的具体场景，不断打磨我们的课程案例与教学方法。2018年，我们基于大量的教学实践，将线上线下课程精华迭代，集结成了一门"21天实用逻辑课"，上万人参与学习。

要帮助成年人改变自己的思维，确实不是一件容易的事。本书介绍的思维工具，理解起来可能不算太难，难的是有意识地在日常生活中坚持应用。更难的是，反思自己原有的认知体系、观念和行为，运用批判性思维构建起更可靠的观念，并且追求知行合一。有很多因素会阻碍成年人改变思维，本书讲到的一些认知偏差就是具体的例子。

除此之外，不良的思维习惯也是个很大的障碍。比如，思维惰性强，懒得思考，根本不愿意尝试；又或者习惯于过快思考、过快决定，并且对自己的决定过于自信。

一些熟悉的观念则是另一个障碍。很多观念被社会主流接纳，人们对此过于熟悉，意识不到这些观念很可能是充满问题的，它们往往缺乏证据支持，或者把复杂问题简单化。例如，"上了好大学就有好前途""学好数理化，走遍天下都不怕""买房是最好的投资""门当户对是好的婚姻的基础""可怜之人必有可恨之处""什么年龄要做什么年龄该做的事""选工作应该优先考虑稳定性"……

这些话听起来有一定道理，那是因为我们总能找到几个可接受且相关的理由来支持这些结论。但问题是，支撑这些观点的论证是不充分的，上述每

学会思考：用批判性思维做出更好的判断

一个观点都无法回应一些重要的反驳意见。

尽管有诸多障碍，但我们相信，如果想要改变，任何年龄的人都是可以达成的。思维习惯的建立确实需要时间，但一旦掌握了某个具体的分析框架、逻辑推理公式或针对某一类问题的思考步骤，人们即刻就可以将其套用在一系列问题的分析上，效果可谓"立竿见影"。很多人说，批判性思维让他们完全改变了思考、决策和认识世界的方式。

在了解批判性思维之前，很多人完全没有论证的意识，习惯了依靠感觉、听从长辈或随大流。而现在，我们的学员会反馈他们在工作中用四步法写报告，开始有意识地阅读更多基于实证研究的科普书籍，取消关注不可靠的公众号，在面临重大决策时对照这本书提供的方法步骤进行分析，听到主流观念时能有意识地进行质疑，最终能做出不从众的独立选择。甚至，我们的学员和伙伴中，还有人离开了原有的工作岗位，在乡村成立公益机构，专门推广批判性思维教育。

如果我们能慢下来，不急于寻找标准答案，而是慢慢养成深思熟虑的习惯，重视思考的过程，那我们会发现，即使我们对很多问题还没有完全想清楚，但多一些新的证据、对某个问题多一个思考的角度，都将有助于我们思想的丰盈与成熟；当我们减少功利化的追求，不强求标准答案，而用一种更开放和复杂的眼光看待世界和自我，重视论证推理，我们就能收获成长，这些成长会指引我们一步步更靠近"批判性思考者"。

什么是批判性思考者？

• 要有好奇心，博闻广识，并且能主动获取高质量的信息；

• 要保持思想开放和谦逊，时刻有质疑的意识，能提出高质量的问题，促进深入和全面思考；

• 要能从不同角度理解和思考问题，充分理解问题的复杂性，并能就此

后 记

与人清晰地、有效地沟通；

• 要反思自己认为理所应当的假设，自主决断，以立得住的理由和高质量的证据作为观念和决策的依据，尊重好的论证。

我们可能终其一生也无法成为百分百的批判性思考者，但我们可以选择永远坚定地走在这条路上，不断成为更好的思考者。

3

在我们不断接到成人学员积极的反馈的同时，也会听到很多遗憾：为什么我小时候没有接受这样的思维教育，以至于在走过不少弯路之后，成年后才亡羊补牢？

于是，在2018年，我们面向10—12岁的儿童发起了线下工作坊。我们和孩子们讨论，北京拥堵就是因为人太多——这究竟是事实还是观点？在拥堵的问题上，有什么可能是比"人多"更重要的因素？我们问孩子，如果学校要开一个重点班，把最优秀的老师放在这个班级，应该用什么标准来选学生？以分取胜是不是最公平的选择？……孩子们在工作坊里，学习像记者一样思考，提升信息素养；像律师一样思考，钻研论证技巧；像企业家一样思考，学会权衡利弊；像科学家一样思考，学会探究原因……

这套课程非常受欢迎。在一个开放、平等的场域里，孩子们得以畅所欲言，享受思考的乐趣，接受智识的挑战。但习得的一系列思考方法，仍然需要在生活、学习中长期、刻意地练习、强化。紧接着，2019年我们面向学龄儿童，从小学一年级到初高中，正式推出了一整套以在线直播为主要形态的思辨分级阅读课程。

阅读对一个人的重要性不言而喻。通过阅读，我们得以扩展知识面，和更为广阔的世界产生连接。我们希望孩子们能在这样的连接中，设身处地地思考人生境遇背后的复杂性，从而打破简单臆断，对他人与世界怀有包容与善意。每一年，我们带学生阅读 20 余部经典书籍。在选书时，我们看中书目的经典性、儿童性、思辨性和价值观；我们的分级阅读书单里包括了大量世界各国的获奖书籍、中国教育部教材中心的推荐书籍和各时期各国的经典名著。我们也选择了不少在中国还不太被关注、比较小众，但在国际上获得过各种奖项的书籍。

这些经典书籍，为我们提供了诸多重要的议题，帮助我们不断反思人与自我、人与他人、人与社会的关系。我们前后和孩子们讨论过 300 多个不同的话题，在思考讨论这些议题的过程中，我们也和孩子们分享思考、回应解决这些问题的方法和框架。本书介绍的很多思维工具，如区分事实和观点、常见思维谬误、用三个标准评价论证、权衡论证、实践论证、归纳论证等，我们都会在课堂上结合不同的案例，在不同年龄段反复练习，让学生从初步了解这些思维工具，到逐渐能熟练掌握并在生活中应用。我们也会分享给学生很多本书没有提到的和阅读、写作有关的思考和应用方式。

我们相信，这些从小浸润在人文阅读中、愿意深度思考的孩子，在这个"内卷"的时代，一定能找到自己的位置，不会焦躁不安：

• 外界声音纷繁复杂，他们却能够形成自己独立的观点，不被简单煽动、盲目从众；

• 在与人交往中，能理性对待外部评价，从容解决人际冲突，谦逊、自省、宽容待人；

• 面对人生选择，能够开放心态、从不同角度权衡利弊，找到最适合自己的发展路径；

• 遇到任何问题，能全面分析原因，创造性地寻求解决方案，摆脱彷徨无力感……

更现实功利地看，在一次次升学考试的主观题和作文里，他们都能知道如何有理有据地表达自己的观点；在求学研究中，他们能调用合适的分析框架组织自己的思考；在激烈的职场竞争中，他们总能提出自己对复杂问题的深刻洞见……

4

每个学期，都有上千名学生从这套分级阅读课程中受益。而我们自己也在一线的研发、教学中，不断积累经验，持续更新着我们自己对批判性思维的认知和理解，保持着我们在批判性思维教研领域的专业性。

八年过去，"C 计划"不断发展壮大。我们从最初的三个人，发展成为一个五十多人的专业团队；我们的课程体系不断迭代、完善，思辨阅读课之外，我们还研发了针对初高中学生的思辨说理课、思辨新闻课；课程之外，我们也举办了一系列的公益讲座、直播和倡导活动，不断科普批判性思维常识，倡导更多元、开放、公平的价值观。

在这八年间，人们的意识也在不断变化。我们看到思辨、理性、独立思考这样的关键词逐渐深入人心，被越来越多的人所认可，批判性思维更成为公认的、迎接未来挑战所不可或缺的基本能力。在教育部最新的高中及义务教育阶段的课程方案中，"敢于批判质疑，探索解决问题""能够自主学习，独立思考""学会获取、判断和处理信息，具备信息化时代的学习与发展能力"等表述被频频提出，培养和考查学生的思维能力，而不仅仅是知识的识记，成为中高考明确的风向。

意识的转变，明确行动的方向也让我们坚信，我们的事业有着广阔的空间，也能真真切切地为人们的生活、为我们的社会带来改变。

你现在读到的这本书，是我们结合多年针对成人、儿童的一线教学经验，基于"21 天实用逻辑课"的讲义，编辑、迭代而成。作为一家专业的思辨教育机构，这本书和我们的课程一样，绝不只有停留在纸面上的理论，而是一套可以落实到诸多真实场景、解决现实问题的方法论。

事实上，多年前本书就早具雏形，但因为我们三人的精力都投入到课程的教研与机构的管理中，写作、编辑的工作被不断打断。感谢本书的策划张缘的耐心督促，让本书终于打磨成型；也感谢"C 计划"不同部门的同事，与我们一路同行，在批判性思维教育中不断钻研和奉献。

希望本书能给你带来真正的改变和启发；也欢迎你关注"C 计划"，和我们一同开启独立思考的持续进阶之路。

郭兆凡 蓝方 叶明欣

2024 年 7 月